淀粉生产及深加工研究

邹 建 编著

U0209650

中国农业大学出版社

·北京·

内 容 简 介

本书分成三篇,介绍了淀粉的生产及深加工技术、淀粉糖的生产及深加工技术和变性淀粉的生产及深加工技术。其中淀粉的生产及深加工技术主要对玉米淀粉、小麦淀粉、马铃薯淀粉、甘薯淀粉及豆类淀粉的生产及深加工技术进行介绍。淀粉糖的生产及深加工技术主要对淀粉的水解技术,液态葡萄糖、葡萄糖、麦芽糖浆、麦芽糊精、果葡糖浆及低聚糖加工技术进行介绍。变性淀粉的生产及深加工技术主要对预糊化淀粉、热解糊精、酸变性淀粉、氧化淀粉、交联淀粉、酯化淀粉及醚化淀粉等的加工技术进行介绍。

图书在版编目(CIP)数据

淀粉生产及深加工研究 / 邹建编著. —北京:中国农业大学出版社,2020.6
ISBN 978-7-5655-2288-8

Ⅰ.①淀…　Ⅱ.①邹……　Ⅲ.①淀粉-生产工艺-研究②淀粉加工-研究
Ⅳ.①TS234

中国版本图书馆 CIP 数据核字(2019)第 247347 号

书　　名	淀粉生产及深加工研究			
作　　者	邹　建　编著			
策划编辑	赵　中　李卫峰		责任编辑	郑万萍
封面设计	郑　川			
出版发行	中国农业大学出版社			
社　　址	北京市海淀区圆明园西路 2 号		邮政编码	100193
电　　话	发行部 010-62818525,8625		读者服务部	010-62732336
	编辑部 010-62732617,2618		出 版 部	010-62733440
网　　址	http://www.caupress.cn		E-mail	cbsszs@cau.edu.cn
经　　销	新华书店			
印　　刷	北京鑫丰华彩印有限公司			
版　　次	2020 年 6 月第 1 版　2020 年 6 月第 1 次印刷			
规　　格	787×1 092　16 开本　17.25 印张　315 千字			
定　　价	68.00 元			

图书如有质量问题本社发行部负责调换

前　言

淀粉作为重要的可再生资源,在各国各类工业生产及日常用品加工中的作用越来越大。应用最新加工技术对淀粉进行加工,逐步扩大对淀粉资源的利用途径就显得尤为重要。改革开放以来,伴随着产业升级、消费升级,对淀粉资源的需求不断增加,极大推动了淀粉工业的发展,特别是国外先进设备和技术的引进及对主要设备的消化吸收,我国淀粉工业取得了长足进步。同时,与淀粉工业有关的技术研究、新产品开发、新设备的研制都得到了较快发展,这就要求淀粉工业要进一步加快技术创新,实行科学管理,提升企业整体水平,向规模化、高效益方向转化。

淀粉工业的进一步发展,需要有一大批懂技术的一线工人和技术人员作为支撑,他们的知识水平决定着我国淀粉工业的未来,淀粉加工企业应该加快培养一大批具有丰富理论知识和实践经验的技术工人队伍,推动淀粉工业的整体进步。

为满足淀粉企业系统对淀粉工业知识的需求,笔者编写了《淀粉生产及深加工研究》,本书可作为淀粉企业以及淀粉为原料的其他工业中技术人员、管理人员或生产工人的培训用书,以及企业决策者制定新产品开发的参考资料,也可作为粮食工程、食品工程、饲料工程、发酵工程及农产品加工等专业师生的参考用书。

本书分成三篇介绍了淀粉的生产及深加工技术、淀粉糖的生产及深加工技术和变性淀粉的生产及深加工技术。其中,淀粉的生产及深加工技术主要对玉米淀粉、小麦淀粉、马铃薯淀粉、甘薯淀粉及豆类淀粉的生产及深加工技术进行介绍。淀粉糖的生产及深加工技术主要对淀粉的水解技术和液态葡萄糖、葡萄糖、麦芽糖浆、麦芽糊精、果葡糖浆及低聚糖的加工技术进行介绍。变性淀粉的生产及深加工技术主要对预糊化淀粉、热解糊精、酸变性淀粉、氧化淀粉、交联淀粉、酯化淀粉及醚化淀粉等的生产及深加工技术进行介绍。

本书的出版得到"河南牧业经济学院科研创新团队建设计划（2018KYTD17)"资助。

本书在编写过程中,参考了大量国内外相关的著作,在此向作者表示感谢。同时也感谢河南牧业经济学院领导及同事们所给予的支持、帮助。

由于作者水平有限,书中错误和不足之处敬请批评指正。E-mail：zoujianzz@126.com。

编著者

2019 年 3 月

目　录

第二篇 淀粉糖的生产及深加工技术

第三篇　变性淀粉的生产及深加工技术

绪　论

我国是世界上玉米生产大国之一,产量仅次于美国。随着科技的进步,人们生活水平的提高,玉米深加工产业迅速发展。目前我国已成为味精产量世界第一、柠檬酸产量及出口量世界第一、淀粉糖产量世界第二的玉米产品生产大国。玉米淀粉作为基础工业原料,随着淀粉下游工业的发展,产品需求量逐年增加。玉米蛋白粉及其他副产品也具有很大的功能价值,如将其综合利用,会带来较大的经济效益和社会效益。

一、我国玉米淀粉及其制品发展现状

1. 我国玉米淀粉及其制品发展现状

(1)我国玉米深加工产业链条不断延伸。经过多年发展,我国玉米深加工产品已达 200 余种,是我国粮食作物加工中加工链条最长、产品最多的品种。目前我国深加工业的产品结构已出现了较大变化,从原来主要以淀粉和酒精为终端产品的初级加工为主逐步向继续对淀粉再加工的精深加工发展。总体来看,淀粉类产品(含淀粉糖)和酒精类产品仍然是玉米深加工业的主要产品。目前,淀粉类产品(含淀粉糖)约占深加工产品的 55%,酒精类产品约占 30%,赖氨酸、柠檬酸、味精、玉米油、玉米酒糟蛋白饲料(DDGS)等其他产品约占 15%。

(2)我国玉米消费结构的总体情况。2000 年之后,随着我国玉米深加工业的逐步发展,玉米深加工业消费量快速增加,所占玉米总消费比例不断扩大,虽然饲料消费数量总体增长,但所占比例下降。2008—2009 年度,我国玉米消费中食物消费约占 7%,饲料消费约占 63%,工业消费约占 27%。其他消费所占比例较小。总体来讲,玉米的消费中,饲料消费数量总体保持稳定,工业消费所占比例呈逐年上升趋势。

(3)我国深加工业玉米消费量近年出现相对稳定态势。2001—2002 年度,我国深加工消耗玉米数量约为 1 250 万 t,2008—2009 年度,我国玉米深加工消耗玉米量为 3 850 万 t,7 年增加了 2 600 万 t,年均增幅为 17.4%。

从增长阶段看,2006 年以前是深加工业玉米消费量增加最快的时期,年均增幅达 36.1%,特别是 2005—2006 年度,深加工业消费玉米量从上年度的 2 100 万 t 猛增至 3 150 万 t,增幅高达 50%。之后,随着国家政策对玉米深加工业的限制与引导,玉米深加工业消费玉米量开始进入相对稳定的时期,虽然深加工玉米消费数量仍然出现逐年上升势头,但增幅已明显下降。2006—2007 年度深加工玉米消费量增幅为 11.11%,较上年度的 50% 出现较大下降,2007—2008 年度,2008—2009 年度继续下降,增幅分别为 8.57% 和 1.32%。这说明随着国家对玉米深加工业的规范与引导,国内玉米深加工业近年来已经出现了相对稳定的发展态势。

2. 我国玉米深加工业主要产品情况

(1)玉米淀粉。2000 年以来,我国淀粉业发展迅速,根据中国淀粉工业协会统计,2008 年我国淀粉总产量为 1 818 万 t,较 2007 年增加 168 万 t。我国淀粉生产主要以玉米淀粉为主,木薯、马铃薯和红薯等淀粉所占比例较小。2008 年,玉米淀粉产量约为 1 685 万 t,约占淀粉总产量的 93%,消耗玉米量约在 2 500 万 t,占国内玉米消费量的 17%。我国是淀粉的主要出口国之一,特别是 2000 年之后,我国玉米淀粉出口量出现了较大幅度增长,2008 年,我国玉米淀粉出口量约为 45 万 t。玉米淀粉是玉米深加工行业的基础,从对玉米淀粉的再加工情况看,利用生物技术和化工技术主要生产以下几类产品:一是生产包括乙醇和玉米化工醇在内的醇类产品;二是生产果葡糖浆、麦芽糖、结晶葡萄糖和葡萄糖浆等糖类产品;三是生产赖氨酸、苏氨酸和精氨酸等酸类产品;四是生产变性淀粉。

(2)玉米乙醇。由于玉米是生产燃料乙醇的重要原料,随着燃料乙醇生产的快速发展,我国加工酒精消耗玉米量快速增加。从 2006 年年底开始,国家基于对粮食安全的考虑,对玉米乙醇的生产给予限制,玉米乙醇产量趋于稳定。据统计,2008 年我国玉米乙醇产量约为 380 万 t,消耗玉米约 1 200 万 t,约占国内玉米消费总量的 8%。2008 年,我国燃料乙醇产量约为 146 万 t,主要是以玉米为原料。目前我国是仅次于巴西和美国的全球第三大燃料乙醇生产国,燃料乙醇正在东北三省及河南、安徽、江苏、山东和河北等地的 27 个市推广使用,并逐渐向其他地区扩展。

(3)变性淀粉。变性淀粉是利用物理、化学和酶等手段改变天然淀粉的性质,增加新的性能,或引进新的特性,使其符合各行业应用需要的一种淀粉衍生物。变性淀粉直接以淀粉为原料,产出比为 1:1,玉米变性淀粉是玉米深加工的主要产品之一,也是长线产品,用途较广,广泛应用于食品、医药、建筑和石油化工等行业。目前我国变性淀粉产量超过 100 万 t,发展前景广阔。

（4）淀粉糖。淀粉糖是淀粉在酸或酶的作用下水解得到的产物,根据淀粉糖协会统计,2008 年,我国淀粉糖产量 736 万 t,而 2000 年淀粉糖产量只有 119 万 t。从产量分布来看,淀粉糖生产主要集中在东北地区以及山东和河北等地,其中山东产量最大,约占全国淀粉糖总产量的 50%。从国家的政策导向来看,淀粉糖的生产属于玉米深加工行业潜力较大的产品,预计未来产量有可能进一步增加。

（5）氨基酸。赖氨酸是玉米深加工的重要产品之一,我国目前已是世界上最大的赖氨酸生产国。2008 年赖氨酸产量为 58.5 万 t(含 65% 赖氨酸),同比增长 16.59%;累计出口 9.21 万 t,同比下降 37%;进口 2.34 万 t,同比增加 30.98%。预计随着饲料行业的发展,对赖氨酸产品的需求量将进一步加大。

我国是世界第一大柠檬酸生产国和出口国,其中 85% 的柠檬酸以玉米为原料,柠檬酸广泛应用于食品、饮料、化工和医药等行业。2008 年我国柠檬酸产能约为 110 万 t,占世界的 70% 左右,年产量 80 万 t,年出口量达 60 万 t,占世界贸易量近 70%。从目前情况看,我国的柠檬酸仍然产能过剩,安徽、山东和江苏等地是我国柠檬酸产能较为集中的地区,安徽的丰原集团是我国规模最大的柠檬酸生产企业。

（6）化工醇。化工醇产品是我国玉米深加工发展的一个重要方向。生物基化工醇是以玉米等为原料开发石油化学品替代物,可最大限度地利用农业资源替代石油资源。我国市场每年化工醇需求量为 320 万～330 万 t,进口量约 230 万 t,以玉米生产化工醇有助于减少对石油的依赖,减少石油进口,可在一定程度上缓解国内石油供应压力。从目前情况看,长春大成集团是世界上最早掌握用玉米为原料生产化工醇的企业。2008 年 10 月,世界首条 20 万 t 玉米化工醇大规模产业化生产线在长春大成集团建成投产。长春大成集团的百万吨生物基化工醇生产线也于 2011 年建成投产。

3. 我国玉米深加工业地域分布情况

我国的玉米深加工企业主要分布在玉米主产区,即东北三省和华北黄淮等地区。从各省玉米深加工企业的玉米实际加工量所占比例来看,山东和吉林所占比例最高,合计占全国的 45% 左右。

山东省是我国玉米深加工发展最快的地区之一。目前,山东省的玉米深加工企业玉米转化能力已超过 1 500 万 t,实际转化玉米 1 000 万 t 左右。山东省的玉米深加工企业规模大、数量多。山东省是我国玉米酒精、玉米淀粉、淀粉糖、变性淀粉、玉米味精、赖氨酸和柠檬酸生产大省,其玉米淀粉、淀粉糖、玉米味精及赖氨酸的生产量在全国排名第一,其中玉米淀粉约占规模以上企业总产能的 50%。淀粉糖产能达全国的一半以上,玉米味精产能占全国的 46%,变性淀粉的规模企业产能占全国的 35% 左右,仅次于吉林省。另外,山东省还是我国赖氨酸产能最大和柠檬酸产能第二的省份。赖氨酸产能约占全国总产能的 35%,柠檬酸产能占全国的 23% 左右。山东省规模较大的淀粉生产企业有诸城兴贸玉米开发有限公司、沂水大地玉米开发有限公司和西王集团等,其淀粉生产能力都在 100 万 t 以上。规模较大的淀粉糖生产企业有山东西王集团、山东鲁洲集团、山东诸城兴贸玉米开发有限公司等。规模较大的玉米味精生产企业有三九味精集团、菱花集团、山东福瑞发酵集团、沂水大地玉米开发有限公司。规模较大的主要变性淀粉生产企业有山东诸城兴贸玉米开发有限公司、山东巨能金玉米集团等。主要的赖氨酸生产企业有正大菱花生物科技有限公司、山东西王集团、希杰(聊城)公司、山东巨能金玉米集团。主要的柠檬酸生产企业有潍坊汇源实业公司、山东柠檬生化有限公司、日照泰山洁晶生化有限公司等。此外,山东省除了这些大规模的玉米加工企业之外,还有数量众多的中小玉米深加工企业。

吉林省在加工能力上是仅次于山东省的玉米深加工大省。深加工企业较多,规模较大,目前玉米深加工能力超过 1 200 万 t,深加工年实际消费玉米 850 万 t 左右。吉林燃料乙醇公司是我国首批定点生产燃料乙醇的公司之一,具备 40 万 t 的燃料乙醇生产能力。吉林省淀粉、淀粉糖和赖氨酸产能位居全国第二,变性淀粉生产能力全国第一。吉林省主要的淀粉生产企业有长春大成集团、吉林华润生化和吉林吉发生化医药食品有限公司。其中长春大成集团是我国玉米深加工能力最大的企业集团之一。吉林省主要的淀粉糖生产企业有长春大成集团、吉林帝豪食品有限公司和吉林华润生化股份有限公司。主要的变性淀粉生产企业有长春大成实业集团、吉林华润生化、吉粮集团曙光变性淀粉和四平帝达变性淀粉有限公司。主要的赖氨酸生产企业有长春大成集团,它是世界最大的赖氨酸生产企业。吉林省是我国玉米生产第一大省,巨大的原料优势为其深加工业发展提供了条件。

黑龙江省也是我国玉米主要生产大省,近年来玉米深加工业发展迅速。目前玉米深加工能力已占全国的 10% 左右。黑龙江省玉米深加工企业实际年转化玉米约 400 万 t。黑龙江省玉米深加工企业产品主要以乙醇为主,其他产品所占份额不大。黑龙江主要的深加工企业有中粮生化能源(肇东)公司、青冈龙凤玉米公司、大庆安信同维公司、明水格林公司、肇东成福食品公司、鹤岗兰泽公司和牡丹江高科生化公司等。

河北省玉米深加工年实际转化玉米 350 万 t 左右,是我国淀粉、淀粉糖、变性淀粉、玉米味精及柠檬酸产品的主要生产省份之一。淀粉加工能力约占全国的 15%,淀粉糖产能约占全国的 13%,变性淀粉产能约占 7%,玉米味精生产能力全国排名第二。河北省的玉米深加工规模企业不多,主要的深加工企业有梅花味精集团、秦皇岛骊骅淀粉股份有限公司、河北玉峰集团、河北燕南食品集团有限公司、张家口华恒玉米深加工有限公司、河北健民淀粉糖业有限公司、秦皇岛金柠檬生物化学有限公司和定州市柠檬酸厂等。

河南省玉米深加工企业年实际玉米消费 350 万 t 左右,加工规模普遍不大。主要的玉米加工企业有河南天冠集团、孟州金玉米公司、孟州华兴公司、汝州巨龙公司和漯河酒精公司等。

内蒙古的玉米深加工年实际消费玉米 200 万 t 左右。主要的深加工企业有梅花生物(通辽)、北疆粮油公司(赤峰)、华玉淀粉(呼和浩特)和东方希望包头生物工程公司等。

辽宁省的玉米深加工企业发展较晚,上规模的不多,全省深加工企业年实际消费玉米量约 150 万 t。主要产品有酒精和淀粉。主要的企业有沈阳天明酒精有限公司、辽宁沈阳万顺达集团有限公司和锦州元成生化科技有限公司等。

4. 我国玉米深加工业存在的主要问题

(1)国家临储收购政策对玉米深加工行业造成一定的冲击。从 2008 年开始,国家对东北四省区(吉林、内蒙古、黑龙江、辽宁)玉米执行的临时收储政策导致 2009 年我国玉米市场价格出现上涨,特别是 2009 年 6 月之后,由于短期供求失衡,我国产销区玉米市场价格出现较大涨幅,对国内玉米深加工企业造成了较大冲击。为回避成本压力,许多深加工企业压缩产能,处于停产或半停产状态。虽然国家从 7 月开始投放临储玉米,并对东北四省区部分深加工企业给予定向销售补贴,但其覆盖范围有限,不能有效发挥市场导向作用,未来需要国家有关部门对收购政策进行不断调整,以充分发挥市场机制的功能。

(2)产品结构调整有待进一步加速。经过近几年发展,我国深加工企业结构调整初见成效。但受制于国际金融危机的影响及国内政策的限制,我国玉米深加工业的产品结构调整速度较慢。目前,我国深加工业在控制以玉米为原料的燃料乙醇方面成效较为显著,但某些较有发展前途的产品(如淀粉糖、化工醇等)的支持方面力度仍然不够,我国深加工行业的产品结构仍处于不合理状态,采取政策措施,加快玉米深加工业产品结构调整势在必行,这是我国深加工行业健康发展的基础。

(3)循环经济和综合利用能力需进一步提高。经过近几年的规范、限制与引导,目前,许多污染严重、设备较差的小企业纷纷关闭或被兼并、重组,但由于玉米深加工企业在生产过程中不可避免产生高浓度的有机废水,污染问题在我国深加工企业中仍然非常严重。解决这个问题需要较大的资金投入,需要先进的设备与技术。近几年深加工企业对当地生态的破坏现象有一定程度改观,但仍普遍存在。我国深加工行业仍需要加大投入,以循环经济思维提高玉米深加工综合利用能力。

5. 我国玉米深加工业的发展趋势

(1)玉米深加工企业规模化和集约化的步伐将会加快。从国家 2006 年底对玉米深加工行业的发展进行限制及规范开始,我国玉米深加工企业就开始了产业调整的步伐,一些规模较小、技术落后、高耗能、高污染的企业被淘汰或被兼并、重组,一批较大的企业集团开始出现。主要加工产品的产量和市场份额越来越向大企业集中,在玉米深加工行业涌现出了中粮集团、长春大成、山东诸城兴贸、沈阳万顺达、西王集团、山东鲁洲、陕西国维、山东润生、秦皇岛骊骥淀粉和山东巨能金玉米等企业集团。规模化、集约化给这些大企业提供了强大的市场竞争力,并已逐步成为我国玉米深加工行业的主体。随着国家产业政策支持力度的不断加强,在国家继续对玉米深加工业的规范引导下,未来我国玉米深加工业规模化和集约化的步伐仍将继续加快。

(2)产品结构调整继续深化,玉米深加工业产业链条不断延伸。国家发展和改革委员会 2007 年 9 月《关于促进玉米深加工业健康发展的指导意见》已明确提出,"十一五"期间玉米深加工的重点是提高淀粉糖、多元醇等国内供给不足产品的供给。从近年来的发展情况看,由于对以玉米为原料的乙醇生产的限制,目前,我国乙醇产量呈现基本稳定态势,非粮乙醇所占比例逐步提高,柠檬酸和赖氨酸等出口导向型产品的产能也基本呈稳定之势,很少有新的项目开工,玉米淀粉产量小幅增加,淀粉糖、多元醇的发展速度开始加快,玉米深加工产业链条逐渐延伸。预计后期随着技术的进步及国家政策的引导,以淀粉糖及多元醇发展为代表的玉米精深加工产品所占比例会继续扩大,玉米深加工产品的结构调整将继续进行,一些耗能少、综合利用效能高的产品的产能将继续扩大,玉米产业链将继续延伸,玉米深加工企业综合利用能力将继续提高。

(3)区域分工基本成形,产业集中度将继续提高。我国玉米深加工企业主要集中在北方玉米产区。目前,我国玉米深加工业区域分工基本完成,基本形成了几大产业群,即以山东、吉林、河北和辽宁等省为主的淀粉及变性淀粉的生产;以山东、河北和吉林为主的淀粉糖以及用作食品配料的多元醇(糖醇)的生产;以山东、安徽、江苏和浙江等省为主的氨基酸的生产;以吉林和安徽为主的多元醇、化工醇的生产;以黑龙江、吉林、安徽和河南等省为主的燃料乙醇的生产。产业集群的形成有助于避免企业之间的恶性竞争,形成科学合理的分工,避免资源浪费。随着国家对粮食安全重视程度的不断提升,我国深加工产业集中度将继续提高,竞争优势将更加明显。

二、世界淀粉工业现状及发展趋势

1. 世界淀粉工业现状

世界淀粉年产量,在 20 世纪 70 年代中期为 700 多万 t,到 80 年代中期已有 1 800 多万 t,90 年代初期达到 2 000 万 t,目前已超过 3 000 万 t。其发展速度是令人瞩目的。

淀粉的品种包括玉米、小麦、马铃薯、红薯、木薯淀粉等,除以上主要品种外,还有橡子、芭蕉芋、葛根、首乌淀粉等。

美国的淀粉产量居世界首位,20 世纪 70 年代中期为 350 万 t,80 年代中期为 900 万 t,90 年代初期达 1 000 万 t,目前已超过 1 600 万 t。其主要品种是玉米淀粉。由于美国淀粉原料基地连片集中,所以淀粉厂的规模大,一般年生产能力都在数十万吨。CPC 公司是世界上最大的淀粉企业,在 40 多个国家拥有淀粉厂。因为美国的糖品消费主要是淀粉糖,加之以淀粉原料制造许多新材料,对淀粉的需求日益增长,所以淀粉工业的发展很快。

欧盟的淀粉年产量为 400 多万 t,主要品种是马铃薯、小麦、玉米淀粉。以淀粉为原料生产淀粉糖、变性淀粉、山梨醇以及其他各类深加工产品。法国、德国、英国、荷兰等国的淀粉厂一般都有几十种产品,有的甚至有一二百种产品,如荷兰艾维贝公司生产 200 多种产品。

泰国淀粉工业近年发展很快,是后起之秀。目前全国木薯种植面积在 100 万 hm^2 以上,年产鲜木薯 1 800 万～2 000 万 t。全国有 50 多家淀粉厂,淀粉年产量达 150 万～200 万 t,其中有一半出口,主要出口到日本、欧盟、美国等 50 多个国家和地区,年创汇近 5 亿美元。目前我国也从泰国进口木薯淀粉及木薯干片。泰国木薯淀粉的消费主要是用于加工各类变性淀粉,为造纸、纺织、食品工业所用,变性淀粉年产量近 50 万 t。此外,还用于生产味精、淀粉糖等,在面包、饼干中也掺入淀粉。

2. 国外玉米加工业发展趋势

(1)深加工玉米的比例将进一步提高。2009 年,美国深加工用玉米的比例是 15％,2010 年提高到 18％。

(2)在玉米深加工产品中,有较大发展的是酒精和乳酸。从深加工的主要产品来看,果葡糖浆的需求已趋于饱和;变性淀粉的品种和数量已趋于稳定,预计在今后一段时间里,只会随着造纸、纺织等工业的发展而缓慢增长;柠檬酸在食品工业中的应用亦趋稳定,今后能否发展取决于它作为洗涤剂助剂与其他产品在技术经济方面的竞争力;赖氨酸和黄原胶的产量都不大,而且其生产能力在近期内不会有大的发展。

未来有较大发展的是燃料酒精和乳酸。在未来 10 年内,美国的燃料酒精生产会增加 3 倍,是未来玉米深加工产品中增加幅度最大的。乳酸发展的关键是降低生产成本,美国已在研究改变乳酸发酵菌种,并采取发酵与分离同时进行的方法,有可能大大降低乳酸的生产成本,为聚乳酸的推广应用创造条件。美国每年需用 400 万 t 的可生物降解塑料,如果用乳酸取代其中的 10%,每年就需要乳酸 40 万 t,其发展空间相当大。

(3)现代生物技术仍然是决定玉米深加工业未来发展的关键技术。玉米深加工业的新产品开发和市场开拓依然要依赖于现代生物技术,尤其是现代生物酶技术和基因工程技术,这方面的研究趋势是:继续致力于新酶的研究,包括新的酶使环糊精产品在气味封存方面适应新市场;通过麦芽基酶同淀粉分支结合生产高麦芽糖浆;新的高效酶化过程生产葡萄糖酸;超葡萄糖苷酶生产具有功能和营养特性的 IMO 糖浆;寻找一种能将玉米纤维中的葡萄糖、木糖和阿拉伯糖转化为酒精的微生物,使玉米转化为酒精的转化率提高到 20%;改进乳酸的发酵菌种和生产工艺,使乳酸的生产成本进一步降低。

三、淀粉制品生产技术的主要内容

根据加工方法和加工产品,淀粉制品生产技术研究内容包括以下两个方面。

1. 淀粉生产

淀粉生产主要包括从玉米、马铃薯、甘薯、小麦以及豆类等富含淀粉类的原料中提取天然淀粉并得到各种副产品的生产工艺工程。

2. 淀粉的深加工及转化

淀粉的深加工及转化包括淀粉制糖、变性淀粉的生产、淀粉的水解再发酵转化制取各种产品的过程。

第一篇

淀粉的生产及深加工技术

第一章

玉米淀粉生产及深加工技术

第一节　玉米淀粉生产原料的选择及收购

一、玉米的类型

1. 按国家标准(GB 1353—2018)分类

根据玉米种皮颜色分为黄玉米、白玉米、混合玉米三类。

(1)黄玉米。种皮为黄色,或略带红色的籽粒不低于95％的玉米。

(2)白玉米。种皮为白色,或略带淡黄色,或略带粉红色的籽粒不低于95％的玉米。

(3)混合玉米。不符合以上两种要求的玉米。

2. 根据籽粒胚乳结构、分布以及颖片的长短分类

根据籽粒胚乳结构、分布以及颖片的长短,可将玉米划分为9个类型。

(1)马齿型又称马牙型。

胚乳特性:籽粒四周为一层薄的角质胚乳,顶部及中央为粉质胚乳。籽粒成熟时因粉质胚乳缩水而使顶部出现凹陷和褶皱。

籽粒特点:籽粒大、扁长形或楔形,棱角分明,形似马齿。籽粒质地比较软,品质较差;籽粒黄、白或紫色,生产栽培以黄、白色居多。

籽粒食用或饲用,适宜制造淀粉或酒精,秸秆适宜作青贮饲料。

(2)硬粒型又称燧石型。籽粒顶部和四周均为角质胚乳,中心部分为粉质胚乳。籽粒圆而短小,外表平滑、具光泽,质地坚硬。籽粒有黄、白、红、紫等色,以黄、白色居多。果穗圆锥形或长锥形,出籽率低;籽粒品质好,多作食用。抗病虫,耐瘠薄、干旱,适应性广,产量较低,稳产性好。

(3)爆裂型又称爆花玉米。

形态特征:籽粒小,质地坚硬、光亮,胚乳几乎全部由角质淀粉构成。白、黄、紫、黑色或有红色斑纹。千粒重 90~160 g;有米(麦)粒形(顶端带尖)和珍珠形(顶端圆滑)两种。果穗较小,圆锥形、顶尖,穗轴细。

品质特性:籽粒在常压下遇热膨爆,体积可比原来增大 25~45 倍。适于膨爆的最佳籽粒含水量为 13.5%~14%,最适温度为 170~185℃。

用途:主要适合于家庭爆玉米花和爆制膨化食品。可根据需要,在膨爆过程中添加盐、糖、奶油等调料,制成不同口味的爆玉米花。有些多穗品种还可作观赏植物。

(4)蜡质型又称糯玉米、薪玉米。起源于我国云南地区的西双版纳,1908 年传入美国。籽粒平滑、坚硬、无光泽;胚乳全部角质,不透明;淀粉全部为支链淀粉,遇稀碘液呈棕红色;乳熟期鲜果穗特别适合做鲜食玉米、速冻保鲜;成熟籽粒可提取支链淀粉,其价格比普通玉米淀粉高 1.4~7.4 倍;可制作食品、加工罐头、用作布匹上浆料或用于酿造等。

(5)粉质型又称软质型、软粒玉米。果穗和籽粒外形与硬粒型相似;籽粒全部由粉质胚乳组成,无角质胚乳或仅在外有薄薄的一层角质胚乳;籽粒乳白色,组织松软而无光泽,容重很低;易感染病害和遭受虫害;吸湿性强,贮藏期间易发生霉变;原产秘鲁,中国很少栽培。

(6)甜粉型。其为甜质型的一个突变体;籽粒上半部为与甜质型相同的角质胚乳,下半部为与粉质型相同的粉质胚乳;只在秘鲁和哥伦比亚等南美洲国家有少量种植。

(7)有稃型又称有稃玉米、麦玉米。果穗上每一个籽粒的外面均由长大的稃(内外颖和内外稃)所包被,自交不孕;籽粒外皮坚硬,外层环生角质胚乳,脱粒困难,经济价值不大,极少栽培。

(8)甜质型又称甜玉米、水果玉米、蔬菜玉米。籽粒含糖量较高、甜度大;乳熟期籽粒柔嫩,富含蔗糖、水溶性多糖、维生素 A、维生素 C、脂肪和蛋白质等;全部由角质胚乳构成;成熟籽粒出现皱缩和凹陷;甜玉米含糖量较高、品质维持时间短,采收后糖分会迅速转化为淀粉而失去其原有风味。

(9)半马齿型又称中间型。它是由硬粒型和马齿型玉米杂交而来的。籽粒顶端凹陷较马齿型浅,有的不凹陷仅呈白色斑点状。顶部的粉质胚乳较马齿型少但比硬粒型多,品质较马齿型好,在中国栽培较多。

二、玉米籽粒的结构

玉米籽粒主要由皮层、胚乳、胚芽和根帽等部分组成。

1. 皮层

玉米的皮层由果皮、种皮和糊粉层组成。果皮是籽粒光滑而密实的外皮,它的外面有一层薄的蜡状角质膜,下面是几层中空细长的已死亡的细胞,压成一层坚实的组织。在这层下面有一层海绵状组织,称为管细胞,是吸收水分的天然通道。在海绵状层下面有一层极薄的栓化膜,称为种皮,一般认为这层膜起着半透膜的作用,限制了大分子进出胚芽与胚乳。种皮保护玉米籽粒免受霉菌及有害液体的侵蚀,种皮所含的色素决定了籽粒的颜色。糊粉层在种皮和胚乳的中间,即种皮膜下面胚乳的第一层。糊粉层是具有厚韧细胞壁的一层细胞,它的营养成分较高,蛋白质含量为 22.21%,脂肪含量为 6.93%,在淀粉湿磨法加工中它与果皮、根冠(根帽)同属于“纤维”部分。玉米中果皮占籽粒重的 4.4%~6.2%,糊粉层的质量为籽粒重的 3%左右。

2. 胚乳

胚乳是玉米籽粒的最大组成部分,占 80.0%~83.5%(以干重计)。胚乳主要由蛋白质基质包埋的淀粉粒和细小蛋白颗粒组成。玉米的胚乳分角质和粉质两类。成熟的胚乳由大量细胞组成,每个细胞都满载着深埋在蛋白质基质中的淀粉团粒,整个细胞内容物的外面是纤维细胞壁。马齿型玉米的成熟胚乳内含有一个由软质或粉质胚乳构成的中心区,直伸到谷粒的冠部。在籽粒变干时,冠部缩入,生成齿状凹陷。虽然从形态学上说角质区与粉质区的分界线并不明确,但粉质区的特点是细胞较大,淀粉颗粒既大又圆,蛋白质基质较薄。在籽粒干燥过程中蛋白质基质的细条崩裂,产生了空气小囊,这使粉质区呈白色不透明的外貌和多孔的结构,因而也使淀粉分离变得容易一些。

在角质胚乳中,较厚的蛋白质基质在干燥期间也收缩,但不崩裂,由此产生的压力形成一种密集的玻璃状结构,其中的淀粉颗粒被挤成多角形。角质胚乳组织结构紧密,硬度大,透明而有光泽。角质胚乳的这一特性使得淀粉生产时玉米需要充分地浸泡,以保证淀粉的回收。角质胚乳的蛋白质含量比粉质区多 1.5%～2.0%,黄色胡萝卜素的含量也较高。在糊粉层的下面有一排紧密的细胞,称为次糊粉层或外围密胚乳,其蛋白质含量高达 28%,这些小细胞在全部胚乳中的含量大致少于 5%,它们含有很少的小淀粉团粒和较厚的蛋白质基质,这些细胞在加工中不宜分散开,一般要采用 44 μm 筛将这些物质作为纤维筛出。

3. 胚芽

胚芽位于玉米的基部,柔韧而有弹性,不易破碎。胚芽占玉米籽粒干重的 10.5%～13.1%,加工时可以完整地分离出来。玉米胚芽中脂肪含量高达 35%～40%。

4. 根帽

根帽又称基胚、根冠,位于玉米的底部。根帽占玉米籽粒干重的 0.8%～1.1%,是将种子连接在穗轴上的果梗的残余,它由具有海绵状结构的纤维基元组成,善于吸收水分。除去根冠,就会看见一片黑色组织,称为门层,这是当玉米籽粒接近成熟时横在胚芽下面的封闭物,加工时作为渣皮去除。

三、玉米的化学成分

1. 玉米的化学成分

玉米的化学组成随玉米品种的不同而变化,粉质玉米富含淀粉和脂肪,硬质玉米富含蛋白质。一般情况下,玉米的化学成分如表 1-1 所示。

表 1-1 玉米的化学成分 %(质量分数)

成分	范围	平均值	成分	范围	平均值
水分	7～23	15	灰分	1.1～3.9	1.3
淀粉	64～78	70	纤维	1.8～3.5	2～2.8
蛋白质	8～14	9.5～10	半纤维	—	5～6
脂肪	3.1～5.7	4.4～4.7	糖分	1.5～3.7	2.5

2. 玉米籽粒各部位的化学成分

玉米籽粒中所含的各种化学物质在籽粒的各个部位的分布是不均匀的,各部位的组分如表 1-2 所示。

表 1-2　玉米籽粒各部位的组分(以干物质计)　　　　　％(质量分数)

籽粒部分	籽粒	淀粉	糖分	蛋白质	脂肪	灰分
胚乳	81.9	86.4	0.64	9.4	0.8	0.31
胚芽	11.9	8.2	10.80	18.8	45.5	10.10
皮层	5.4	7.3	0.34	3.7	1.0	0.84
根帽	0.8	5.3	1.61	9.1	3.8	1.64
全粒	100	72.4	1.94	9.6	4.7	1.43

3. 玉米籽粒的碳水化合物

玉米籽粒中的碳水化合物主要是淀粉和纤维素、可溶性糖。

玉米一般含淀粉 64％～78％,平均为 70％左右。淀粉主要存在于胚乳中,胚芽、表皮的淀粉含量较少。

纤维素主要存在于玉米的皮层。玉米生产淀粉时,纤维素是构成粗渣和细渣的主要成分。粗、细渣是生产饲料的主要原料。玉米中总纤维含量为 8.3％～11.9％,平均为 9.5％。

玉米中可溶性糖总含量为 1.0％～3.0％,平均为 2.58％,其中蔗糖 2.0％,葡萄糖 0.10％,棉籽糖 0.19％,果糖 0.07％。

4. 玉米籽粒的蛋白质

玉米籽粒含有 8％～14％的蛋白质,这些蛋白质,75％在胚乳中,20％在胚芽中。玉米中的蛋白质主要有醇溶蛋白、谷蛋白、清蛋白、球蛋白等。

玉米籽粒蛋白质主要是醇溶蛋白和谷蛋白,分别占 40％左右。而清蛋白、球蛋白只有 8％～9％,因此,从营养角度考虑,玉米蛋白不是人类理想的蛋白质资源。唯独玉米的胚芽部分,其蛋白质中清蛋白和球蛋白分别占 30％,应该是一种生物学价值较高的蛋白质。

5. 玉米籽粒的脂肪

玉米中含有 1.2％～18.8％的脂肪,平均为 5.3％。主要存在于胚芽中,其次在糊粉层中,而胚乳和种皮中含脂肪量很低,只有 0.64％～1.06％。胚芽的脂肪含量占玉米籽粒的 80％。玉米的脂肪约有 72％液态脂肪酸和 28％固态脂肪酸,其中有软脂酸、硬脂酸、花生酸、油酸、亚麻二烯酸等。

6. 玉米籽粒的灰分

玉米籽粒中含有大约 1.24％的灰分,最高的是磷,其次是钾。灰分主要分布在胚芽和玉米皮中,在玉米淀粉的浸泡过程中,有很多溶入浸泡水中。

7. 玉米皮的化学成分

玉米皮指的是玉米籽粒的表皮部分。在湿法加工淀粉时,玉米皮会被筛分出来。由于破碎分离过程不可能很完全,所以玉米皮中往往还夹带着不少淀粉,主要是附着在玉米皮内侧的淀粉未被剥离。所以商品玉米皮的总质量,一般占玉米质量的 14％～20％。商品玉米皮中主要含有淀粉 20％以上,半纤维素 38％,纤维素11％,蛋白质 11.8％,灰分 1.2％以及其他微量成分。

四、玉米的物理特性

1. 粒形与大小

粒形是指玉米粒的形状,大小是指玉米籽粒的长度、宽度和厚度。玉米形状和大小因品种不同也有所不同。一般玉米籽粒长 8～12 mm,宽 7～40 mm,厚 3～7 mm。

2. 体积质量

体积质量是指单位体积内玉米的质量,用 kg/m^3 表示。体积质量的大小,是由籽粒的饱满程度即成熟程度来决定的。体积质量的大小是衡量玉米品质好坏的指标。一般来说,体积质量大的玉米成熟好、皮层薄、角质率高、破碎率低;体积质量小的玉米相反。体积质量是仓容和运输设备产量的计算依据。在相同体积和流速时,体积质量大的产量高;反之,体积质量小的产量低。体积质量大小与水分也有关系,水分大的玉米,细胞组织内部含水多,籽粒膨胀,所以它的体积质量要低于水分小的玉米。玉米的体积质量一般为 705～770 kg/m^3。

3. 相对密度

籽粒相对密度的大小取决于籽粒的化学成分和结构紧密程度。一般情况下,凡发育正常、成熟充分、粒大而饱满的玉米籽粒,其相对密度较发育不良、成熟度差、粒小而不饱满的为大。相对密度也是评定玉米品质的一项指标。玉米的相对密度为 1.15～1.35;玉米胚芽的相对密度为 0.7～0.99;沙石的相对密度为 2.5 左右。淀粉的相对密度为 1.48～1.61,蛋白质的相对密度为 1.24～1.31,纤维素的相对密度为 1.25～1.40。

4. 千粒重

千粒重是 1 000 粒玉米的质量,常以 g 表示。一般千粒重是对风干状态的玉米籽粒而言的;千粒重的大小和体积质量一样,也是衡量玉米品质好坏的一项指标。千粒重大的玉米表明其颗粒大,角质胚乳多,因此其出品率就高。玉米的千粒重为 150～600 g,平均为 350 g。

5. 散落性

玉米籽粒自然下落至平面时,有向四面流散并形成一圆锥体的性质,称为散落性。玉米散落性的大小,通常用静止角(自然坡角、内摩擦角)来表示。所谓静止角,就是玉米自然流散形成一个锥体,圆锥体的斜边与水平面的夹角。静止角愈大,表示玉米的散落性愈差。通常,玉米静止角为 27°。玉米散落性的大小与玉米的水分、形状、大小、表面状态和杂质的特性及含量有关。

6. 悬浮速度

悬浮速度是指玉米自由下落时在相反方向流动的空气作用下,既不被空气带走,又不向下降落,呈悬浮状态时的风速。悬浮速度的高低与玉米颗粒的形状、大小、相对密度、质量有直接关系,颗粒大的、质量重的,悬浮速度就高;反之就小。玉米的悬浮速度为 11～14 m/s;玉米胚芽的悬浮速度为 7～8 m/s;玉米皮的悬浮速度为 2～4 m/s。

7. 孔隙度

孔隙度表示粮堆中粮粒之间的紧密程度。粮堆孔隙体积占粮堆总体积的百分率称为孔隙度。在粮堆占据一定的容积时,粮粒并非充满整个容积的全部,因为粮粒间的排列并非十分紧密,而是存在着大小不等的孔隙,因此粮堆的体积实际上是由粮粒本身的体积和粮粒间的孔隙的体积所构成的。孔隙度的大小主要取决于粮食的类型、品种、粒形、粒度、均匀度、表面状态、饱满程度、含杂情况和储藏环境等因素。玉米孔隙度为 40% 左右。

8. 自动分级

自动分级不是单一籽粒所具有的特性,而是籽粒群体(粮堆)的性质。玉米籽粒和杂质结合的散粒群体,在有规则的移动或振动过程中出现的分级现象称为自动分级。

9. 导热性

物体传递热量的性能称为导热性。粮堆中热量的移动主要是通过粮粒间直接接触的传导和粮堆空隙中空气的对流两种方式进行的。在这两种方式中,以对流为主。

粮堆的导热性能与粮堆的形式、大小、密闭情况、孔隙度、含水量等有关,其中尤以含水量影响较大。

五、岗位要求及操作规程

1. 岗位要求

①按照玉米质量标准及企业相关要求称量、验收、储存玉米。

②要求具有中专以上学历、具备一定计算机基础和计算能力的人员。

③要求具备一定检验技能的人员。

④严格按照作业指导书的要求进行规范操作。

⑤遵守公司各项规章制度、员工行为规范等。

⑥按规定如实填写作业记录。

2. 操作规程

玉米进厂后首先进行抽样初验。初验一般采用扦样器从包装袋或散装车按照每车抽数袋或每车抽数点采样,对样品进行目测初验。粗略检验色泽、气味、水分、杂质等项指标,是否符合当时的收购要求,不符合者拒收。

初验合格者,进厂过地磅称重(所称质量为车与玉米及包装物的总质量,亦称毛重)。

过磅称重后的玉米车辆,按指定地点卸车。在卸车过程中,随玉米从包装袋的倒出(包装袋车)或从车厢的流下,多处取样,然后对样品进行水分测定与杂质含量分析检验。根据测定及分析结果,按标准收购单价进行扣除,确定收购实际单价。

卸车结束后卖粮车返回地磅,称出空车及包装物重量(皮重),毛重减去皮重即计价重量。个别小型工厂也有将杂质随车过磅带出厂外的情况。玉米卖主根据计价质量和单价凭证到付款处结算取款。

大型玉米加工厂由于日收购量很大,利用上述初验—卸车复检分析—过磅—结算的收购流程,需要耗用很多的人力。随着工业自动化的发展,玉米收购流程已逐步采取自动化。图 1-1 所示为玉米水分及容重自动化检测系统。

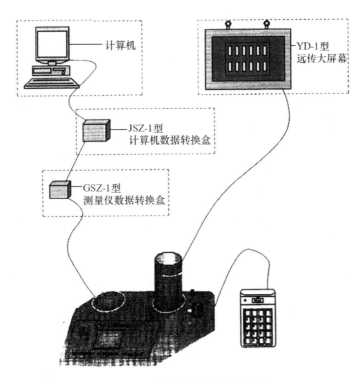

图 1-1　RS-T 型粮食容重水分测量仪

RS-T 型粮食容重水分测量仪主要由容重振荡与水分检测的多物理量测试补偿平衡系统,微电脑智能控制系统和外设配件等部分组成。

图 1-2 所示为模块化电子汽车衡自动化计量系统。

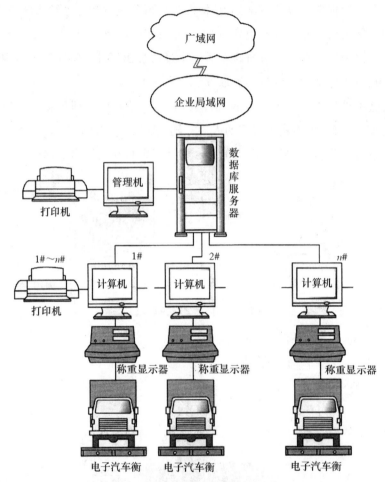

图 1-2　模块化电子汽车衡自动化计量系统图

第二节　玉米的干法清理

玉米的干法清理,就是在空气介质中利用各种清理设备去除原粮中所含有杂质的工序的总称。

一、玉米清理的目的

在收购的玉米(商品玉米)中大都含有绳头、玉米芯、玉米穗花、秕粒等有机杂质及泥沙、石子等无机杂质与铁钉、铁皮、螺丝等金属物。各类杂质的存在给玉米加工带来了不少的麻烦。例如:绳头会使管道发生堵塞;金属硬物会将磨盘打碎、管道磨损;泥沙会增加淀粉中灰分含量等。所以在加工前必须将商品玉米进行清理。在实际生产中收购进厂的玉米称毛玉米,经清理后的玉米称净玉米。所以玉米清理亦称玉米的净化。

二、玉米中的杂质

1. 杂质的来源

玉米在收割、脱粒过程中,难免混入一些有机杂质;在晾晒、烘干过程中,如果场地不干净也往往会混入泥土、沙石、小砖瓦碎块、煤渣等杂质;在贮藏、运输过程中,因装运容器的影响,更易混入煤渣、金属物、绳头、鼠雀粪便、虫卵等。所以进加工车间的玉米是很不纯净的,不经过清理是不符合加工要求的。

2. 杂质的分类

(1)按物质组成的元素分类。

无机杂质:混入玉米中的泥土、沙石、煤渣、砖瓦、玻璃碎块、金属及其他无机物质。

有机杂质:混杂在玉米中的根、茎、毛、野生植物的种子、异种粮粒、鼠雀粪便、虫蛹、虫尸及无食用价值的生芽,有病斑、变质玉米粒等有机杂质。

(2)按粒度大小分类。大杂质一般指留存在直径 14 mm 圆形筛孔以上的杂质;并肩杂质指通过直径 14 mm 圆形筛孔但留存在直径 3 mm 圆形筛孔以上的杂质;小杂质指通过 3 mm 圆形筛孔的筛下物。

(3)按相对密度大小分类。重杂质一般指相对密度大于玉米的杂质;轻杂质一般指相对密度小于玉米的杂质。

三、玉米干法清理的依据和方法

1. 筛选

根据玉米和杂质的粒形与大小不同采用筛选法。粒形大小不同主要是指玉米和杂质在长、宽、厚方面存在差别。筛选就是利用玉米与杂质宽度和厚度的不同,利用筛孔分离大于(或小于)粮粒的杂质或把玉米进行分级的一种方法。

目前,国内玉米加工厂常采用以下几种清理筛。

(1)双层圆筒筛(亿凯粮食机械有限公司生产的玉米清理筛)。双层圆筒筛主要由筛壳体、筛筒及传动部分构成,筛壳体由型钢(角铁槽钢)与铁板焊接而成。传动部分主要由转动万向节与电机及变速机构组成,筛筒则是筛的主体。

工作原理:筛筒呈圆台形,分内外两层筛面。内层筛面的筛孔孔径从小端开始依次分为大、中、小三段。头道筛(初清筛)筛孔孔径的直径推荐为 $\phi18$、$\phi16$、$\phi14$。二道筛(清理筛)筛孔孔径为 $\phi16$、$\phi14$、$\phi12$。外层筛面的筛孔孔径从小端开始依次为 $\phi6$、$\phi4$ 两段。

毛玉米从小端进入内层筛面后,随筛筒一起转动,在离心力的作用下,玉米随转动流向大端。在此行程中,粒度大的玉米的杂质(如玉米芯、石块)截留在筛面上从大端排出,含有小粒度杂质的玉米落入外层筛面,玉米截留在筛面上从大端排出(外筛较内筛短一些),小杂质从筛下收集后排出,从而使毛玉米中粒度大于或小于玉米粒的杂质分离,而达到清理的目的。

(2)平面回转振动筛。平面回转振动筛的主要结构包括:进料箱、上下筛体、筛面、出料箱、吸风口、偏心回转传动结构。

工作原理:毛玉米自进料箱进入上筛面后随筛体作回转运动,同时也发生平面位移(这是由偏心传动的特殊设计而决定的)。毛玉米在其回转、平移的过程中,粒度大于玉米的杂质被 $\phi14\sim\phi16$ 的筛孔截留在筛面上而排出。除掉大杂质的玉米落入第二层筛面,粒度小于玉米的杂质通过 $\phi4\sim\phi6$ 的筛孔收集排出,净玉米从第二层筛面上排出。在净玉米跌落上方设有吸风除尘(轻杂)风口。

(3)平面回转组合振动筛(高效清理筛)。由平面回转多层组合振动筛组合而成。平面回转筛面一般有 8～10 层。其特点为多路并行筛路,在保证清理去杂的同时,提高了产量。

(4)带型筛。带型筛处理量大但效果欠佳,只能做初清使用。

2.相对密度分选

在筛选过程中,有些杂质如石子、沙子、煤块等,在粒形大小上与玉米相似(俗称并肩石),利用筛选法难以清理出去。但是它们在相对密度方面却存在着明显的差别。这种差别的存在,对玉米和并肩石的分离提供了有利的条件,利用相对密度不同分离玉米中杂质的方法称相对密度分选法。并肩石的清除一般采用以下两种工艺和设备。

(1)干法去石——比重去石机。

工作原理:比重去石机是利用玉米和沙石的相对密度及悬浮速度不同,采用风力、簸动相结合,使物料形成沸腾状态后进行分离。由于玉米相对密度较沙石小,而悬浮速度较小,在风力作用下较沙石易沸腾,所以在往复运动的筛板上产生簸动而排出;沙石不易沸腾,而滞留在筛板上排出。比重去石机需根据处理量配套相应的风量。目前国产比重去石机处理能力都较弱。

(2)湿法去石——旋流沙石捕集器。

工作原理:旋流沙石捕集器是利用旋流分离的原理将沙石与玉米分离而捕集排出(主要构造及工作原理详见玉米湿磨加工常用的旋流分离器)。

在实际操作中,应经常检查锥形芯管的磨损情况并及时更换。去石效果与反冲水压力有关。锥形芯管是关键部件,也是易损部件。反冲水的压力应略大于进料压力。反冲水利用循环输送水,这样可适当增加反冲水流量,而不增加本系统的用水量。旋流捕集的沙石应及时清理。

3.风选

玉米和杂质由于大小、相对密度不同,所以它们的悬浮速度也不同。利用玉米和杂质在气流中悬浮速度不同进行除杂的方法称风选法。按照气流的运动方向,风选形式可分为3种:垂直气流风选、水平气流风选和倾斜气流风选。

玉米的风选除尘系统一般由吸尘罩、风管、除尘器和风机组成。

4.磁选

玉米中的金属杂质,除极少数铜、铝外,绝大多数是磁性金属物,它们有较强的导磁性,而玉米则没有导磁性。利用这一磁性不同的特点通过磁钢或磁选机来清除粮食中金属杂质的方法称磁选法。常用去铁器有永磁筒和电磁除铁器(亦称自动去铁器)。

四、玉米干法清理工艺流程

玉米干法清理工艺流程如图 1-3 所示。

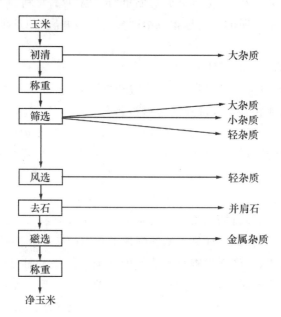

图 1-3　玉米干法清理工艺流程

五、岗位要求及操作规程

1. 岗位要求

①按要求对玉米进行称量、筛选、风选、去石、磁选等工作。

②符合淀粉生产及制糖行业各技术领域的职业岗位(群)的基本任职要求。

2. 操作规程

(1)开车

①检查各设备运转是否正常,减速机是否润滑。

②依次启动投仓斗提、振动筛、风机、提料斗提、提料皮带等设备,开始提料。

③根据皮带输送及斗式提升机净化效果,调整提料速度。

④及时清理振动筛筛上杂物,防止堵塞。及时清理各种废弃物与杂质,按要求

进行堆放或入库。

⑤投料应经常保持小仓料满。在不投料的情况下,如果小仓没料或料不足时,应启动大仓卸料皮带机及斗提机,向小仓供料,以保证生产投罐用料。

（2）停车

①待玉米投完后,依次停止投料仓皮带机、斗提机、振动筛、大提升机、投仓皮带机及风机等设备。

②彻底清理卫生,检查设备,保持设备良好运行状态。

（3）异常情况处理

①有大量玉米混入玉米芯内时,应及时清理好振动筛筛面,防止扎绳缠绕堵塞。

②斗提机提升量减小,皮带轮打滑,应及时调整皮带松紧程度。

③风机振动严重时,应及时清理风叶。

第三节　玉米的浸泡

玉米浸泡(亦称为玉米浸渍)是玉米湿磨生产基本过程中的第一步,也是湿磨提取淀粉的首要过程。浸泡质量直接影响着以后各道工序以及各类产品的收率和质量。

一、玉米浸泡的目的

浸泡的目的:破坏或者削弱玉米粒各组成部分的联系,分散胚乳细胞中蛋白质网,使淀粉和非淀粉部分分开;浸渍出玉米粒中的可溶性物质;抑制玉米中微生物的有害活动,防止生产过程中物料腐败;使玉米软化,降低玉米粒的机械强度,便于以后工序的操作。

二、浸泡的作用机理

1. 浸泡过程的理论基础

在玉米的胚乳中,淀粉和蛋白质结合得很牢固,淀粉颗粒被包裹在蛋白质基质内。为了释放出淀粉,就必须破坏或削弱淀粉颗粒与蛋白质之间的结合力,淀粉才能在生产过程中游离出来。浸泡过程是亚硫酸和乳酸对玉米共同作用的过程。玉米浸泡过程可分为三个阶段,每个阶段的主要作用机理各不相同。

第一阶段是乳酸作用阶段,在这一阶段,玉米与含有高浓度乳酸和固形物的浸泡水接触,同时 SO_2 含量和 pH 都较低。高浓度乳酸稍微降低了 pH,并作用在玉米胚乳细胞壁上形成洞或坑,在浸泡过程中使浸泡水进入籽粒内部。尽管浸泡过程中乳酸的作用机理尚不完全清楚,但最新研究表明,乳酸可增加淀粉产量 $2.9\%\sim12.0\%$(根据玉米的品种不同而有变化)。

第二阶段是 SO_2 扩散阶段,玉米与稍高浓度的 SO_2 和较低浓度的乳酸接触,在这一阶段,浸泡水中的固形物含量比乳酸作用阶段的低,上一阶段时在玉米胚乳细胞壁上产生的洞和坑理论上能使 SO_2 和水更快速地进入玉米籽粒,开始与玉米胚乳内蛋白质基质反应。研究也证明蛋白质基质的降解发生在玉米浸泡 18 h 左右。

第三阶段是 SO_2 作用阶段,玉米与高浓度的 SO_2 接触,SO_2 扩散进入玉米籽粒,降解蛋白质,高 SO_2 浓度可保证在其扩散时有足够的 SO_2 存在于浸泡水中。此阶段浸泡水中的乳酸和固形物含量都比较低,除第一罐和新浸泡水外,此阶段浸泡水的 pH 为 $4.5\sim4.8$。

2.亚硫酸的作用

①玉米皮是由半渗透膜组成的,要使玉米粒内部的可溶物渗透出来,必须将半渗透膜变成渗透膜,亚硫酸具有这种功能,这是亚硫酸的第一个作用。

②亚硫酸能将玉米粒的蛋白质网破坏,使被蛋白质网包裹的淀粉颗粒游离出来,从而有利于淀粉与纤维、蛋白质分开;同时还可把部分不溶性蛋白质转变成可溶性蛋白质。

亚硫酸破坏蛋白质的原理分析:玉米中的蛋白质分为清蛋白、球蛋白、醇溶蛋白和谷蛋白四部分。清蛋白和球蛋白易溶解。醇溶蛋白埋在谷蛋白的基质中,是玉米蛋白粉的主要来源。淀粉也被谷蛋白基质包埋。谷蛋白是由大约 20 种相对分子质量范围为 $11\,000\sim127\,000$ 的不同蛋白质单元通过二硫键(二硫化物桥)结合组成的巨大而复杂的蛋白质分子。破坏二硫键可使蛋白质分子结构松懈,使有规则的紧密结构变为不规则的开链和松散排列。亚硫酸对蛋白质网的破坏,主要是对二硫键的破坏。

③亚硫酸还可使玉米粒内部的无机盐得到溶解,从而释放在浸泡水中。同时还能抑制霉菌、腐败菌及其他微生物的生命力,具有防腐作用。而亚硫酸能促使乳酸杆菌的繁殖和生长而产生乳酸,则是它的特殊作用。

3.乳酸的作用

在浸泡过程中玉米难免带进一些微生物,最初加入的浸泡液中 SO_2 的浓度可以阻止各种微生物的生长,但在浸泡的中期,SO_2 的浓度降到 0.05% 左右,从而引起乳酸发酵。此时浸泡罐的温度和 pH 限制了酵母和其他有害菌体的生长。在 45~55℃ 浸泡有利于乳酸菌的繁殖,产生的乳酸降低了介质的 pH,从而限制了其他微生物的生长。乳酸菌生长所依赖的基质是从玉米中溶出的糖类。随着浸泡水对玉米浸泡程度的增加,浸泡水中乳酸的浓度也随着增加。从浸泡工段排出的水中,乳酸的含量应为 1.0%~1.8%。

乳酸在玉米浸泡过程中的作用:

①乳酸作用于玉米胚乳细胞壁上形成洞或坑,使浸泡水进入籽粒内部而作用于蛋白质网。

②乳酸的生成可降低浸泡水的 pH,抑制其他微生物的生长。但乳酸量过大、pH 过低也会使乳酸菌受到抑制。

③乳酸能促进玉米蛋白的软化及膨胀,还能使相对分子质量高的可溶蛋白发生水解,从而减少浸泡水蒸发浓缩过程中泡沫的产生和胶体沉淀。

④乳酸不易挥发而残留在浓缩液中,从而能保持玉米浆浓缩液中的钙、镁离子含量,从而减少加热管的结垢。但乳酸量不宜过大,因为乳酸量过大时蛋白质溶解度也随之提高,蛋白质的溶解不利于淀粉与蛋白的分离。

三、玉米浸泡方法

1. 静止浸泡法——单罐循环浸泡

为减小玉米装罐对罐壁的冲击而产生的膨胀力,在玉米装罐前先加入定量的亚硫酸(一般为总体积的 1/3)。玉米进罐的同时边加酸边加热并进行自循环。上完料后亚硫酸液位高出玉米层表面 30 cm。温度达到 53℃ 时停止加热。当温度低于 49℃ 时再进行加热循环至 53℃ 停止。这样依次循环至浸泡结束。此法操作比较简单,管线也不复杂。在最初阶段由于玉米中可溶物质多,而新酸中可溶物少,即可溶物浓度梯度大,玉米中的可溶物析出速度快;随浸泡时间的延长,玉米与浸泡液两者间可溶物浓度差逐渐缩小,至浸泡终点时浓度差最小,可溶物析出最慢;此法可溶物析出相对不彻底,稀浆干物质含量低;浓缩时蒸发量大,增加能耗。同时,浸泡过程乳酸生长条件受限,对蛋白质网的破坏也较差,不利于后续加工分离。目前只有少数小型玉米淀粉厂采用静止浸泡。

2. 逆流浸泡方式及操作

逆流浸泡是较为先进的方法,它把一组罐用泵串联起来,罐的数量取决于罐的容量、生产能力以及浸泡时间。逆流法浸泡玉米的特点是用浸泡时间最长的浸泡水浸泡新玉米;用新亚硫酸溶液浸泡即将加工的玉米,即亚硫酸的倒浆方向与玉米的投料方向相反,故称为逆流浸泡。逆流法浸泡玉米的优点是可使浸泡水与玉米浸出物保持最大的浓度差,浸出液中干物质含量高,有利于以后工序的淀粉洗涤。

目前企业采用逆流法浸泡,大体工艺流程如图1-4所示。

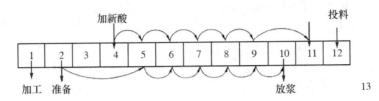

图1-4　间隔逆流浸泡流程

本方案以12个浸泡罐为例,投料时间2 h,加酸时间1 h,放浆1 h,新酸加温2 h,新玉米加温1 h,加工1罐5 h计。新酸时间为10 h,老浆6.5 h,有效浸泡时间49 h。

(1)间隔倒罐逆流法。倒罐即用浸泡循环泵将浸泡液从一个浸泡罐打入另一个浸泡罐。

$6^{\#}$罐的待加工玉米经新酸浸泡18 h后的浸泡水(中酸)倒入$1^{\#}$罐;$6^{\#}$罐放料加工,$1^{\#}$罐经中酸浸泡。$6^{\#}$罐加工完毕洗罐上料,$1^{\#}$罐浸泡水(老浆)再倒入$6^{\#}$罐泡新玉米,$1^{\#}$罐待加工加上新酸,完成一个周期。其余各罐依此类推。每罐玉米都经老、中、新酸的三次浸泡。掌握原则:新玉米用老浆,待加工玉米加新酸。

(2)依次倒罐法。实践证明,依次连续倒罐浸泡水中可溶性物质含量较高,可达$7\sim9$ g/100 mL。依次倒罐逆流浸泡也存在一定的缺点,由于倒罐次数频繁,SO_2损失较多,影响环境,同时老玉米接触时间较短,往往造成浸泡不彻底。为解决上述问题,很多工厂将罐群分成两组,交替上料、加工,分别进行逆流浸泡。

目前有些工厂根据自身情况调整为用次老浆投料,边投料边加温,投完料直接浸泡,老浆直接放入下一操作环节。其他工厂泡料工艺路线也有很多不一致的,相对来说泡料工艺没有一个定型的路线,总的原则是以加工段好加工为准。

以上无论是单罐循环还是多罐逆流循环浸泡,都属于半连续浸泡。多罐半连续浸泡是目前国内外大中型加工厂普遍采用的浸泡方法。

(3)半逆流浸泡与全逆流浸泡。以上无论哪种逆流浸泡倒罐方法,都是用浸泡时间最长的浸泡液浸泡新投罐的玉米一段时间后,再排出去蒸发浓缩,新投罐的玉米采用工艺过程水输送。如果用待排出的浸泡液去输送新投罐的玉米后再排送去蒸发浓缩,这样既减少了输送玉米过程水的排放,又做到了玉米在输送过程中也能浸泡。此方法称为全逆流浸泡。相对于全逆流浸泡而言,以上几种方法称半逆流浸泡。

3. 连续逆流浸泡法

(1)多罐式连续逆流浸泡。如图1-5所示。

具体操作过程:工艺水从8#罐(末罐)加入洗玉米,由分水筛分水后吸收 SO_2 生成新酸进入8#罐浸泡老玉米(待加工的玉米)。倒罐时浸泡水从分水筛依次倒入7#—6#—5#—4#—3#—2#—1#,去浸泡新玉米。浸泡新玉米的浸泡水从1#罐筛出去浓缩。其特点是玉米始终往1#罐加入,8#罐始终在放料加工。多罐连续浸泡法设备较复杂,各罐都需要有玉米分水筛和输送设备,一次性投资大。输送设备可采用离心泵或空气升料器。

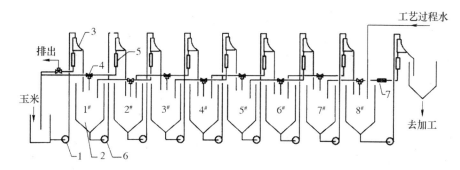

图1-5 多罐式连续逆流浸泡流程

1—干玉米输送泵 2—浸泡罐 3—分水筛 4—三通阀 5—加热器
6—空气升料器 7—二氧化硫吸收器

(2)高压管道式连续逆流浸泡。高压管道式连续逆流浸泡是指玉米从高压管道一端压入,亚硫酸从另一端高压进入,两者逆流动,从相反方向排出,在逆流接触过程完成浸泡任务。

(3)酶法连续浸泡。酶法连续浸泡原理是用温水泡软玉米破碎加酶,通过酶的作用而破坏玉米粒内蛋白质网。此法处于研究应用阶段。

(4)利用分解技术(H-D技术)连续浸泡。用高压物理分解技术取代亚硫酸浸泡工艺的方法:用泵将玉米与水在高压下使其通过特别的分解阀门,通过此阀的物料压力突然降低而形成很高的速度,造成相当大的冲力和机械力,从而使籽粒内部结构疏松。此法在1~2h内可使玉米含水40%~50%(相当于亚硫酸浸泡12 h

以上)。试验证明:当压力为 1.5 MPa 时,胚乳充分膨胀且具有弹性,当压力为 10.5 MPa 时,5 min 可使玉米含水达 35％以上。

四、浸泡过程的工艺条件控制

影响玉米逆流浸泡的因素:浸泡时间,浸泡温度,细菌的类型和活力,玉米类型和等级,最初浓度,工艺水的组成,浸泡水排出率和罐的数量等。

1. 浸泡温度

乳酸菌所能承受的最高温度为 54℃,限制酵母生长的最高温度为 48℃,低于此温度酵母菌会大量生长,将糖分解为 CO_2 和乙醇。考虑到浸泡过程的不稳定性,一般温度选择为 49～53℃为宜。排出后需继续发酵的稀玉米浆也要保持此温度。温度过高,淀粉水解严重,影响淀粉收率和质量,所以一定要避免温度过高。温度对玉米膨胀速度也有很大的影响。随着温度的提高,玉米籽粒的膨胀速度显著地增大,而最终膨胀程度实际上并没有改变。过于干燥或病变、腐烂、发芽率低难以浸泡的玉米浸泡温度为 51～54℃。

2. 浸泡时间

质量正常的玉米,只需浸泡 50 h 左右;未成熟的玉米或过于干燥的玉米需要浸泡 55～60 h;而高水分含量的玉米浸泡时间为 40～50 h。通常玉米浸泡一个周期为 60～70 h。装料 1～2 h,排玉米浆 1 h,洗涤 4～6 h,浸泡 48～54 h,卸料 6～7 h,装料前准备 0.5～1 h。硬质玉米需要较长的浸泡时间,同一浸泡批次最好选用同一品种的原料,若加工的玉米为混合品种,则不易控制浸泡时间。储存时间久的玉米较新鲜的玉米难浸泡。玉米籽粒在浸泡 12～14 h 时达到最大的含水量,继续浸泡,含水量有所降低,很显然,这是由于蛋白质从不溶解状态转变为溶解状态而引起的。浸泡时间对膨胀程度也有影响。

3. SO_2 的影响

现在普遍使用的浸泡剂为二氧化硫,其价格便宜、杀菌力强,能防止有害细菌的作用,对于蛋白质基质具有较强的分散作用。但是 SO_2 也有缺点,如挥发性强,易散布于空气中产生不良气味有害人体健康;系酸性物质,对于设备有腐蚀性;降低淀粉黏度。

我国目前使用的浸泡水的 SO_2 浓度为 0.2％～0.25％。含有 0.15％ SO_2 的浸泡水 pH 2.5 左右,但它在 pH 4 左右有轻微缓冲作用。当浸泡水与浸泡时间最长

且含有 SO_2 的玉米粒接触后,其 pH 为 3.5 左右,排出的稀玉米浆的 SO_2 含量为 $0.01\% \sim 0.03\%$。由于发酵产生的乳酸的补偿,浸泡水 pH 保持在 4 左右。浸泡过程每吨玉米用 $1.2 \sim 1.4\ m^3$ 亚硫酸水,玉米吸收 $0.5\ m^3$,使玉米水分从 16% 升高到 45%,剩余 $0.7 \sim 0.9\ m^3$ 作为稀玉米浆排出。

4. 乳酸发酵

玉米浸泡过程不仅是物理扩散过程,更重要的是乳酸发酵过程,乳酸菌的繁殖好坏直接关系到浸泡后玉米浆的质量。菌种发酵的最佳温度是 48℃,介质 pH 在弱碱性或中性时发酵最为顺利。新加入的浸泡水中没有乳酸,但 SO_2 浓度逐渐降低,降到 0.05% 以下时,即开始有乳酸生成,大约使存在的糖分的一半转变成乳酸。乳酸有抑制其他微生物繁殖的作用,故乳酸杆菌一旦繁殖旺盛后,其他微生物都灭亡了,可以有效地防止浸泡水中腐败物的产生。但乳酸过多,对蛋白质有分解作用,使蛋白质转变成可溶解物质,不易与淀粉分离。

5. 玉米的性质

玉米在储存期间发霉或使用过高温度干燥的玉米,玉米籽粒内水分扩散缓慢,浸泡时蛋白质难于分散,并且分散的部位不均匀,造成淀粉与蛋白质不易分离,淀粉的收率和质量都受影响。有条件的企业应该进行玉米发芽率试验,用于淀粉生产的玉米发芽率不应低于 30%。

不同品种的玉米吸水膨胀能力也不相同,粉质品种的玉米吸收水分的强度及数量比角质玉米(胚乳是角质的玉米品种)都大。较小的和未成熟的玉米籽粒比大的和成熟的玉米籽粒膨胀得快,吸收的水分也多。含水分高的玉米籽粒比过于干燥的玉米籽粒膨胀和浸泡速度要快。

五、岗位要求及操作规程

1. 岗位要求

①按工艺要求对玉米进行浸泡、排放及浸泡液的排出,浸泡液温度、水位等管理。

②符合淀粉生产及制糖行业各技术领域的职业岗位(群)的基本任职要求。

2. 操作规程

浸泡岗位操作规程:

①加料前落实投料浸泡罐,检查管路阀门是否打开。

②沉沙槽内加入一次水,向罐内送水,同时调整回流阀门,保证输送泵不抽空。待罐内水位超过出浆滤芯管时,开始下料。

③投料过程中,根据回水情况,逐渐关小一次水阀门,甚至完全关闭。

④待罐投满料后,关闭下料阀,沉沙槽内没有玉米后,关闭输送泵,并保证沉沙槽内水不外溢。

⑤及时清理沉沙槽内的沙石。

⑥投料过程中,必要时将玉米芯捞出。

⑦罐内投满玉米后,将罐内存有的输送水放掉,然后开始倒罐,采取逆流倒罐方式,即"老玉米加新酸,新玉米加老酸"。新酸加入时启动螺旋板加热器对新酸进行加温,控制温度为 45~50℃,倒完后进行自身循环。

⑧新加玉米浸渍后需出浆时,通知菲汀加工或出浆到暂存罐内,出完浆后进行倒罐。

⑨对倒罐已沥浆的玉米进行加洗水洗涤,特殊情况可不洗涤,其余各罐进行自身循环。洗涤完毕后放水,然后放罐进行破碎。

⑩启动送料系统,向破碎岗位送料,放料量由磨筛(楼上)进行控制。

3. 异常情况处理

①投送料过程中应注意不得断水,防止堵管。一旦堵管应用水冲开或拆开处理。

②浸泡液应完全覆盖玉米,如倒罐后浸渍液不足,应按顺序补充部分新酸。

4. 注意事项

①使用的灯应保证在 36 V 以下,防止触电事故发生。不做照明用时应将灯放到罐外并关闭。经常检查测量用具及灯具的牢固程度。

②浸渍罐内严禁掉入异物,一旦掉入应立即报告,以便解决。

③每次出浆应送检,达到质量要求。

④及时检测新酸加入后的 SO_2 含量及浸渍液的浓度。

⑤防止"跑冒滴漏",特别是蒸汽阀门内漏。

⑥带冷却水的循环泵启动前必须先开启冷却水,待有水流出后,方可启动泵。停车时泵停后再停水。

第四节 亚硫酸的制备

一、亚硫酸制备的原理

硫黄在燃烧炉中燃烧生成二氧化硫气体,二氧化硫气体用水吸收即生成亚硫酸溶液。其生产原理如下:

$$S + O_2 \xrightarrow{\text{燃烧}} SO_2$$

$$SO_2 + H_2O \longrightarrow H_2SO_3$$

二、亚硫酸制备的工艺流程

国内普遍采用两种生产流程,一种是水力喷射器生产流程(图1-6),另一种是吸收塔生产流程(图1-7)。

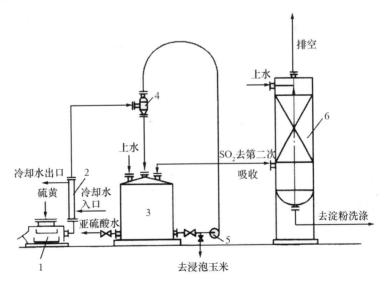

图1-6 水力喷射器制备亚硫酸生产流程

1—硫黄燃烧炉 2—换热器 3—储罐 4—水力喷射泵 5—泵 6—吸收塔

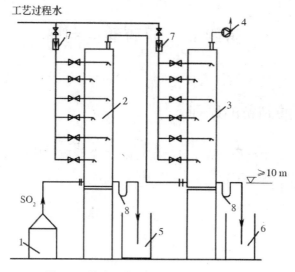

图 1-7 燃硫吸收塔制酸典型工艺流程

1—硫燃炉 2——级吸收塔 3—二级吸收塔 4—风机 5—浓酸罐
6—稀酸罐 7—流量计 8—水封弯头

1. 水力喷射器生产流程

水力喷射器工艺过程:先用泵将贮酸罐内的水送入喷射器,由于喷射水流速度较高,喷射口周围形成负压使喷射器内产生真空,吸入硫黄燃烧炉产生的 SO_2 气体,同时在水力喷射器内 SO_2 被水混合吸收,生成 H_2SO_3。反复将贮酸罐中的水循环,可使 H_2SO_3 的浓度不断提高,当浓度达到 0.2%~0.3%时,即可供玉米浸泡和渣皮洗涤使用。从吸收罐排出的气体再经过吸收塔经二次吸收,用于淀粉的洗涤。

2. 吸收塔生产流程

吸收塔工艺过程:将硫黄放入燃烧炉中燃烧,生成 SO_2 气体,然后经过分离室分离出气体中的杂质,最后将 SO_2 气体吸进吸收塔中,SO_2 气体从底部慢慢向上升。打开吸收塔上部的喷头,水从上部向下落,SO_2 气体与水接触并溶解于水中即生成 H_2SO_3 流入亚硫酸贮罐。

生产能力较小的玉米淀粉厂,也可以利用一个吸收塔生产 H_2SO_3。图 1-7 中,风机安装在吸收塔之后,风机多选用玻璃钢风机或陶瓷风机。

硫黄燃烧过程中二氧化硫形成时要调节进入燃烧炉的空气量。空气氧量不足会降低二氧化硫的生成量,并增加硫在混合室壁及管壁上的凝结量。空气过剩会导致制得的气体中的 SO_2 含量下降,从而降低了硫黄炉的生产能力。进入的空气量大小是借助挡板调节进气孔的大小实现的。燃烧炉在正常操作时制得的气体中 SO_2 含量不应低于 8%,气体在管道中的运动速度为 5～6 m/s,进入吸收塔前的温度为 90～95℃。

三、岗位要求及操作规程

1. 岗位要求

①按规程操作硫黄燃烧炉,生产出符合要求的亚硫酸水溶液。

②符合淀粉生产及制糖行业各技术领域的职业岗位(群)的基本任职要求。

2. 操作规程

(1)亚硫酸制备岗位操作规程。

①制酸前先检查设备状况是否处于正常、完好状态,检查大贮酸罐的贮量情况,检查制酸工艺水的贮存情况,然后开始制酸。

②点火前,先开引风机(塔顶塑料风机),开冷却塔水管阀门,需用木材等引火物将燃烧炉内的硫黄点燃。

③开给水泵,向一级、二级吸收塔供水。随时在现场检查亚硫酸浓度,达到规定的浓度(一级、二级塔的混合浓度)。

④将中间酸罐的酸,定时或连续向大贮罐输送,大贮酸罐的入孔要盖好,减少 SO_2 的挥发。制酸用水的温度要小于 40℃,水温低,吸收效果好。

⑤制酸过程中,随时检查各设备运行情况,如冷却水温度、SO_2 浓度,及时向炉内添加硫黄。检查贮罐的液位,引风机情况等。

⑥停车时,待燃硫炉内的硫黄不多时,可以强制灭火,然后停酸水泵,停冷却水,停风机,待中间酸贮罐的酸都送到大贮罐后,停酸泵。

(2)异常情况的处理。

①如燃烧炉倒烟,一般是引风机损坏或吸收塔头堵塞或冷却管堵塞,要及时停车处理。

②SO_2 浓度低,一是硫黄燃烧不好,二是供水量过大,要及时调整。要定期清理冷却器和炉内的灰渣及升华硫,保持畅通。

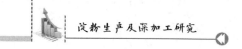

第五节　浸泡后玉米的输送与除沙

一、玉米输送与除沙目的

浸泡后的玉米,经分析玉米的吸水和蛋白质的浸出情况后,利用工艺水将其送到破碎工序,并通过除石器将浸后玉米中的沙石和其他较重杂质分离出去,以防止破坏粉碎设备,同时可降低产品中的灰分和斑点,保证产品质量。生产中常采用湿法离心去石,去石装置采用沙石捕集旋流器。

二、湿法离心去石装置——沙石捕集旋流器

SPx-36 型沙石捕集旋流器主要用于玉米淀粉厂浸泡后玉米的水力除石,它有处理量大、分离效率高、运行可靠且占地面积小等优点。

1. SPx-36 型沙石捕集旋流器主要技术规格和技术参数

分离圆筒直径:ϕ360 mm

处理量:150 t 商品玉米/d

进料口工作压力:0.1 MPa

反冲水压力:>0.1 MPa

外形尺寸:580 mm×430 mm×1 520 mm

质量:60 kg

2. 主要结构特点

SPx-36 型沙石捕集旋流器主要结构如图 1-8 所示,它主要由分离室和集石室组成。分离室内主要零部件为涡流芯管和耐磨锥体。在工作时,玉米与水混合物切向进入分离室的圆柱筒部分形成下旋涡流,由于离心力的作用,较重的沙石及金属物移向锥体内壁,经锥体出口进入集石室,而液体与较轻的玉米则移向中心形成反向涡流向上运动经溢流口由导向管排出,从而使玉米与较重的沙石或金属物分离。由于锥体底部进行直接排放,集石室内充满了水。在集石室下部装有反冲水切向进口,其压力与上部压力接近,这样在耐磨锥体出口处顶住玉米而只让较重的物质(沙石、金属物)落下来进集石室,所以在集石室的下部可以只排放较重的沙

石,而不排出玉米。为防止磨损过快,锥体往往选用耐磨不锈钢或采用陶瓷材料铸造成型。锥体小端直径有几种不同尺寸,供生产操作时选用。在集石室最底部装有排石阀,隔一定时间开启阀门可以排出石子。

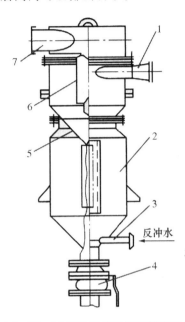

图 1-8　SPx-36 型沙石捕集旋流器主要结构

1—进料口　2—贮石斗　3—反冲水口　4—排石阀　5—耐磨锥体　6—溢流口　7—导向管

三、岗位要求及操作规程

1. 岗位要求

①要求熟练操作沙石捕集器。

②符合淀粉生产及制糖行业各技术领域的职业岗位(群)的基本任职要求。

2. 操作规程

①在捕集器内充满水,然后进料。

②调节玉米、水混合物的流量与反冲水的流量,使集石室中上升水流能挡住玉米,只让沙石落下来。

③在运行中如发现集石室中有较多的玉米,可调节加大反冲水的流量(反冲水压力略大于进料压力)。

④根据去石效果与沙石的体积大小,锥体小端可选用不同的直径。若较重的固体杂质太小,使用Φ20 mm锥体;若较重的固体杂质太大,使用Φ400 mm锥体。

⑤运行中,当集石室的沙石量达到集石室体积的1/3时,应及时打开球阀排放沙石。

第六节　玉米破碎

一、玉米破碎目的

玉米经过浸泡后,胚芽、皮层和胚乳之间的联结减弱。玉米胚乳中蛋白质与淀粉之间的联结也减弱。浸泡后玉米胚芽含水分60%左右,具有较高的弹性,并且在破碎时很容易从玉米粒中分离出来。除此之外,在破碎时胚乳淀粉质部分也被磨成碎粒,并从中释放出25%以内的淀粉。玉米破碎的目的是使胚芽与胚乳分开,并释放出一定数量的淀粉。

浸泡好的玉米,排出浸泡液,用45～50℃的温水经玉米泵先送入沙石捕集旋流器去除沙石,然后送入重力曲筛,分出输送水回用,玉米进入玉米料斗中以备进入破碎机破碎。玉米破碎一般采用两次破碎的方法,即:玉米→一次破碎→胚芽分离→二次破碎→胚芽分离。

二、破碎设备——脱胚磨

玉米脱胚磨是一种用于湿法玉米淀粉生产的粗破碎设备,主要用于浸泡后玉米的第一次粗破碎和经提胚后的玉米粗块的二次破碎,以使胚芽与皮和胚乳彼此分离。

目前玉米淀粉厂普遍采用DTMT系列脱胚磨。

1. 主要结构特点

DTMT型齿盘式脱胚磨主要由动齿盘、定齿盘、主轴齿盘间距调节装置、主轴支撑结构、电机、机座、进料装置、出料装置等组成,见图1-9。

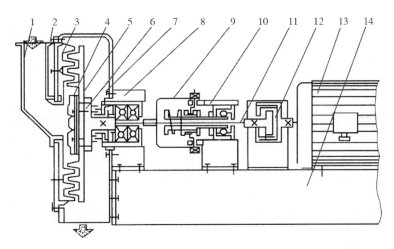

图 1-9　脱胚磨结构示意图

1—进料管　2—机盖　3—定齿盘　4—拨料轮　5—动齿盘　6—转盘　7—机壳　8—前支撑座
9—齿盘间距调节机构　10—后支撑座　11—传动轴　12—可移式联轴器　13—电机　14—机座

2. 脱胚磨工作原理

脱胚磨主要的工作部件是一对相对的动盘和定盘,其中一个转动,另一个固定不动,两齿盘呈凹凸形,即动齿盘和静齿盘上同心排列的齿相互交错。齿盘上梯形齿呈同心圆分布,在半径较小处,齿的间隙大;半径较大处,齿的间隙小。物料在重力作用下从进料管自由落入机壳内,经拨料板迅速进入动、静齿盘中间。由于两齿盘的相对旋转运动和凸齿在盘上内疏外密的特殊布置,物料在两齿盘间除受凸齿的机械作用扰动外,还受自身产生的离心力作用,在动、静齿缝间隙向外运动。玉米粒运动时,最初的齿间距大,玉米呈整粒破碎,有利于进料,运动到齿盘外端部时,齿间距变小,物料受离心力较大,粉碎作用加强,这样玉米粒在动、静齿盘及凸齿的剪切、挤压和搓撕作用下被粉碎。

三、影响玉米破碎效果的因素

1. 玉米品种和浸泡质量

玉米品种与破碎效果有很大关系。粉质玉米质软易破碎;而硬质玉米质硬难破碎;小粒玉米也不易破碎,往往从齿盘缝隙中漏出。

玉米的浸泡质量显著地影响着玉米的破碎效果,玉米浸泡得好则胚乳软,蛋白质基质分散好,容易破碎。如果浸泡不好或浸泡后玉米用冷水清洗输送,会使玉米变硬,胚芽失去弹性而变得易被磨碎,影响胚芽分离和物料质量。

2. 破碎机工作情况

破碎机型号与生产能力要匹配。齿盘安装应平行,应根据物料情况调节齿盘间距,以保证最佳破碎效果。齿盘间距与破碎质量的关系见表1-3。

表1-3 齿盘间距与破碎质量的关系

齿盘间距/mm	游离胚芽量/%		联结胚芽占总胚芽量/%	整粒玉米量/%
	完整	磨碎		
22	65.5	31.2	3.3	0.00
26	82.5	10.5	5.0	1.42
31	73.4	13.9	12.7	3.35
34	65.0	4.8	30.2	5.18
36	50.0	3.0	47.0	11.0

从表1-4中可看出,齿盘间距以22～26 mm较好。实际工作中应根据不同的机型及玉米品种实验后决定。另外,破碎机下料是否均匀也直接影响破碎质量的好坏,下料不均匀会造成质量不稳定。

3. 进料固液比

进入破碎机的物料应含有一定数量的固体和液体,固液体之比约为1:3。液体量不足,物料浓度和黏度增高,造成粘磨,降低物料通过破碎机的速度,导致胚乳和部分胚芽的过度粉碎,影响胚芽分离和得率。物料含水量过多时会迅速通过破碎机,出现流磨,造成胚芽粘粉、粘皮等弊病,使后续工段浓度低,胚芽不能很好地分离,功率消耗增大,生产效率降低。

4. 破碎质量控制

一般都应采用二次破碎工艺,即一次破碎后分离一次胚芽,二次破碎后再分离一次胚芽。其质量控制指标为:

①进磨玉米水分:42%～45%。

②一次破碎磨商品玉米与水的比例为1:(1.3～1.9)(干物量25%～30%);二次破碎粒度5～8瓣,整粒率1%～1.5%;游离胚芽率70%～85%。一次破碎物料槽干物浓度220～250 g/L(40目筛网过滤,筛下物浓度6～7.5°Bé)。

③二次破碎磨进料浓度50%左右;二次破碎粒度10～12瓣;不含整粒;联结胚芽率成0.3%(用60目筛网过滤,胚芽占筛上物的比例);筛下物浓度7～9°Bé。

四、岗位要求及操作规程

1. 岗位要求

①能熟练操作脱胚磨,把玉米粉碎到规定要求。

②符合淀粉生产及制糖行业各技术领域的职业岗位(群)的基本任职要求。

2. 操作规程

(1)破碎岗位操作规程。

①检查各运转设备是否正常,启动浸渍送料系统,通知贮槽岗位启动过程水泵。

②启动一次、二次脱胚磨,适当开启一次脱胚用水阀门,缓缓开启玉米下料阀,开始玉米破碎,调整好物料稠度。

③启动针磨油站系统,待有回油后启动针磨,进行纤维分离。

(2)异常情况处理。

①停电、设备跳闸及有打牙不正常响声,应立即关闭和停止进料,进行停机检查,视情况进行处理。

②脱胚达不到工艺要求时,进行齿盘调整。

③及时巡检各设备运行情况,发现震动应及时报告。

(3)安全及注意事项。

①开车前必须盖好安全防护设置。

②保持电流运行平稳。

③设备运行时不得擦拭运转部位。

④检查中间体指标控制情况。

⑤槽池内严禁掉入任何杂物。

⑥及时搞好设备润滑。

⑦定期清理冲洗筛面,确保筛分效果。

⑧清理或检查筛分设备时,要将下料口堵好,防止工具等掉入。

(4)工艺及卫生。

①保持岗位现场卫生清洁,洗手池及下水道畅通。

②保持设备干净,及时清理跑、冒、滴、漏。

③做好工艺记录。

第七节　胚芽分离与洗涤

胚芽中含有 35％～40％的脂肪,可以用胚芽制取高营养玉米油。如果胚芽磨碎,则会导致淀粉生产工艺过程半成品中以及淀粉产品中脂肪含量增加;也会引起机器的工作面及筛分设备的筛面吸附油污,浆料磨碎的质量下降;筛分设备从纤维中洗涤出淀粉发生困难,因而降低了筛分设备的生产能力,增加了纤维中携带的淀粉量;在分离机上分离淀粉蛋白质悬浮液时,麸质所带的淀粉量也随之增加。因此,要尽可能地从浆料中把胚芽完全分离出去。目前分离胚芽的设备主要是胚芽旋液分离器;胚芽洗涤采用重力曲筛。

一、胚芽分离设备——旋液分离器

1. 工作原理

旋液分离器是由带有进料嘴的圆柱室、壳体(分离室)、上部及底部排料口组成。

玉米籽粒经破碎后得到稀浆,稀浆包括固体和液体两种。固体中包括各种不同形状和大小的胚芽、胚乳粗粒、细渣和淀粉细粒,液体中则是水和其他可溶性物质。稀浆由离心泵在约 0.5 MPa 压力下送入胚芽旋液分离器的切向入口,在旋液分离器中稀浆和其他各个组成部分按螺旋线旋转运动,产生离心力,然后下行至圆锥部分。稀浆中的各微粒因各自的相对密度、形态大小不同,在离心力作用下分离。受离心力作用较大的胚乳粗粒和较重微粒(浆料)被甩向外围,在离心力作用下抛向设备的内壁与蛋白质和淀粉的悬浮液一起随着外层螺旋流下,降到出口处形成底流。受离心力作用较小的胚芽和玉米皮壳相对密度较小,被集中于设备的中心部位随内层螺旋流回转上升,由上端经溢流管涌出,形成溢流,经过顶部出口排出(图 1-10)。

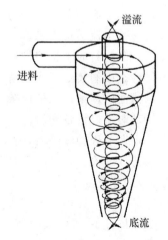

图 1-10　胚芽旋液分离器工作示意图

2．主要结构特点

胚芽旋液分离器是由多个旋流管组合装配而成的,其外形结构和组装尺寸如图 1-11 所示。

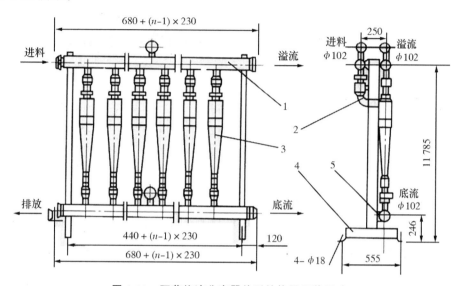

图 1-11　胚芽旋液分离器外形结构及组装尺寸

1—溢流出料管　2—进料管　3—旋流管　4—支架　5—底流出料管　n—旋流器个数

3．操作与使用要求

胚芽分离旋流器的分离效率与进料压力、浆料浓度、黏度有极大关系。在实际操作过程中主要应控制玉米破碎后料浆的浓度,使其符合工艺要求,同时要保持进料压力、浓度、温度等工艺指标处于稳定状态。

该设备用薄不锈钢板焊制而成,在清理堵料时应用水冲洗,禁止用力敲打。

要定期检查密封部位是否泄漏。

二、胚芽筛分及洗涤设备——重力曲筛

1．重力曲筛工作原理

带有液状物料的胚芽与淀粉乳一起从旋液分离器中排出。胚芽与淀粉乳的分离采用重力曲筛筛分法。

物料经过进料口进入料斗,经过溢流阻板溢流下来,沿着弧形筛的表面往下流。在弧形筛表面运动的物料受离心力和重力的作用,物料中的液体经筛缝流走,而在切线方向力的作用下,筛上的胚芽则沿筛面向下移动。淀粉乳收集在接收器里,经管路排出。筛上分离出的胚芽进入漏斗,从设备排料口排出。见图1-12。

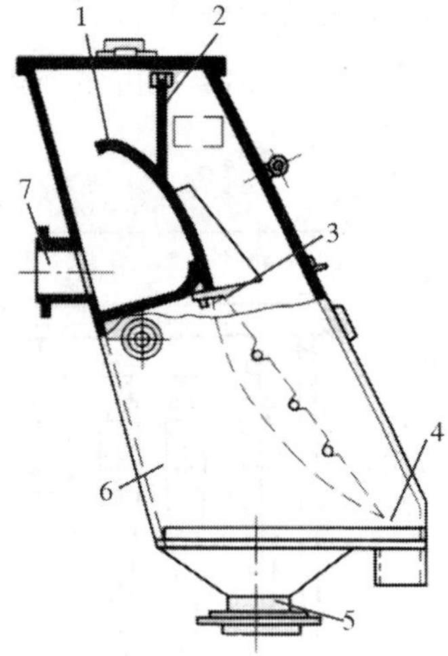

2. 操作与使用要求

①使用前进行如下检查:筛板是否完全装好,筛体安装是否牢固,进出料口连接管道是否密封不泄漏,压力门挡料板位置应正确、转动灵活,溢流堰与筛面接缝应平齐完好。

②使用时注意料流应均匀分布于全筛面。

③根据物料的工艺要求合理选择筛缝宽度。

④进料流量应保持均匀稳定。

⑤停止使用后要冲洗清理筛面。

⑥定期检查筛分效果。筛条磨损影响筛分效果时,筛面可调头使用或更换筛面。

图 1-12　重力曲筛结构示意图

1—溢流堰　2—压力门　3—筛面
4—筛上物出口　5—筛下物出口
6—筛框　7—进料口

三、玉米胚芽破碎、胚芽分离的工艺流程

大型玉米淀粉厂多采用二次破碎、二次分离胚芽的方法。胚芽分离工艺流程见图1-13。浸泡过的玉米用温水送入沙石捕集旋液分离器,分离出石子,分水重力筛分出输送水回用,玉米进入破碎机。

为了保证物料最佳破碎条件,进入破碎机的物料应含有25%的干物质。第一次破碎玉米后磨下物含整粒玉米量不应超过1%,即用手接一把磨下物,其中最多有2~3个整粒玉米。

破碎的物料用离心泵送至第一次胚芽分离的第一级 A 旋液分离器。A 旋液分离器的顶部出口排出胚芽,其与携带的淀粉乳进入重力筛。筛滤出的淀粉乳返回第一台破碎机,而胚芽则在重力筛上经过三次逆流洗涤。A 旋液分离器的底流送到 B 旋液分离器,它的顶流回到第一道破碎磨下,底流则在缝隙为 1.6~2.0 mm 的重力筛上过滤,然后筛上物进行第二次破碎,筛下物到磨下收集槽。

二次破碎的作用在于彻底地释放出相联结的胚芽,为此,物料要破碎得更细

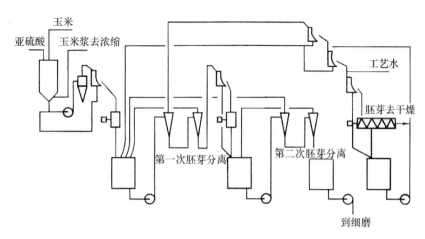

图 1-13 胚芽分离工艺流程

些。经这次破碎之后,浆料中不应含整粒的玉米,联结的胚芽量不应超过 0.3%。这些浆料进入收集器,再用泵从收集器送到第二次胚芽分离的第一级 A 旋液分离器。A 旋液分离器的顶流回到第一道破碎磨下,底流进入 B 旋液分离器,它的顶流回入第二道破碎磨下,而底流进入下道精磨系统。

胚芽经第一、二次筛洗后的淀粉乳送至破碎系统,一部分与浸泡过的玉米一起送至第一台破碎机,其余部分送至第一台破碎机的收集槽。第二次筛洗得到的稀淀粉乳,加上胚芽挤干机脱水的淀粉乳,都用于第二道重力筛胚芽的洗涤。

麸质分离工段澄清的麸质水用作最后一级洗涤水,供最后胚芽洗涤用,其用量为玉米质量的 1～3 倍。当所用洗涤水过量时能很好地把淀粉从胚芽中洗涤出去,但这样就稀释了悬浮液,因而影响了悬浮液在分离器中的分离。当洗水量不足时,胚芽洗涤得不好,会含有许多淀粉。洗涤后胚芽中游离淀粉的最高允许量为15%,结合淀粉的最高允许量为 5%～8%。

四、岗位要求及操作规程

1. 岗位要求
①能熟练操作胚芽分离设备、洗涤设备将胚芽分离、洗涤。
②符合淀粉生产及制糖行业各技术领域的职业岗位(群)的基本任职要求。

2. 操作规程
(1)胚芽分离与洗涤岗位操作规程。

①调整一次胚芽旋流器的旋上阀门,控制好胚芽质量。

②调整二次胚芽旋流器的旋下阀门,控制好初分离筛的筛上物料质量。

③调整初分离的喷嘴数量与阀门开启大小,配合贮槽岗位控制好针磨电流与物料平衡。

④调整胚芽洗水量,配合贮槽岗位做好物料稠度平衡。

⑤调整浸渍罐放料量,稳定玉米贮箱内的玉米贮量。

(2)异常情况处理。

发现胚芽混有大量胚乳时,说明旋下堵塞,要及时关闭旋上,冲开旋下,然后调整正常。堵塞严重时,应多次开停分离泵,或拆开处理。

(3)安全注意事项。

玉米贮箱内、胚芽筛、针磨内严禁掉入异物,一旦掉入,立即报告或做停车处理。

第八节　玉米精磨与纤维分离、洗涤

一、玉米精磨与纤维分离的目的

玉米经过破碎和分离胚芽之后,含有胚乳碎粒、麸质、皮层和部分淀粉颗粒,大部分淀粉包含在胚乳碎粒及皮层内,必须进行精细磨碎,才能最大限度地释放出淀粉、蛋白质和纤维素,为以后各组分的分离创造良好的条件。精磨的目的是破坏玉米碎块中淀粉与非淀粉成分的结合,使淀粉最大限度地游离出来,分出纤维渣,并使胚乳中蛋白质与淀粉颗粒分开,以便进一步分离和精制。

纤维分离主要是将释放出淀粉后的纤维渣经过多次洗涤,使其含有较少的游离淀粉和结合淀粉。洗涤后的纤维经过挤水、烘干成为干渣皮。

二、精磨与纤维分离、洗涤的基本原理

(一)精磨

1. 精磨的基本原理

精磨设备主要有砂盘磨、粉碎机、锤碎机和针磨等。目前国内外应用最多的是

针磨,它具有生产效率高、维护费用低、操作稳定、淀粉收率高等优点。

针磨的主要工作部件是一对上下放置的圆盘。放置在下部的旋转圆盘称动盘,动盘上不同圆周上安装圆柱形的动针;放置在上部的机盖称静盘,上面有与动针在圆周上相交错位的圆柱形定针。动盘由电机带动高速旋转,物料主要受高速冲击作用而粉碎(故有人称之为冲击磨)。针磨在全速运转后,物料分左右两侧进入高速旋转的动盘中心,由于物料受到离心力作用,在动、定针间反复受到猛烈冲击而被粉碎,淀粉最大限度地被游离出来。纤维因有较强的韧性不易撞碎,形成大片的渣皮,而不是细糊状的渣皮,这有利于筛洗出游离淀粉。

2. 精磨设备

(1)棒式针磨。

①主要结构特点。棒式针磨(图1-14)由机架、驱动装置、主机三大部分组成,驱动装置和主机均装在机架上,机架经地脚螺栓与机器的基础相连接。机器的驱动采用带齿、窄的 V 带传动,并装有皮带紧度调整装置。主机包括进料槽、传动组件、动盘组件、静盘、静针、齿盘和出料斗等零部件。进料槽的连接法兰供安装均匀送料装置,均匀送料装置与进料系统连接,出料斗的连接法兰接下级管道使经机器粉碎后的物料进入下级处理装置。进料槽的两侧各有一通气活门,调整其开启程度可保证机器内有足够的空气流通。

②操作与使用要求。启动时,应先将针磨启动,待机器达到额定转速时再进料。要用自动定量进料系统(均匀加料器)以保证均匀进料,同时应保证有足够的空气进入料斗(适当调节进料口两侧活动进气门)。进料前应严格检查除铁去杂装置,以免金属块和杂物混入物料。

如得到的浆料过细,应把静针按一定间隔倒过来安装,浆料会有一定程度的粗化。如果要想浆料更细应减慢进料速度(调整工作必须在停机状态下进行)。

关机时应先停止进料,待机器内余料全部排净后再停机。

定期检查动、静针的磨损情况,及时更换以保证最佳细磨效果。更换时,要将动针严格称重,每一周针的质量应尽可能一样。

(2)卧式冲击磨。

①主要结构特点。卧式冲击磨由进料机构、转子(包括转盘和动针)、液力耦合器、传动齿轮、机座等部分组成。

电机通过液力耦合器与主机相连,由于液力传动的"软"特性,只有当电机转速

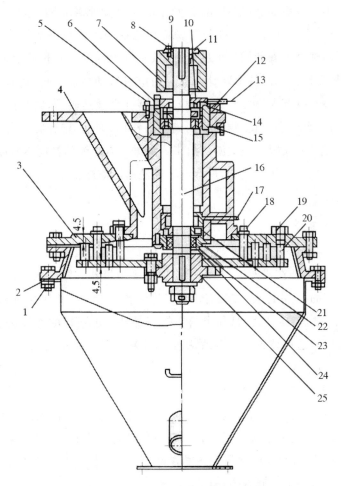

图 1-14 棒式针磨结构示意图

1—齿盘   2—出料斗   3—静盘   4—校正水平基准圈   5—圆螺母   6—挡圈
7—小皮带轮   8—螺栓   9—张紧套   10—上轴承盖   11—工艺螺孔   12—大螺母
13,17—油嘴   14,22,23—油封   15,21—轴承   16—主轴   18—静针
19—螺塞   20—动针   24—下轴承盖   25—动盘组件

达到额定值后,耦合器才开始传递力矩,驱动主轴与转盘。在工作中,若冲击磨超载,液力耦合器能自行卸荷,实现对电机的过载保护。卧式冲击磨结构如图 1-15所示。

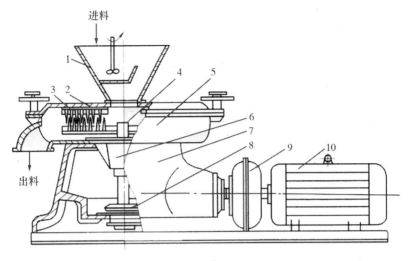

图 1-15　卧式冲击磨结构示意图

1—供料器　2—上盖　3—静针盘　4—转子　5—机体　6—上轴承座
7—机座　8—底轴承座　9—液力耦合器　10—电机

②操作与使用要求。进料要求：进机物料水分为 75%～95%，供料必须稳定均匀，并有可靠的除铁装置。

开车前用手盘动联轴器，检查磨腔内有无异常声音。如发现异常应及时检查。启动后空车运行 2～3 min，然后依次启动喂料器、磨前脱水装置、输送泵，调整进料阀，使工作电流稳定在正常范围。如发现负荷过大应减小进料量。要保持喂料器内形成料封，严防空气进入磨腔造成噪声过大。

停车时必须先停止进料，使用过程因故障紧急停车，再次开车前应清除机腔内物料。

定期检查针磨损情况，发现磨损严重应全部更换新针并做静平衡试验。

(二)纤维分离与洗涤

1. 纤维分离与洗涤的基本原理

物料磨碎之后形成悬浮液，其中含有游离淀粉、麸质的细小颗粒和纤维（细渣和粗渣）。为了得到纯净的淀粉，要把悬浮液分离成各组成成分，粗、细渣与淀粉悬浮液的分离是在筛分设备上进行的。通常采用压力曲筛对纤维进行分离洗涤，压力曲筛筛缝不易堵塞，能做出精确的筛分，很少维修，生产效率高，占地面积小。

压力曲筛是一种依靠压力对低稠度湿物料进行液体和固形物分离及分级的高效筛分设备。压力曲筛工作原理如图1-16所示，运行时，湿物料用高压泵打入进料箱,物料以0.3～0.4 MPa压力从喷嘴高速喷出,在10～20 m/s的速度下从切线方向引向有一定弧度的凹形筛面,高的喷射速度使浆料在筛面上受到重力、离心力及筛条对物料的阻力(切向力)作用。由于各力的作用,物料与筛缝成直角流过筛面,楔形筛条的锋利刃口即对物料产生切割作用。在料浆下面,物料撞在筛条的锋利刃上,即被切分并通过长形筛孔流入筛箱中,筛上物继续沿筛面下流时被滤去水分,从筛面下端排出。

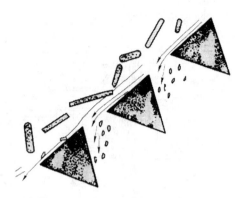

图1-16 压力曲筛工作原理图

进料中的淀粉及大量水分通过筛缝成为筛下物,而纤维细渣则从筛面的末端流出成为筛上物。淀粉颗粒与棱条接触时,其重心在棱的下面从而落向下方成为筛下物。纤维细渣与棱条接触时,其重心在棱的上面从而留在上方成为筛上物。压力曲筛由于其分级粒度大致为筛孔尺寸的一半,所以排入筛下的颗粒粒度比筛孔尺寸要小得多,从而减少了堵塞的可能性。筛条的刃口将进料抹刮成薄薄的一层而使水和细料均匀分散,从而使物料易于分级,同时整个筛面得到自行清理。曲筛工作时,穿过筛缝的筛下物量在很大程度上取决于如何使浆液同筛面很好地保持接触。曲筛所进行的按颗粒大小的分离取决于楔形筛条之间空隙的大小及物料在曲筛筛面上的流速。筛孔越小,对流速的要求越高。

2. 纤维分离与洗涤设备——压力曲筛

压力曲筛是一种高效筛分设备,主要用于细淀粉乳的提取和纤维的洗涤。

(1)主要结构。压力曲筛主要由筛面、给料器、筛箱、出料口等部分组成,见图1-17。

(2)操作与使用要求。使用前应先检

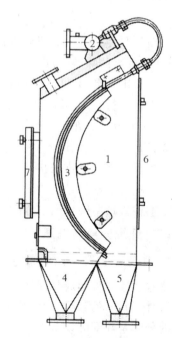

图1-17 压力曲筛结构示意图

1—壳体 2—给料器 3—筛面 4—淀粉乳出口 5—纤维出口 6—前门 7—后门

查管路连接处的密封情况和喷嘴的方向。使用时进料流量、喷嘴个数、压力等项控制要协调。

使用完毕要用毛刷蘸热碱性蛋白酶液或用碱液顺着筛缝方向刷洗筛面,再用高压热清水反复冲洗正、反筛面,以清除筛缝上的滞留物。

经常检查筛分效果,如效果欠佳,可将筛面调头使用。如果使用恰当、物料含沙量不大,一般可使用半年后调头一次。

三、精磨与纤维分离、洗涤的工艺流程

精磨与纤维分离、洗涤的工艺流程应根据生产规模、原料特性、产品质量和生产工艺要求而定。一般采用1~2级精磨,5~7级逆流洗涤工艺流程。图1-18为1级精磨6级逆流洗涤工艺流程,该工艺具有淀粉收率高、洗涤效果好的特点。

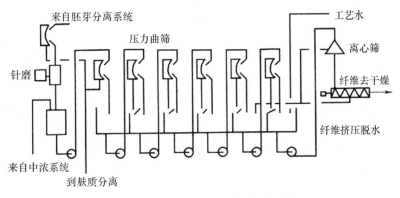

图1-18　1级精磨6级逆流洗涤工艺流程图

从脱胚系统送来的物料,其主要成分为淀粉、蛋白质和纤维。物料首先通过一道 $50\,\mu m$ 筛缝的压力曲筛,将已游离出的淀粉和蛋白质分离出来,筛上物料进入精磨进行细破碎,经过精磨的打击作用将颗粒状的胚乳完全破碎,并将胚乳上黏附的淀粉全部打下来。皮层纤维含淀粉量极少。磨下物料用泵送到筛洗系统。第一道筛采用 $50\,\mu m$ 筛缝,分离出稀淀粉乳,以后各道筛采用 $75\,\mu m$ 筛缝,对纤维进行洗涤。洗涤水采用工艺水,从最后一道加入,纤维与洗水逆流而行,经过洗涤的纤维挤压脱水后进行干燥。纤维洗涤槽是有助于纤维洗涤的重要设备,在水流的搅动冲击下,更有利于洗净纤维。

四、精磨与纤维洗涤的工艺条件控制

1. 进行精磨的物料浓度

精磨时物料的浓度需用稀浆或工艺水加以调节,使含水量保持在 75％～79％的范围内,如进料的含水量增高到 80％以上,会使精磨的效果明显变差。

2. 压力曲筛筛面选择

压力曲筛用于精细分离时,筛缝间隙用 50 μm 的;用于纤维逆流洗涤时,筛缝间隙用 75 μm 的;用于纤维的初脱水时,筛缝间隙用 100～150 μm 的;用于磨前物料增稠时,筛缝间隙用 50 μm 的。在逆流洗涤工艺中,为确保淀粉的质量(淀粉乳中的含渣量小于 0.1 g/L),前面曲筛筛缝宽度选用 50 μm 的;为了确保细渣中的游离淀粉含量小于 5％,后面洗涤曲筛筛缝宽度选用 75 μm 的。

3. 纤维中淀粉含量

筛洗后渣皮中游离淀粉的含量应小于 5％左右。淀粉收率比其他研磨设备提高 1％左右。

4. 进料压力

进入压力曲筛的物料,只有在一定的速度下在筛面上做弧线运动,才能保证良好的分层和分离。进料压力高,筛分效率高,生产能力大;压力低则相反。但压力过高同样不利于筛分。压力一般应控制在 0.2～0.4 MPa,精磨的进料压力控制在 0.3～0.4 MPa,洗涤筛的进料压力控制在 0.2～0.4 MPa。

5. 压力曲筛进料

筛分物料不能磨得过细,否则会增加淀粉乳中的细渣含量。洗涤水用量控制在 210～230 L/100 kg 绝干玉米,洗涤水中应加适量的亚硫酸水溶液。

五、岗位要求及操作规程

1. 岗位要求

(1)能熟练操作精磨、纤维分离设备、洗涤设备将纤维分离、洗涤。
(2)符合淀粉生产及制糖行业各技术领域的职业岗位(群)的基本任职要求。

2. 操作规程

(1)精磨的操作规程。

1)工艺条件:油压 0.55～0.65 MPa;电机电流 240～260 A。

2)开车程序。

①确认主机无异常情况后,开动油泵运行半小时后方可开动主机。

②打开冲洗水,对机器动盘冲洗 1～2 min。

③调节进入针磨的进料量,让物料均匀加入。

3)停车程序。

①接到上道岗位停车通知后,停止进料,打开冲洗水开关,对机器动盘冲洗2～3 min。确认主机无异常情况后,方可停止主机。

②停止主机,待电动机完全停止后,方可停止油泵。

(2)纤维分离的操作规程。

①将逆流洗涤槽清洗干净,末级洗涤槽加满清水。

②检查筛面的质量及设备的运行情况。

③从第一级开始逐级启动洗涤泵。

④浆料从针磨工序打入压力曲筛一级筛。

⑤第一、二级筛分后筛下物送到原浆罐中,等待分离加工。

⑥经过洗净的纤维送至下道工序。

第九节 麸质分离与淀粉洗涤

分离纤维后的细淀粉乳还含有较多的蛋白质、脂肪、灰分等非淀粉类物质,特别是蛋白质含量较高,必须将其分离才能得到较纯净的淀粉。

一、细淀粉乳特性

在精制筛上过滤的淀粉悬浮液含有许多杂质(按干基计):6％～10％的蛋白质;0.5％～1.0％的脂肪;2.5％～5.0％的可溶性物质,其中包括 0.1％～0.3％的可溶性碳水化合物;0.2％～0.4％的灰分;0.03％～0.04％的二氧化硫;0.1％的细渣及痕量的细沙。细淀粉乳的相对密度约为 1.53,pH 为 3.8～4.2,酸度为 165～210 mL 0.1 mol/L 氢氧化钠溶液,干物质含量为 10％～13％。

细淀粉乳悬浮液主要是由各种不同大小的粒子组成:淀粉颗粒为 5～30 μm,渣皮不到 60 μm,麸质 1～2 μm。当麸质的微粒在沉淀时相互间粘在一起时,形成 100～170 μm 大小的聚积物。悬浮液中各组分的相对密度也各不相同,它们分别为:淀粉 1.61,纤维 1.30,麸质 1.18,细沙 1.95~2.50。

二、麸质分离

(一)淀粉与麸质分离方法

细淀粉乳中所含的淀粉及麸质在相对密度、粒径等方面有很大差别,利用这些差别,采用不同的方法可将其分离。目前,淀粉与蛋白质的分离按原理及操作方法不同分为三种。

1. 离心分离法

在离心力作用下,淀粉与麸质的相对密度差增加了几倍,这时分离的速度和质量有很大提高。所以大中型淀粉厂都采用离心分离法来分离淀粉与麸质。

淀粉离心分离机是一种高速旋转、连续出料的碟片喷嘴式分离机,主要由转鼓、喷嘴、立轴、横轴、传动机构和进出料管构成(图 1-19)。转鼓内有一组用不锈钢制成的碟片,碟片均匀重叠。碟片间有一薄层空间(0.9~1.0 mm)。常用分离机转鼓的外缘有 8~12 个喷嘴。含有麸质的淀粉乳由离心机上部的进料口送入转鼓,进入碟片沉降区后,高速旋转的转鼓带动物料旋转产生很大的离心力,在强大的离心力场作用下,淀粉、麸质、纤维和脂肪等由于相对密度的差异较大,故所受离心力也不同,从而产生加速或滞后现象。其中相对密度较小的麸质、纤维和脂肪等由于所受浮力大于所受离心力,在碟片之间的薄层沉降区内随水流沿碟片上行向

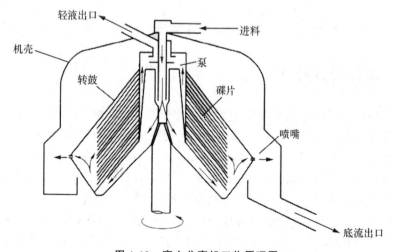

图 1-19 离心分离机工作原理图

中心移动,通过收集室由向心泵排出机外;密度较大的淀粉颗粒,由于受较大的离心力的作用,其离心力大于所受浮力和摩擦力作用,并足以克服其中的涡流的影响,故沿碟片向大端流动,被抛向转鼓的内壁,最后通过喷嘴排出机外。

2. 气浮分离法

气浮分离法的工作原理是向淀粉悬浮液中吹入一定量的气体,气体呈气泡状上浮并将蛋白质及其他轻的悬浮粒子尽快浮起通过溢流挡板排走,从而达到分离的目的。

淀粉生产中,气浮分离法可以用于麸质分离和麸质浓缩。目前气浮分离法主要用于初级离心分离机排出的麸质水中蛋白质的浓缩,并回收其中含有的少量淀粉。初级分离机排出的麸质水浓度较低,分离机进行初级分离得到的轻相液物料浓度为 $0.6\%\sim0.8\%$。悬浮液体中的干物质主要由麸质和淀粉组成,悬浮液含干物质 $8\ g/L$,其中 $60\%\sim80\%$ 是蛋白质。在气浮槽中充入空气,使麸质形成泡沫而浮在水面上,最后从溢流口排出,而淀粉则沉入分离室底部,从底部排出,并作为过程水返回到工艺中。麸质经气浮浓缩到 $15\ g/L$ 左右,然后进入麸质浓缩机进一步浓缩或用沉淀池处理。

麸质液是呈高度分散状态的悬浮液。麸质中带有很微小的淀粉颗粒,大小为 $2\sim10\ \mu m$。麸质是大小为 $1\sim2\ \mu m$ 的蛋白质微粒。在澄清过程中这些微粒相互黏合在一起时,形成达 $140\ \mu m$ 的聚集物而沉淀下来。然而,由于麸质的相对密度不大(约 $1\ 180\ g/L$),并很易吸收水分,即具有亲水性(含水量可达 85%),悬浮液的沉积要经过缓慢的过程。在降低温度时沉淀过程变慢,这是因为系统的黏度提高了。二氧化硫浓度低于 0.035% 时物料沉淀也会受到不良影响,这是因为在物料加工过程中会有微生物滋生。在精心操作的情况下,一次加工浓缩麸质干物质含量为 $8\%\sim10\%$,麸质中携带的淀粉损失为 $5\%\sim10\%$。在澄清的麸质水中悬浮干物质的含量约 0.1%。

空气形成的气泡大小为 $0.5\sim30\ mm$。在相同的空气量时,气泡越小,液体与空气接触的表面积就越大,就越能有效地利用泡沫进行脂肪和蛋白质的分离。气泡大小取决于输入空气的数量,也取决于悬浮液的数量、浓度和黏度。

3. 沉降分离法

沉降操作是依靠重力的作用,利用分散物质与分散介质的密度差异,使之发生相对运动而分离的过程。依靠地球引力的作用而发生的沉降过程称为重力沉降。淀粉生产中,是利用麸质与淀粉之间的密度差,使得它们可以通过沉淀速度差而分离。其淀粉的沉淀分离是将淀粉悬浮液置于沉淀池或长槽中,经过一段时间的沉淀,有一层黄色的麸质沉淀在白色的淀粉层上面,这时通过冲洗就可以使两者分离。

(二)麸质分离设备

分离机是一种碟式喷嘴离心分离型连续出料的分离设备,它对于含固体较少而又不易分离的悬浮液或乳液都有较高的分离效果,玉米淀粉生产中用于对含有麸质的淀粉乳进行麸质分离,以及对含有可溶蛋白的淀粉乳进行洗涤分离。

1. 主要结构特点

该机主要由转鼓和机座两个主要部分组成。转鼓内有一组用不锈钢制成的碟片,碟片均匀重叠,相互间有一薄层空间。转鼓外缘装有 8 个喷嘴,喷嘴的孔径有 1.3 mm,1.4 mm,1.45 mm,1.6 mm,1.8 mm,2.0 mm,2.2 mm,2.25 mm,2.5 mm 等 9 种规格。机座上装有电机,电机水平轴通过齿轮传动将主轴增速,从而带动主轴上的转鼓高速旋转。在机座上半部设有进料管、溢流(轻相)出口、底流(重相)出口及机盖,在机座下半部设有供洗涤水用的离心泵(底泵)及电动机的启动与刹车装置。碟片分离机主要结构如图 1-20 所示。

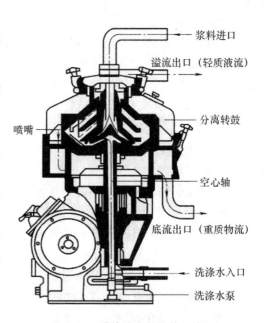

图 1-20　碟片分离机结构示意图

右侧标注(从上到下):浆料进口、溢流出口(轻质液流)、分离转鼓、空心轴、底流出口(重质物流)、洗涤水入口、洗涤水泵

左侧标注:喷嘴

2. 操作与使用要求

①该机是高速精密机器,开车、停车、拆卸、安装、维护保养必须严格按使用说明书的规定进行。

②物料进机前必须经除沙、过滤处理,严防大颗粒杂物进入转鼓而堵塞喷嘴,引起机器振动。

③一旦发现有振动、异声、异味时应立即停车,停车时先停料再停车,最后停水。停车后按规定拆卸、检查、清洗。

④尽量避免突然停电而引起的停车。一旦突然停电,立即切断进料,但洗涤水不能停。

⑤在使用过程中正常停车(如交接班),在停车后或开车前,必须进行拆卸、检

查、清洗。正常使用时应尽量减少停车次数,但一次开车时间达 24 h 时,必须停车进行清洗。

⑥在麸质分离淀粉精制系统中,往往需要几台分离机串联使用,每台的工艺指标(进料浓度、流量、洗涤水流量、溢流浓度等)必须按要求严格控制,以获最佳工艺效果。

三、淀粉洗涤

分离去除蛋白质后的淀粉悬浮液中含干物质浓度为 33%～35%,淀粉中仍含有少量可溶性蛋白质、大部分无机盐和微量不溶性蛋白质,洗涤的目的就是把这些水溶性物质除去,得到高质量淀粉。淀粉乳洗涤的次数,取决于淀粉乳的质量和湿淀粉的用途,生产干淀粉所用的湿淀粉通常清洗 2 次,生产糖浆要清洗 3 次,生产葡萄糖用要清洗 4 次,清洗后的淀粉乳中可溶性物质含量应降至 0.1% 以下。

淀粉乳精制常用旋液分离器、沉降式离心机和真空过滤机。在老式工艺中淀粉洗涤多采用真空过滤机进行,现已普遍使用专供淀粉洗涤用的旋流分液器,我们重点介绍用旋流分液器对淀粉进行逆流洗涤的工作原理。

1. 工作原理

旋流器主要用于淀粉洗涤。旋流器是由圆柱体和圆锥体两部分组成的,圆柱体顶部装有深入到圆柱体内部的溢流排料管。旋流器的工作原理是在离心力作用下使颗粒大小和相对密度不同的淀粉和麸质得到分离。物料在压力作用下沿切线方向进入旋流器,沿圆周方向高速旋转,由于离心力的作用,相对密度较大的淀粉颗粒具有较快的沉降速度被甩向旋流器壁随螺旋流下降至底部出口,通过底流口排出,这部分物料称为底流。而相对密度小的蛋白颗粒和液体具有较慢的沉降速度,在内层绕中心轴线随螺旋流上升至顶部出口,从溢流口排出,这部分称为溢流(图 1-21)。

淀粉洗涤旋流器的类型有两种,直径分别为 10 mm 和 15 mm,每种又分为 A 和 B 两种类型。10 mm A 型的进口直径为 2.5 mm,顶流口直径为 2.5 mm,底流

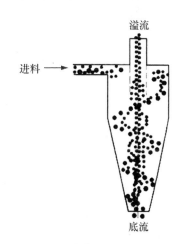

图 1-21 淀粉洗涤旋流器工作原理图

口直径为 2.3 mm,锥度为 6°,这是典型的淀粉洗涤旋流器类型,其液体分离比例为 60∶40。10 mm B 型的进口直径、顶流口直径与 A 型相同,但其锥度为 8°,底流出口直径为 2.4 mm,其液体分离比例为 70∶30。B 型旋流器主要用于淀粉洗涤的最后一级,以增加底流的固形物含量。每级旋流器由几十个至几百个小直径的旋流管组成。

2. 主要结构特点

在玉米淀粉生产中往往采用旋流器构成的旋流器机组进行细淀粉乳的洗涤精制。在每级旋流器中淀粉乳用泵压入中心室,然后同时进入各个旋流管。高速进入圆锥分离室的浆液产生离心力,将较重的淀粉从底流口甩出;而较轻的麸质则从溢流口排出。浓缩了的淀粉乳用下一级旋流器排出的溢流稀释,形成整个系统的逆流洗涤。新鲜水只在最后一级加入,溢流逐级向前直至从第一、二级溢流口排出。XLQ 型淀粉洗涤旋流器结构见图 1-22。

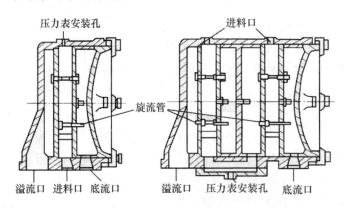

图 1-22　XLQ 型淀粉洗涤旋流器结构示意图

3. 操作与使用要求

(1)启动前检查内容。洗涤水罐是否充满,液位控制器是否处在工作状态;密封水是否已供给泵;泵是否运转正常;第一级进料阀门是否关闭;最后一级底流阀门是否关闭。

(2)启动顺序。启动洗涤水泵,额定洗涤水量;按顺序启动各泵,从第十二级到第二级;稍开第一级进料阀;启动第一级进料泵;稍开最后一级底流阀;逐渐打开进料管阀;最后一级底流浓度瞬间达到 22°Bé 时,底流阀逐渐打开以保持 22°Bé 的浓度;调节所有的阀,以达到正确的浓度。

(3)停车顺序。停止进料,关闭进料阀;停止进料泵,其顺序为从第一级到第十二级;关闭最后一级底流阀;洗涤水阀节流;打开排放阀;冲洗整个系统;关闭排放阀;停洗涤水泵,关闭进水阀。

(4)维护与保养。经常检查旋流器中旋流管是否堵塞或磨损,发现堵塞应及时更换清理好的旋流管。堵塞的旋流管须用稀酸与清水冲洗好后备用。磨损主要是对旋流管的内壁、底流口、溢流口而言,一般来说,当超出原直径0.2mm时应更换。

四、麸质分离与淀粉洗涤的工艺流程

1.稀浆液的除沙和预浓缩

分离纤维后的淀粉乳在进行麸质分离前先要除沙,然后进行预浓缩,再通过主分离机将淀粉乳中的蛋白质与淀粉分开。除沙就是通过二级旋流除石器,除去沙石、灰尘等比淀粉相对密度大的杂质,目的在于减轻对主离心机的磨损,降低产品灰分。除沙后的淀粉乳再经预浓缩离心机浓缩淀粉乳,可减少主离心机和麸质浓缩机的进料量。主离心机用于淀粉与麸质的分离,底流为淀粉乳进入精制洗涤工序,溢流为麸质液,送入麸质浓缩机浓缩稀麸质,并提供工艺水,浓缩后的麸质液进入麸质脱水和干燥工序。

2.分离机分离工艺流程

分离机分离工艺流程是将纤维分离后的淀粉乳经除沙、过滤后,用4~5台分离机串联完成麸质分离和淀粉洗涤工序的一种工艺。具体流程:预处理后的淀粉乳用第二级分离机的溢流稀释,送入第一级分离机分离,在此级分离中用淀粉脱水得到的过程水或第二级分离机的部分溢流作洗涤水,经分离得到的溢流即为麸质水(黄浆),浓稠的底液被第三级分离机的溢流稀释后进入第二级分离机,分离后进入第三级、第四级分离机。新鲜的净水从最后一级和第三级分离机进入,逐级往前返,达到逆流洗涤效果。这种工艺中麸质分离和淀粉洗涤全部由分离机完成,要把第二级分离机的部分溢流返回第一级分离机,实际上降低了分离机的分离能力,对此进行工艺改进,提出淀粉乳预浓缩和中间浓缩相结合的全分离机生产工艺流程。它增加了一个中间浓缩机,将二级分离机的溢流专门用一台分离机浓缩,浓缩后的底流淀粉乳进入一级分离机,顶流的麸质水和一级分离机的顶流麸质水合并进入气浮槽,经浓缩后的麸质再进入麸质浓缩机,而后经螺旋卸料沉降离心机对麸质脱水,而淀粉洗涤部分与原工艺相同。中间浓缩机是将碟片喷嘴分离机拆下洗涤水离心泵(底泵)而成的,在使用过程中失去洗涤水的冲洗作用,起到进机物料的浓缩作用(图1-23)。

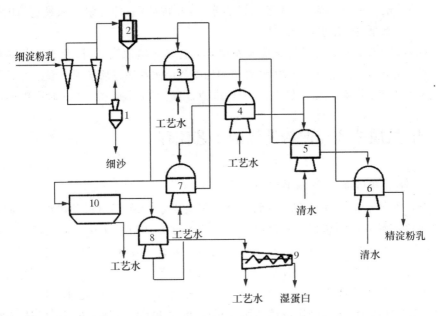

图1-23　分离机中间浓缩机分离流程

1—除沙器　2—过滤器　3～6—分离机　7—中间浓缩机　8—浓缩机　9—卧螺机　10—气浮槽

3. 分离机-旋流器分离工艺流程

该工艺流程即用分离机对淀粉乳进行初级分离,然后再用旋流器进行淀粉乳的精制洗涤,是国内外普遍采用的工艺流程(图1-24)。在这种工艺中,精磨后的淀粉乳进入第一级分离机分离麸质,得到的淀粉乳浓度为11～13°Bé,然后和第二级旋流器的顶流混合后用泵送入第一级旋流器,第一级旋流器的溢流进入中间浓缩机分离出麸质和细淀粉乳,麸质和第一级分离机分离出的麸质混合后进入麸质处理工序,细淀粉乳回到第一级分离机前的淀粉罐。第一级旋流器的底流经第三级旋流器的溢流稀释后用泵送入第二级旋流器。底流顺次将淀粉乳送入最后一级旋流器,溢流顺次将麸质返回到中间浓缩机。洗水从最后一级泵前加入,精淀粉乳从最后一级底液排出,精淀粉乳浓度为20～22°Bé。

4. 全旋流器分离工艺流程

淀粉与蛋白质的分离和淀粉洗涤工序全部在旋流器系统中完成,无须使用初级分离机。全旋流器分离洗涤工艺包括两段,前3级为初级浓缩,用于回收麸质和可溶物,并对淀粉乳进行了一定程序的浓缩,淀粉乳浓度可达11～13°Bé,然后由一个1～12级旋流器组对淀粉洗涤,洗涤后的淀粉乳浓度可达19～21°Bé。采用

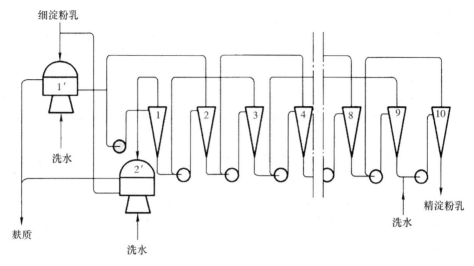

图 1-24 分离机-旋流器分离工艺流程
1′—分离机 2′—中浓机 1~10—旋流器

全旋流器分离工艺,前段初级浓缩使用的泵压力较高,后段洗涤使用的泵压力较低。这种工艺对淀粉乳中蛋白质含量有一定要求,因玉米淀粉乳中蛋白质含量相对较好,更适于薯类淀粉的生产。

五、岗位要求及操作规程

1. 岗位要求

①能熟练操作麸质分离设备、淀粉洗涤设备将其分离、洗涤。

②符合淀粉生产及制糖行业各技术领域的职业岗位(群)的基本任职要求。

2. 操作规程

(1)分离岗位操作规程。

1)开车程序。

①先检查各相关贮罐的液位,检查分离机油位(应在视镜中线),看刹车是否松开,机盖、铰链、手柄和各锁紧环是否紧固,从机盖手孔盘车(转动),转鼓能自由转动。

②开溢流和底流阀,开洗涤水,将水泵操纵杆向右移至最大限度,开放气螺栓,排除空气。洗水压力不超过 0.15 MPa,流量为 2~3 m³/h(对 530 型机)。

③当洗水从重液口流出时,启动主机,最好分两次启动,先启动 1~ 2 min,无

异常情况再第二次启动。

④主机启动后,向左移动洗水杠杆,至水从轻液口流出,关放气螺栓,调节进水量为 4～8 m³/h(800 型机取大值),主机达到全速后,电流稳定,开始进料。

2)正常操作。

①正常运行中,要随时检查油位、转速、电压、电流、物料浓度与流量、洗水量等,要做到四个稳定:进料流量和浓度稳定;出料流量和浓度稳定;溢流流量和浓度稳定;洗水流量稳定。

②加强巡回检查,定时抽查有关物料浓度,特别是溢流含淀粉,除经验观察外,现场可用小分离机检查,与中间体分析结果相对照,并做好原始操作。

③根据进料浓度,对进料量可随时调整,对一级分离,必须保证"好的溢流",即溢流麸质中尽量减少含淀粉;对二级分离,要保证"好的底流",使底流中蛋白质含量达标。

④按时除沙,并保证除沙器的压力和除沙效果。

3)停车程序。

①停机时应通知前后岗位,做好相应准备。

②停机时应先停料,同时调节给水量,使水从轻、重两个出口流出,转鼓内必须充满液体,以减少振动。

③当转鼓速度减至 200 r/min 时,方可使用刹车装置。转鼓停止后,松开刹车装置,关闭进水阀门。

④每次停车后,都要清洗分离机,检查喷嘴有无堵塞,并检查与清洗转筒筛。

(2)淀粉洗涤(十二级淀粉洗涤旋流器)岗位操作规程。

1)开车程序。

检查洗水罐液位,并加热到规定温度(40℃左右),盘车,各泵须运转自如;第一级进料阀和末级出料阀是否关闭,过滤器是否正常等。

先启动洗涤水泵,旋流泵在开启前先供应泵的密封水,从后向前启动各级泵,开供料阀,启动旋转过滤器和第一级旋流泵,排除旋流器内的空气(进料室压力表下的三通排气阀),调节第一级与第二级溢流浓度,调节底流浓度,未达到规定浓度时打回流,当达到规定浓度时,开出料阀。

2)正常操作。

①要经常检查各个浓度观察点,如进料,出料,第一、二级溢流浓度,使其控制在合理的范围内。要勤检查,但不要勤动阀门,减少物料平衡的波动,尤其是底流浓度和第一级溢流浓度。

②操作压力很重要,当入料压力为 0.6 MPa 时,A 管单管入料量为 334 L/h,

B管为 311 L/h;当压力降为 0.45 MPa 时,A管流量为 290 L/h,B管为 270 L/h。进料与溢流的压力差约为 0.6 MPa,第一、二级溢流压力为 0.02～0.08 MPa。底流压力高而浓度低,说明溢流管堵塞;底流浓度不易达到,说明底流管器有堵塞。

③洗水量应在 45 m³/h 左右,为出料绝干淀粉量的 2.5～2.9 倍,洗水要求为软化水。

④调节问题:调小二级溢流阀,会使二级溢流浓度降低,但一级溢流浓度升高。一般 10～15 min 可显示调节效果。

改变洗水量会改变各级的流量,影响系统的浓度。每增加 0.5 m³/h 的洗水,第一级需加 2～3 个小旋流管,倒数第二级需加 4～5 个管,末级需加 3 个管,所以洗水量要稳定。

⑤末级底流浓度,一般应控制在 22°Bé,说明整个系统的洗涤效果已达到。意味着一级溢流的排料量达到要求,底流蛋白质也可达标(0.5% 以下)。

3)停车程序。

①先停进料、停过滤器。

②当最后一级底流浓度降到 10°Bé 以下时,开回流阀,关出料阀,直到末级回流为清水时,由前往后逐级停泵。

③开各级排放阀,调节洗涤水阀,冲洗全系统,关排放阀。

④停洗水泵,关水罐进水阀和加热蒸汽,清洗旋转过滤器。

第十节　淀粉机械脱水

精制后的淀粉乳浓度为 21.5～22.5°Bé,呈白色悬浮液状态,含水 60% 左右,需要把水分降低到 40% 以下,才能进行干燥处理。淀粉乳排除水分主要采用离心方法,常用设备有卧式刮刀离心机和三足式自动卸料离心机等。

一、淀粉机械脱水基本原理

用来从悬浮液中分离出淀粉颗粒的设备,是利用惯性离心力的作用进行分离的。离心机的主要工作部件为一个快速旋转的转鼓。转鼓安装在竖直或水平的轴上,由电机带动。料浆送入转鼓内随转鼓旋转,在惯性离心力作用下实现分离。有孔的鼓内壁面覆以滤布,则液体被甩出而颗粒被截留在鼓内,从而实现分离。由于在惯性离心力场中可以得到较强的推动力,用惯性离心力进行分离较重力作用下的分离速度高且效果好。惯性离心力场强度与重力场强度之比称为分离因素,它是反映离心机分离性能的重要指标。淀粉行业离心机的分离因素一般为 400~3 000。

二、淀粉机械脱水工艺流程

如图 1-25 所示,原料淀粉乳收集槽通常位于淀粉车间,淀粉乳来自淀粉洗涤旋流器的最后一级底流。淀粉乳用泵送到位于离心机上部的高位槽,高位槽上部装有溢流管,下部出口用管道与离心机相连,管道上装有阀和观察窗,通过观察窗可以看到供料情况。淀粉乳经脱水后,湿淀粉送到气流干燥机,滤液回到淀粉麸质分离工段。

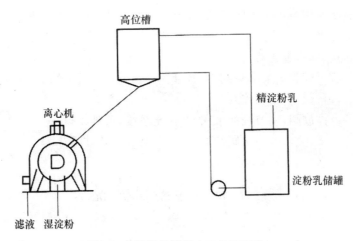

图 1-25　淀粉机械脱水工艺流程图

三、淀粉机械脱水的工艺条件控制

1. 加料

加料可分为两个阶段,第一阶段为加满阶段,可进行 4~6 次加料,每次时间为 2~3 s,每加一次料的间隔时间为 6~10 s。第二阶段为满溢阶段,待料加满后还需要再加一两次,每次加料时间为 2 s 左右,间隔约 10 s。

2. 分离

待料外溢后进行 1.5~2 min 的脱水分离过程。

3. 卸料

脱水结束后即可提刀卸料，为了防止刮破滤网，一般应控制剩余料层厚度为10～15 mm。

卸料结束便完成了一个操作循环。

四、机械脱水设备

(一)卧式刮刀离心机

卧式刮刀离心机是一种卧式刮刀卸料自动间歇操作的过滤式离心脱水设备，属于通用机械，其中 WG-800A 专用于玉米及其他淀粉脱水。

1. 主要结构特点

卧式刮刀卸料离心机(图1-26)主要由转鼓、机座、门盖组件、液压系统、进料系统、离心离合器、电机等部分组成。

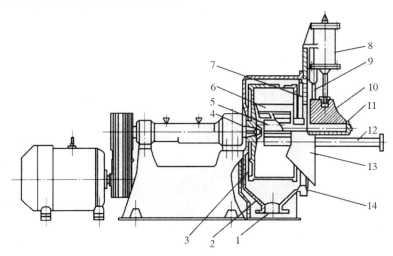

图 1-26　卧式刮刀卸料离心机的结构图

1—滤液出口　2—外壳　3—转鼓　4—主轴　5—耙齿　6—刮刀　7—拦液板　8—油缸
9—导向柱　10—刀架　11—刀杆　12—进料管　13—卸料斗　14—前盖

2. 操作与使用要求

①WG-A 系列卧式刮刀离心机工作周期取决于淀粉乳的浓度、黄浆含量以及滤布的过滤情况。在实际操作中主要控制前一道分离洗涤工序的工艺质量。

②适当选择滤布的规格对分离脱水效果起很大作用。

③采用满溢法手动进料时,要时刻观察门盖视镜中的加料情况,待黄浆从挡液板中溢出时,则停止进料,进行分离脱水。

④卸料要缓慢进行且调整好刮刀运动行程,以免刮破滤布。

⑤根据脱水效果及时清洗或更换滤布。

⑥严格按使用说明书进行开车、停车操作和机器的维护保养。

(二)虹吸式刮刀离心机

虹吸式刮刀离心机是利用离心力和虹吸抽力的双重作用来增加过滤推动力,从而使过滤加速,可缩短分离时间,获得较高的产量和较低的滤渣含水量。与卧式刮刀离心机相比,虹吸式刮刀离心机具有如下特点:由于过滤推动力大,缩短了分离时间,其单位时间的分离能力可提高 50% 以上,而且显著降低了滤饼的含水量;过滤速度可任意调节,使物料能均布在过滤介质上,大大减少了振动和噪声。

1. 主要结构特点

虹吸式刮刀离心机(图 1-27)主要由刮刀组件、机壳门盖组件、回转组件、虹吸管组件、机体组件及液压系统等组成。机座与轴承箱用螺栓连接在一起,轴承箱通过主轴承支撑回转组件。主轴与转鼓通过螺栓连接在一起。转鼓包括内转鼓(过滤转鼓)和外转鼓(虹吸转鼓),内转鼓为带加强圈的开孔薄壁圆筒,加强圈支撑在外转鼓壁上,使内、外转鼓之间形成轴向流体通道。内转鼓内铺设衬网和滤布,滤布两头用橡胶条压紧,外转鼓壁上不开孔。内、外转鼓之间的转鼓底上对称开有斜孔,作为转鼓与虹吸室间的流体通道,整个回转组件悬臂支撑在轴承上。主轴后段套装三角皮带轮,通过三角胶带与主电机上的液力耦合器相连。轴承箱除支撑回转组件外,其大背板上部通过法兰联接安装有虹吸管组件,下部装有反字中管。大背板外圆端面通过螺栓与机壳相连。机壳与门盖之间以门框相连接,门盖上装有刮刀组件。

2. 操作与使用要求

机器全速运转后,由反冲管向虹吸室内灌水(滤液),流体经虹吸室与转鼓的通道压入转鼓,除排除虹吸室内的空气外,还在过滤介质上形成一液体层。然后开始进料,同时将虹吸管旋到某一中间位置,定时间后再旋到指定位置,进料结束后将虹吸管旋到最低位置。悬浮液进入转鼓后,由于过滤介质上液体层的作用,物料均匀分布在过滤介质上,液体由于离心力和虹吸抽力的双重作用而快速穿过过滤介质和内转鼓上的过滤孔,进入到内外转鼓之间的通道,然后经转鼓底上的斜孔进入虹吸室,由虹吸管吸入后排除。而固相则截留在过滤介质上形成滤层,经一定时间分离后,旋转刮刀将其刮下,经料斗卸出。

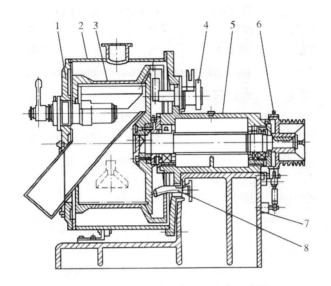

图 1-27 虹吸式刮刀离心机结构示意图

1—门盖组件 2—机壳组件 3—转鼓组件 4—虹吸管机构
5—轴承箱 6—制动器组件 7—机座 8—反冲装置

虹吸刮刀卸料离心机的过滤循环操作周期为 220 s,生产能力为 3.5～4 t,滤饼含水量为 35%,滤液含固形物量为 0.04%。

五、岗位要求及操作规程

1. 岗位要求

①能熟练操作淀粉乳脱水设备并将其脱水达到要求。

②符合淀粉生产及制糖行业各技术领域的职业岗位(群)的基本任职要求。

2. 操作规程

(1)启动前的检查。

①启动前需检查滤布安装是否正确,布面有无破损,转鼓内有无杂物,紧固件是否牢靠。用手扳动皮带轮,转鼓应转动自如,无碰擦现象和无异常的声响。

②检查油池的油量是否足够,各转动部位是否已加润滑油。

③先开油泵电机,检查各油路系统是否正常,管路及接头、油缸是否漏油。

(2)启动运转。

①开动油泵进行手动操作,连续5个循环,检查工序运转是否正常。

②手动操作正常后,进行程序操作,连续5个循环。

③经以上检查后,确认本机安装及电气-液压系统无误后,便可开动主电动机。启动15~20 s后即停,检查无异声后,随即手动提刮刀,确信无任何故障后,开车。否则应立即停车检查,开车时离合器(尤其是新装擦片时)冒烟是正常现象。

空车运转正常后,就可以进料负荷运转。物料的提供必须均匀和恒定,进料速度根据不同的物料,由试验确定,可通过进料阀前的调节阀进行调节。负荷运转时,如有激烈振动或其他故障时,即停车检查。如物料分布不均匀而引起过激振动时,宜先提刮刀刮去不均匀物料层后,方可停车。

3. 停车

①关闭进料阀,停止进料。

②停止主电机和油泵电机。

第十一节　淀粉干燥

淀粉乳脱水后含36%~40%水分,这些水分被均匀分布在淀粉颗粒各部分,并在淀粉颗粒表面形成一层很薄的水分子膜,对淀粉颗粒内部水分的保存起着重要作用。机械脱水,水分最低只能达到34%。因此,必须用干燥方法除去淀粉脱水后的剩余水分,使之降到安全水分以下。目前淀粉工业生产中普遍采用气流干燥法。

一、气流干燥的特点

干燥是利用热能除去淀粉中水分的操作工序。淀粉干燥时采用气流干燥方式,即利用高速的热气流将湿块状物料分散成淀粉颗粒状而悬浮于气流中,一边与热气流并流输送,一边进行干燥。淀粉气流干燥器的特点如下。

(1)干燥强度大。这是由于干燥时物料在热风中呈悬浮状态,每个颗粒都被热空气所包围,因而使物料最大限度地与热空气接触。除接触面积大外,由于气流速度较高(一般达20~40 m/s),空气涡流的高速搅动使气-固边界层的气膜不断受冲刷,减小了传热和传质的阻力。尤其是在干燥管底部因送料器叶轮的粉碎作用,效果更显著。

(2)干燥时间短。干燥时间只需 1～2 s,因为是并流操作,所以特别适宜于淀粉物料的干燥。

(3)由于干燥器具有很大的容积传热系数及温差,对于完成一定的传热量所需的干燥器体积可以大大减少。

(4)由于干燥器散热面积小,所以热损失小,热效率高。

(5)结构简单,易维修,成本低。操作连续稳定,适用性强。

缺点是由于全部物料由气流带出,气流大,全系统阻力大,动力消耗大,干燥管较长。

二、气流干燥的基本原理

干燥进行的必要条件是物料表面的水汽的压强必须大于热空气中水汽的分压。两者的压差愈大,干燥进行得愈快,所以干燥介质应及时地将汽化的水汽带走,以便保持一定的传质推动力。若压差为零,则无水汽传递,干燥也就停止了。由此可见,干燥是传热和传质相结合的过程,干燥速率同时由传热速率和传质速率所支配。

当颗粒最初进入干燥管时,其上升速度等于零,气体与颗粒间有最大的相对速度。然后,颗粒被上升气流不断加速,二者的相对速度随之减小,至热气流与颗粒间的相对速度等于颗粒在气流中的沉降速度时,颗粒不再被加速而进入等速运动阶段,直至到达气流干燥器出口。也就是说,颗粒在气流干燥器中的运动,可分为开始的“加速运动阶段”和随后的“等速运动阶段”。在等速运动阶段,由于相对速度不变,颗粒的干燥与气流的绝对速度关系很小,故等速运动阶段的对流传热系数是不大的。此外,该阶段传热温差也小。因为这些原因,所以此阶段的传热速度并不大。但在加速运动阶段,因为颗粒本身运动速度低,颗粒与气体的相对速度大,因而对流传热系数以及温差均大,所以在此阶段的传热和传质速率均较大。

从实际测定得知,干燥器在加热口以上 1 m 左右的圆筒里干燥效率最大。此时从气体传到颗粒的热量可达整个干燥管内传热量的 1/2～3/4。所以要提高气流干燥机的干燥效率或降低干燥管的高度,就应尽量发挥干燥管底部加速段的作用和增加颗粒与气流之间的相对速度。强化气流干燥的方法之一是脉冲式气流干燥,即用直径交替缩小与扩大的脉冲管代替直管。加入物料首先进入管径小的干燥管内,气流以较高速度流过,使颗粒产生加速运动。当其加速运动终了时,干燥管直径突然扩大,由于颗粒运动的惯性,使该段内颗粒运动速度大于气流。颗粒在运动过程中,由于气流阻力而不断减速。直至减速终了时,干燥管直径再突然缩小,颗粒又被加速。重复交替地使管径缩小与扩大,颗粒的运动速度在加速后减速,又在减速后加速,永远不进入等速运动阶段,从而加快了传热和传质速度。

三、气流干燥工艺流程

淀粉干燥工艺有多种类型,其主要形式为正压气流干燥和负压气流干燥。

淀粉正压气流干燥(图 1-28)装置中,风机位于换热器和干燥管之间,干燥管内的气体为正压。被干燥的湿淀粉首先送入风机内,在高速旋转的风机叶片打击作用下,将湿物料破碎并送入干燥管,干燥后的物料经刹克龙卸料器收集,排放的空气再经过收集塔回收淀粉。该工艺可以较好地保证淀粉细度,但风机叶片磨损较大。

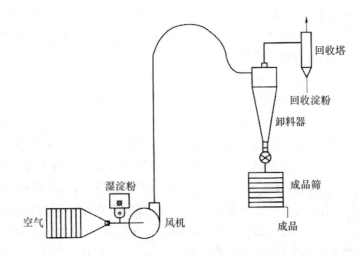

图 1-28 淀粉正压气流干燥工艺流程

淀粉负压气流干燥(图 1-29)装置中,风机安装在最后端,不与物料接触,干燥管内的气体呈负压。需干燥的湿淀粉由扬升器送入干燥管,经干燥后的物料由卸料器收集,湿空气经风机后排空。

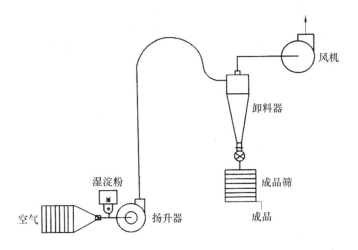

图 1-29 淀粉负压气流干燥工艺流程

四、淀粉干燥工艺条件控制

1. 风速

一般在 14～24 m/s,常选用 17～20 m/s。风速过低,大块湿料不能被风带走,易使产品受热损坏。风速过高,系统阻力增加太大,且产品水分也不易控制。采用脉冲式干燥,一般扩大管的风速可取 6～10 m/s。

2. 风量

气固质量流量比为 5～10 时,干燥器能比较好地正常运行,适当增加风量,对于增加干燥效果及干燥能力有好处。

3. 干燥时间

一般在 1～2 s,由此可计算出干燥管的直径和长度。适当延长干燥管道可提高去湿量,但过长,则阻力增加并且占地面积增大。

4. 空气温度

通过加热器后,空气的温度可提高到 140～160℃。应尽量提高进气温度,这样做对产品质量没影响,因干燥器属并流操作,即使干燥温度高达 200℃ 以下,物料表面的温度也只有 45～50℃,而且在干燥后期,空气的温度已降至 60℃ 左右,不会使淀粉糊化。

5．风压

气流干燥管的压力损失包括摩擦阻力损失、压头损失、颗粒加入和加速所引起的压力损失，以及气流干燥管的局部阻力损失。

五、气流干燥设备

淀粉气流干燥机是目前淀粉工业常用的干燥设备。

1．主要结构特点

淀粉气流干燥机（图1-30）主要由换热器、喂料装置、风管、卸料刹克龙、闭风器、风机等部分组成。

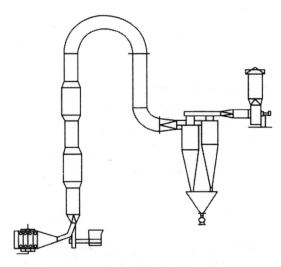

图1-30　淀粉气流干燥机结构示意图

2．操作与使用要求

①开车前应先检查各转动部位的润滑情况及传动部位是否正常，扬升器转动是否灵活。

②开机顺序：关闭风机风门→启动风机→打开风机风门→开启闭风器→打开蒸汽阀门→开扬升机→开螺旋加料器开始供料。

③停机顺序：停止供料→关扬升器→关闭风器→停止供汽→关风机。

④螺旋加料器料斗及卸料器下的料斗应保留1/3的物料密封层。

⑤进入散热器的空气，应先经过滤网过滤，滤网应定期更换。气流干燥的散热

器应排空冷凝水,经常检查疏水器运行情况,每月对散热器进行清洗。

⑥给料必须均匀稳定,进料速度应同风管内气流速度相一致。要保证成品水分在14%以下,最好在13.5%左右,注意检查成品淀粉的水分含量,一旦不符合要求,应及时调整供料、供汽量。

⑦在实际使用中,进料要时刻与脱水设备协调配合以保证进料均匀连续。主要控制脱水设备的脱水效果——湿淀粉含水量不超过40%。

⑧淀粉烘干车间属于防爆车间,车间内严禁烟火。车间内应尽量减少淀粉散落,落在车间内的淀粉应及时清扫,在维修风管及其他设备时应确保内部无粉尘。

六、岗位要求及操作规程

1. 岗位要求

①能熟练操作气流干燥设备将淀粉干燥。

②符合淀粉生产及制糖行业各技术领域的职业岗位(群)的基本任职要求。

2. 操作规程

(1)干燥岗位操作规程。

①接脱水岗位通知后,逐渐开启加热器蒸汽阀门,对加热器预热并检查疏水器疏水情况。

②及时调整料箱电机转速,控制好干淀粉水分。

③按要求计量准确。

(2)注意事项。

①严禁带入易燃品、引火物,严禁烟火,如需动火必须得到批准。

②淀粉内严禁混入异物。

③落地淀粉严禁按成品入库,必须回收。

④撒落台磅上的淀粉应及时清理,并及时标磅,确保计量准确。

(3)异常情况的处理。

①如突然停汽,干燥系统要马上停止进料,防止风网系统堵塞,如某设备出现问题,要按合理程序顺次停车。

②疏水器的运转状态,对蒸汽节能影响明显,要定期检查,有问题及时排除。

第十二节　玉米淀粉生产副产品的处理和综合利用

玉米籽粒中的可溶性物质在玉米浸泡工序中,大部分转移到浸泡液中,静止浸泡法的浸泡液中含干物质5％～6％,逆流浸泡法的浸泡液中含干物质可达7％～9％。浸泡液中的干物质包括多种可溶性成分,如可溶性糖、可溶性蛋白质、氨基酸、肌醇磷酸、微量元素等。浸出液可提取植酸,浓缩生产玉米浆可做饲料和送至生产抗生素、酵母及酒精的工厂使用。

一、玉米浆的生产

玉米浸泡液进行蒸发浓缩生产玉米浆的设备是外循环升膜式双效蒸发器或三效蒸发器,将玉米浸泡液进行负压蒸发。饱和的浸泡液称稀浸泡液,含干物质5％～8％,蒸发后干物质大约为50％,称为浓浸泡液,也称玉米浆。稀浸泡液在送入蒸发系统之前,需在稀浸泡罐内贮存一段时间,以产生更多的乳酸,达到降低pH的目的,因为pH高,蒸发器的加热管极易结垢。

以三效真空蒸发器为例:三效真空蒸发器如图1-31所示。新蒸汽进入一效加热器,使进入一效的浸泡液沸腾,部分水变为蒸汽,气流进入蒸发罐,液体回流到加热器循环蒸发,汽化的蒸汽经分离后再进入二效加热器作为加热蒸汽。因二效真

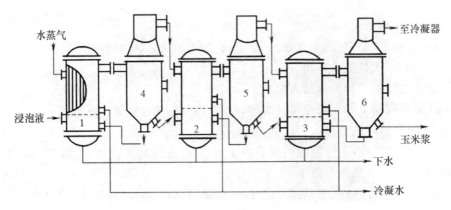

图1-31　DZF型三效真空蒸发器

1——效加热器　2——二效加热器　3——三效加热器　4——一效蒸发罐
5——二效蒸发罐　6——三效蒸发罐

空度高于一效,故其中水的沸点比一效低,所以可借一效的二次蒸汽加热而沸腾。同理,二效汽化的蒸汽再进入三效加热器,三效汽化的蒸汽则进入冷凝器。稀玉米浆进入第一效,浓缩后由底部排除,依次进入第二效和第三效被连续浓缩,浓缩液由末效的底部排除。

二、玉米浆干燥

玉米浆干燥工序是通过喷雾干燥原理制取玉米浆干粉的过程,玉米浆干粉呈褐色至淡黄色,水溶性蛋白质保存完好,蛋白质含量≥42%,水分含量≤8%,广泛应用于发酵工业(抗生素、维生素、氨基酸、酶制剂),在饲料工业中也广泛应用,是玉米浆的更新换代产品。

玉米浆喷雾干燥工艺如图 1-32 所示,浸泡液蒸发工序浓缩的玉米浆经高压泵进入喷雾干燥机。玉米浆经高速旋转的雾化器进入干燥塔内,与热空气接触进行热交换,在热交换过程中雾状玉米浆不断被干燥,干燥后玉米浆干粉由干燥塔下料器进入干粉收集箱,另一部分随着蒸汽在引风机的作用下经旋风分离器进入旋风分离器料箱,蒸汽由分离器顶部排出。

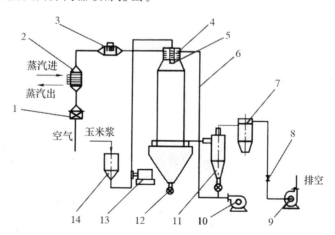

图 1-32　YPG 喷雾干燥塔工艺流程

1—空气过滤器　2—蒸汽加热器　3—电加热器　4—热风分配器　5—雾化器
6—返粉管道　7—除尘器　8—调风阀门　9—风机　10—返粉风机　11—旋风分离器
12—下料器　13—高压泵　14—料液桶

三、岗位要求及操作规程

1. 岗位要求

①能熟练操作玉米浸泡浓缩设备和干燥设备。

②符合淀粉生产及制糖行业各技术领域的职业岗位(群)的基本任职要求。

2. 操作规程

(1)开车。

①对系统内各相关设备及料、水等情况仔细检查,如真空泵、水泵的油位,冷却水管是否有水,稀浆罐的液位,蒸汽情况,冷却塔情况等,如一切正常方可开车。

②先开真空系统,调好冷却水流量,开启各水泵的密封水,打开各效进料与回流阀门,适当开启各效不凝气阀门,当达到一定真空度后,开启稀浆供料泵,依次开各效供料和回流泵。当一效供料后,开蒸汽阀,要缓慢开启,控制进汽压力不高于0.1 MPa,逐渐达到要求的供汽量。

③供汽后,即可开冷却循环水系统。刚开车时,物料的出料浓度达不到要求,要打回流,直到达到规定浓度后,再正常向成品贮罐出料。

(2)正常操作。

①随时检查各设备运行情况,严格控制各有关工艺操作参数,如:出料浓度,各效真空度,蒸汽压力,冷却循环水温度,各效出料与回流比例,不凝汽阀门开启度,汽、水输出量等。

②操作中做到三个稳定:进料量稳定,蒸汽压稳定,真空度稳定。出现异常情况,应及时调整。

③通过各效加热器下端的视镜,观察液位稳定,使回流泵与出料泵的流量与之适应,不要拉空,防止泵的汽蚀而中断出料,影响平衡生产。

④如真空度下降,要调节一效加热蒸汽的压力、进料量、循环冷却水温度、不凝气阀的开度等,检查有无真空泄漏点,发现问题及时处理。

(3)停车。

①接停车通知后,先关一效的加热蒸汽,后关进料阀,停稀浆供料泵。

②当料液不再沸腾,停冷却循环水,停真空泵,开破真空阀,开大各效的不凝气阀,使系统恢复常压,关冷却水泵。

③关闭各有关阀门,检查各项善后工作,做好原始记录和现场卫生工作。

(4)设备的情况。

①当清洗加热器时,将料放入中间贮罐做好配碱及清洗煮罐前的各项准备工作。

②玉米浆浓度高,蛋白含量高,钙镁盐类及胶体物质含量高,因此易结垢。特别是浸泡质量不好时,易结硬垢。当乳酸发酵过度,蛋白质偏高,泡沫多时,胶状软垢较多。当设备结垢,热效率大幅度下降,故需及时清洗。

③一般软垢用 3% 的稀 NaOH 煮罐即可,如属硬垢需用稀盐酸煮,稀盐酸浓度为 3%～5%。煮罐次数根据结垢情况定。一效清洗次数较多,二、三效煮罐次数略少,酸或碱煮后用清水冲洗干净。煮罐时开、停车方法及加热方法同正式生产。

第二章

小麦淀粉生产及深加工技术

第一节　小麦淀粉的生产

一、概述

1. 小麦淀粉和活性面筋粉

我国小麦淀粉年产约 5 万 t,生产小麦淀粉的原料有小麦和小麦粉,国内多数以小麦粉为原料生产小麦淀粉。将小麦面粉经过深加工后可以得到小麦淀粉和活性小麦面筋粉。

活性小麦面筋粉又称谷朊粉,主要成分是小麦谷蛋白和胶蛋白,蛋白质含量为 75%～85%,脂肪含量为 1.0%～1.25%,蛋白质为高分子亲水化合物,当水分子与蛋白质的亲水基团互相作用时就形成水化物——湿面筋。其水化作用由表及里逐步进行,具有很强的吸水性和持水性,复水后具有很强的弹延伸性、薄膜成型性、热凝固性、吸脂乳化性,同时面筋粉又具有较高的营养价值,因而得到广泛应用。它是一种天然的面粉品质改良剂,在制作面包时添加 2%～3% 面筋粉,能增加面团的筋力,使面包体积增大,气孔均匀,柔软,具有天然口味。在生产面条中添加 0.5%～2% 面筋粉,可增强面条韧性,不易断条,减少烧煮损失,滑爽,有咬劲。面筋粉又是制作鱼、肉食品的最佳黏结剂、填充剂。

小麦淀粉在面粉中占 60%～70%,相对密度为 1.63,颗粒为圆形和椭圆形。粒度差别很大,为 2～30 μm,大颗粒只占总数的 20%。它在水中分散,很少溶解,黏性不大。小麦淀粉分成 A 级淀粉和 B 级淀粉,A 级淀粉是大颗粒淀粉,通常指精制淀粉;B级淀粉是小颗级淀粉,它往往与细小的蛋白质混合在一起,比较难以分离。小麦淀粉糊具有低热黏度、低糊化温度的特性,糊化后黏度的热稳定性较好,经长时间加热和搅拌黏度降低很少,冷却后结成凝胶体的强度很高,被广泛应用于食品、轻工、纺织、制药、造纸等行业。生产的小麦淀粉可进一步转化为高附加值产品,如变性淀粉、糖浆或作为发酵原料生产味精、柠檬酸等。

2. 制造小麦淀粉的原料选择

小麦淀粉的制造,不只是生产淀粉,同时也是制造面筋的过程,因此,在选择原料时,对两者都要兼顾。原料选择的原则是:

①用硬质小麦和软质小麦作为制造小麦淀粉的原料各有优缺点。硬质小麦作为原料时,通常小麦粉的蛋白质含量多,面筋收率高,但在生产中,当加水捏和形成湿面团时,面筋的网状结构会变得很强固,很难将淀粉全部洗出来,得到淀粉颗粒较小者占比例高,淀粉总收率降低。软质小麦淀粉含量高,淀粉的大颗粒部分比较多,淀粉的收率高,但从湿面团洗出淀粉后,面筋筋力较差,容易散开,因此,两者以一定比例配合使用为好。

②应选择灰分少的面粉为原料,一般要求灰分含量不大于1%,因为只有在灰分低的条件下,才能得到较纯净的小麦淀粉和小麦面筋粉。

③麸皮是一种纤维物质,在面粉中占2%左右,小麦粉中的细菌数一般取决于粉中混入的麸皮量,要选择麸皮含量低的面粉做原料。

④面粉中水溶性的碳水化合物和蛋白质会造成淀粉废水负荷增高,增加废水处理难度,并影响淀粉和面筋的总得率。

⑤筋率不应低于24%,如果筋率过低,面筋粉的得率必然会降低,影响经济效益。

⑥在制粉过程中要特别注意减少面粉中损伤淀粉的含量,如果面粉中损伤淀粉含量过高,则湿处理过程中吸水量增多,淀粉和面筋粉的得率会降低。

3. 小麦粉为原料生产淀粉的工艺选择

以小麦粉为原料,湿法生产小麦淀粉、谷朊粉的方法有马丁(Martin)法、巴特(Batter)法、菲斯卡(Fesca)法、拉西奥(Rasio)法、高压分离(HD法)、旋流法(KSH法)等多种。目前,我国小麦淀粉厂多数采用马丁法,近年来,先后从国外引进旋流法工艺和拉西奥法工艺。马丁法是一种传统加工方法,生产规模小,条件差,用水量大,原料干物质回收率低,产品的稳定性常受人为因素影响,但是马丁法工艺设备简单,容易操作,投资少,上项目快,风险小,适合农村经济使用。拉西奥法大量采用高效、高速离心设备,效率高,分离馏分更细,可连续生产,用水量少,原料干物质回收率高,产品质量好,但设备价格昂贵,投资大,项目周期长,对操作工技术要求高,维修保养有一定难度。旋流法用旋流机组替代二相卧螺,把面筋的分离洗涤、A淀粉的洗涤浓缩集中在旋流机组内,结构紧凑、操作简单方便,面筋粉得率高,产品质量、总收率与拉西奥法相当。制造小麦淀粉时,我们应根据实际情况,选择相应的生产工艺路线(图2-1)。

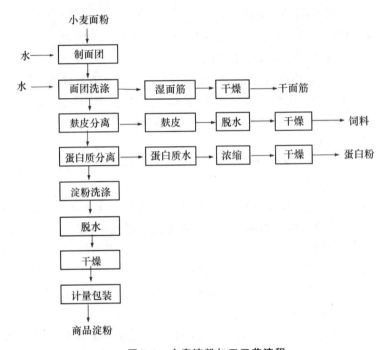

图 2-1 小麦淀粉加工工艺流程

二、小麦淀粉生产工艺

1. 马丁法生产工艺

马丁法又称面团法,加工工艺包括和面、洗出淀粉、面筋干燥、淀粉精制和淀粉脱水干燥等工序。

(1)调制面团。分批次地将面粉与水按一定比例在和面机内揉成面团,面粉和水的比例大约为2∶1。硬质小麦面粉能和成弹性很强的面团,需要的水要比软质小麦多,水温控制在 20～25℃。如小麦粉的筋力较低,可适当加入些食盐(约0.5%),能起到紧缩面筋的作用,和好的面团要在机内静置一段时间(15～

25 min),使蛋白质充分水合形成面筋。

(2)分离鲜面筋。在面团的洗涤过程中,不需要将面筋破碎成小碎片,就可以从面筋中直接分离出淀粉。常用设备为面筋洗涤机,如图 2-2 所示。这种设备外壳呈 U 形槽,其底部为双弧形的桶体,下部设有两支并列的带螺旋形的搅拌叶片,它们分别以不同的速度朝相反方向旋转。

当面团放入面筋洗涤机后,由于槽内两个螺旋搅拌叶片的搅拌作用,借助于槽体两边的槽壁而产生推进和搅拌作用,使面团从前后左右向中间推挤。面团受到揉搓和挤压,保证了搅拌的均匀性。在洗涤面筋的同时,还要保持面团以一定速度连续地进入搅拌机,使搅拌机的螺旋叶片周围有充足的面团存在。清水或过程水沿着槽底或槽壁喷入槽体的洗涤搅拌室,洗涤水和悬浮的淀粉液从槽体上部溢流排出。当面筋被洗到含水量约为 70%,面筋含蛋白质为 70%～80% 时,就从底部的出料口连续地排出。

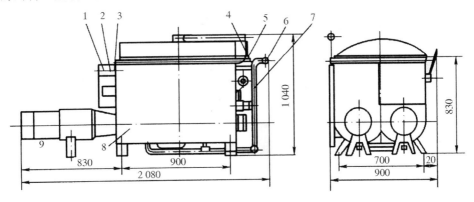

图 2-2　面筋洗涤机结构示意图(单位:mm)

1—开关　2—点动　3—停机　4—阀门开关　5—喷淋开关　6—进水开关

7—护罩开关　8—面筋桶　9—减速电机

(3)分离麸质。从面筋分离后所得到的淀粉浆中大约含有 10% 的固形物,采用振动筛分离得到一些面筋碎片,这些面筋碎片同面团洗涤机的湿面筋混合,一起进行环式气流干燥,制备谷朊粉。

经振动筛分离后的淀粉乳是纤维与淀粉的混合物,可用离心筛通过转鼓快速旋转产生的离心力将纤维与淀粉分离。一般采用二级或三级串联除鼓,直到鼓渣中小样加清水搅拌后无明显白浆,淀粉乳小样经沉淀无麸质时为止。

(4)分离可溶物。分离可溶物采用自然沉淀法,将筛分的淀粉乳送入沉淀池内,自然静止沉淀,上清液中包括可溶性蛋白质、细纤维等杂质,抽吸去上清液,沉淀后的淀粉浆浓度为 $16\sim18°Bé$。因为沉淀池占地面积大,沉淀效率低,生产周期长,卫生指标难以保证,也可将筛分的淀粉乳用碟片离心机进行分离和洗涤。

(5)脱水干燥。沉降或离心分离得到的精制淀粉浆喂入三足离心机脱水,将得到的大约含水 40% 的淀粉滤饼送入干燥机干燥成小麦淀粉,对 B 淀粉不作回收。

2. 旋流法生产工艺

旋流法分离工艺如图 2-3 所示。工艺过程可分以下几步。

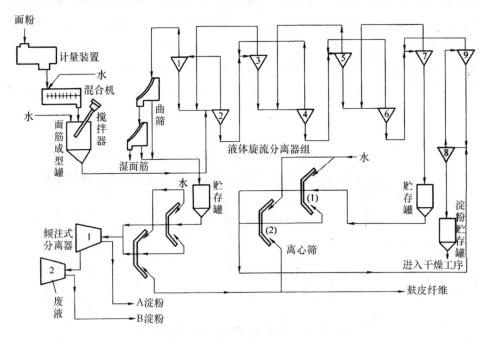

图 2-3　旋流法小麦淀粉生产工艺

(1)进料、成团及面筋成型。原料面粉计量后与水按一定比例进入混合机,水温控制在 40℃ 左右,形成浆状面团,泵入面筋成型罐,在成型罐内再加水稀释面团,并通过不停地搅拌分散成可自由流动的面浆,使面筋从面团中分离出来,形成线状或丝状悬浮在淀粉液中。

(2)面筋和淀粉的分离。面浆通过泵打入多级旋流机组,液体旋流分离器是分离、洗涤、浓缩优质淀粉的专用设备,由九级旋液分离器组成,面浆先泵入旋液分离器的第二级,由于面筋比较轻,所以面筋和次淀粉从第一级溢出,优质的 A 淀粉的重相在第二级至第七级之间经反复分离、洗涤、浓缩后,在第七级析出进入贮存罐。再经过两道离心筛除去麸皮纤维,筛下的 A 淀粉此时已被稀释,因而再经过第八、第九级旋液分离器,使淀粉进一步浓缩和净化,然后送至 A 淀粉贮存罐。

（3）面筋、次淀粉及麸皮的回收。在旋液分离器中,第一级溢出物由面筋、次淀粉、戊聚糖浆和麸质组成,经过两道筛孔为 350～370 μm 的曲筛筛理后,筛上物为面筋,送入干燥机干燥成面筋粉。筛下物液体进入贮存罐,再经过两道离心筛处理,离心筛处理时的筛上物为麸质纤维,与第七级旋液分离器分出的麸质合并经干燥后,用作饲料。离心筛处理时所得筛下物为次级淀粉,经两道倾注式离心机分离,前道分离出来的是较 A 淀粉稍差的 A′ 淀粉,后道分离出来的是 B 淀粉。

三、岗位要求及操作规程

1. 岗位要求

①打面筋岗位负责投料前准备、操作、清理等工作。

②麸质分离岗位负责开机前准备、操作、清理等工作。

③沉淀岗位负责淀粉乳的过滤、静止、上清液排放、浓度测定及清理等工作。

④符合淀粉生产及制糖行业各技术领域的职业岗位(群)的基本任职要求。

2. 操作规程

（1）打面筋工段。

1）投料前准备。

①上班前穿好工作服,戴好工作帽。

②准备好操作工具。

③检查面筋机箱体内有无异物。

④检查面筋机各部位是否正常,活门是否已复位。

⑤启动电机后运转是否正常,有无异声。

⑥查看当日面粉搭配明细单。

2）操作。

①在面筋箱内先放一定量的水,按面粉搭配明细单,当提到第三包时,启动电机运转,边投料边搅拌,每料 10 包,每包 25 kg,投料结束,应盖好箱盖,在特殊情况下,可适当添加 1 包,最多不超过 2 包。

②糊头成熟后,即不黏手不黏箱,停止搅拌,放水洗涤,以满箱体内不外溢为准,盖上箱盖,同时略微搅拌几下,静待片刻,让面筋充分分离。

③打开移门闸泄放浆液(不要放净),再上清水,反复洗涤 4 次,洗涤时搅拌不宜久,否则面筋易碎,第三次以后放浆水时,门要开足;打开箱槽底盖,逼清浆水。

④浆水放净经洗涤后的面筋,可以下槽,打开面筋下槽处活门,让面筋块自行滑下,进行分剪,成块后装桶。

3)清理。工序结束后,对每台面筋机及工作场地进行清洁打扫。

(2)麸质分离工段

1)开机前的准备。

①上班前穿好工作服,戴好工作帽。

②清洗筛子。

③开好毛浆池搅拌。

④打开机盖旋下分液盘,装上 18 目棉纶筛再垫上尼龙筛绢(第一、第二级用 150~156 目,末级用 80~90 目),拧紧分液盘,关好机盖。

⑤查看沉淀池是否干净。

⑥关好沉淀池底阀,打开本班管道闸阀,关闭其余闸阀。

2)操作。

①启动离心筛电机待运转正常后打开喷淋水阀。

②启动泥浆泵电机、泵浆时控制好回流阀,防止漏斗口溢浆,喷淋流量的大小视出浆时浆水浓度而定。

③一级筛出料作二级筛进料,二级筛出料作三级筛进料,三级筛出料作饲料,一、二级筛出的浆水进沉淀池,三级筛出浆水进入毛浆池作环流。

④筛浆时操作工要检测漏麸现象,即取淀粉乳小样经沉淀无麸星,每隔 1 h 取一次并做好记录。

⑤根据工艺要求应适当添加防腐剂,防止淀粉乳发酵。

⑥工序结束,拆洗筛绢,筛绢浸入稀盐酸溶液中,准备下次使用,做好机台、地面及包管区的卫生工作。

(3)沉淀工段

①经筛离后的淀粉乳进入沉淀池内静置,使悬乳液通过重力沉降,达到浓缩和净化作用。

②采用自然沉淀方法一般沉降时间,冬季 24 h,夏季 10~8 h,春秋季 15 h 左右,总之,沉降时间由气温高低、粉质情况决定的,应根据季节变化灵活掌握,以视上清液的透明度为准。

③经沉淀后的淀粉乳有 78%~81% 是上清液废液要排出,内包含有可溶性蛋白质、细纤维等杂质,泄放上清液时,应将吸水管逐步下降,防止因虹吸作用将浓浆带出,要放净上清液。

④经过沉淀后的浓浆掌握在 16~18° Bé(以粉质情况而定),然后搅拌

15 min 左右,最后自然流入集浆池内作下道工序备料。

⑤做好沉淀池及地面的卫生工作,每星期洗刷一次。

第二节　淀粉和湿面筋的干燥处理

一、淀粉的干燥过程

淀粉的干燥通常采用气流干燥,如图 2-4 所示,从贮存罐出来的 A 淀粉先经过滤器脱水,脱水后的湿淀粉水分在 38%~40%,从过滤器下来的滤液可送至水柜,仍可作为洗涤淀粉用水。湿淀粉由绞龙供给器送入粉碎器,将粉团打碎后,均匀进入气流干燥器的热空气流中,投料控制条件为蒸汽压力不低于 0.6 MPa,热风管温度在 130~140℃,淀粉在管道内干燥后,通过布袋集尘器下的闭风器连续排出,再

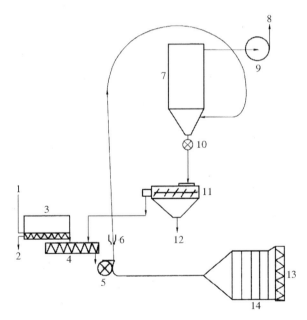

图 2-4　气流干燥淀粉示意图

1—A 淀粉液　2—水　3—过滤器　4—绞龙供给器　5—粉碎器　6—文丘里管

7—布袋集尘器　8—排气口　9—主风机　10—闭风器　11—筛理设备

12—淀粉出口　13—空气过滤器　14—加热器

经圆筛过筛,即得含水量 13%～14% 的干淀粉。废气穿过布袋、集尘器由主风机排放室外,整个干燥过程都是在负压状况下进行的。

二、面筋干燥处理

目前湿面筋干燥的方法有多种,我国采用的均为环式气流干燥。由于湿面筋独特的理化性质,要求面筋干燥工艺应使高温出现在瞬间闪蒸干燥室,高温能量消耗在高水分区,才能够使面筋粉具有活性,现以 MHG50 生产线为例介绍小麦湿面筋干燥工艺的特点。

MHG 系列环形干燥生产线由喂料系统、干燥系统、空气动力、物料分离、空气净化及产品整理和收集等部分组成(图 2-5)。它利用气流干燥原理,以洁净空气为干燥介质,以饱和蒸汽为热源,将含水约 70% 的湿面筋干燥成水分不大于 9% 的粉状小麦活性面筋粉。由于干燥过程所需时间只有几秒钟,虽干燥介质温度很高,但湿面筋中的蛋白质变性极小。

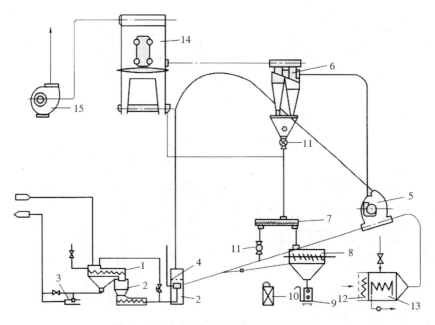

图 2-5 MHG 小麦活性谷朊粉干燥生产线

1—脱水机 2—喂料泵 3—滤液回流装置 4—制粒机 5—双蜗壳分离器 6—卸料器

7—带状混合器 8—筛理设备 9—成品打包 10—磨研装置 11—闭风器

12—空气过滤器 13—空气加热器 14—脉冲除尘器 15—主风机

生产线的干燥系统呈环状,环两端分别装置双蜗壳分离器和扬升器,高压风机在生产线尾端,吸入由脉冲除尘器过滤了的湿空气,使整个系统呈负压状态。在高压机作用下,冷空气经过滤后被空气加热器加热,通过双蜗壳分离器进入环状干燥管,与带状混合器加入的循环干物料混合,经扬升器在干燥管道中环行。当系统的温度升达一定值后开始喂入湿面筋,将湿面筋预先投入脱水机,在锥形螺旋挤压下除去大部分游离水分后进入喂料泵。喂料泵是一种特殊结构的容积泵,它将面筋送至制粒机,过量的面筋则通过回流管道送回脱水机。

通过无级调速的制粒机将湿面筋制成短圆柱体,使湿面筋的弹性减弱,增加其延伸性与黏附性。由压缩空气吹入扬升器,湿面筋颗粒在扬升器内被回流的干物料包裹,其目的是增加细颗粒的比表面积,提高干燥强度。湿面筋被扬升器高速转动的打板打碎,以极高速度送入干燥管道,与热空气接触即被干燥。当物料通过双蜗壳分离器时进行惯性分离,一部分干燥的粒度小的物料进入中心蜗壳排向卸料器,经离心沉降,由下部闭风器送往带状混合器,经过带状混合器充分混合,使物料散热。混合器将部分物料经筛理成品打包;另一部分物料通过闭风器进入干燥管道,作为循环干物料的补充。那些尚未充分干燥的大面筋颗粒,则仍然经大蜗壳回到环形管道内继续干燥。经卸料分离后的废气,进入脉冲布袋集尘器,过滤面筋微粒后,洁净空气经风机排向大气,面筋微粒粉由脉冲集尘器下部绞龙收集,送回系统干燥。

三、岗位要求及操作规程

1. 岗位要求

①脱水岗位负责脱水前准备、离心机操作、清理交接等工作。

②干燥岗位负责干燥、包装前准备、质量控制、清理交接等工作。

③符合淀粉生产及制糖行业各技术领域的职业岗位(群)的基本任职要求。

2. 操作规程

(1)脱水工序。

①生产操作工人进入车间前先更衣、换鞋,用消毒液洗手。

②班前对车间的设备、设施进行检查,维修。

③生产操作工人先去领滤单,检查滤单是否完好。

④把完好的滤单领入车间,然后把滤单均匀铺到离心机内,不能有折叠现象,然后开机。

⑤把放浆管扳到离心机上方,然后放浆,管口与离心机的角度要适宜,避免跑浆。

⑥放浆至离心机边缘 1 cm 处关闭阀门,2 min 左右开始逼水。

⑦逼水时要抓紧逼水刀,以免逼水刀脱落。

⑧逼水要用力适宜,掌握好逼水刀的角度,使黄浆逼出离心机,如此反复,离心机内的淀粉块距离心机边缘 2 cm 处停机刹车。

⑨转鼓停止运转后,把离心机内的淀粉块分成 3 块搬出离心机放到淀粉输送台上。

⑩然后把滤单拿出,把淀粉倒净,并检查滤单是否完好,若有破损应及时更换完好的滤单。

⑪依照上述工序循环作业即可。

⑫交班时,书面说明设备各部分运转情况。

(2)气流干燥工段。

1)生产操作工人进入车间前先更衣、换鞋,用消毒液洗手。

2)班前对车间的设备、设施进行检查,维修。

3)根据生产通知单领取包装袋、合格证,并对计量器进行核准。

4)操作工人应按照既定生产工艺进行开机生产。

①开机顺序:蒸汽阀门→除尘水泵→圆筛→关风器→二级风机→一级风机→进料器→台式缝包机。

②关机顺序:进料器→一级风机→二级风机→关风器→圆筛→除尘水泵→蒸汽阀门→台式缝包机。

5)烘干时下料人员保证进料均匀不断料。

6)接袋封口,计量时必须准确,掌握淀粉的干湿,注意进气温度(120～150℃)和尾气温度(47～55℃),对进料量进行调整,水分控制在 12.5%～13.5%,并做记录。

7)包装好的成品,按批次入库、储存、摆放整齐。

8)记录表必须认真、准确填写,不得随意涂改。

9)交班时,书面说明设备各部分运转情况。

第三章

马铃薯淀粉的生产及深加工技术

第一节　熟悉马铃薯淀粉工艺流程

一、概述

马铃薯又称土豆、洋芋、洋山芋、山药蛋、地豆、爱尔兰豆薯、荷兰薯等,是茄科茄属一年生草本植物。马铃薯是起源于南美洲的多年生植物,是重要的粮食、蔬菜兼用植物。马铃薯产量高,营养丰富,对环境的适应性强,现已遍布世界各地。马铃薯淀粉是通过破碎、细胞液分离、精制、洗涤、脱水、干燥等工序制成的。它可以被用来作为增稠剂,尽管用于勾芡作用不及太白粉,但是在一些烘焙食品中,它能保持水分。

马铃薯淀粉的应用非常广泛,几乎在食品工业中涉及增稠剂和黏结剂的每一环节都可以采用马铃薯原淀粉或马铃薯变性淀粉或以此为基础的其他特殊产品。最重要的应用领域如下:汤、酱、肉、鱼、马铃薯及乳制品、各国面条类产品、罐装水果和蔬菜、方便食品、焙烤食品及糖果类产品、小吃等。

1. 马铃薯的原料特征

马铃薯是块茎类作物,其形状呈扁圆形、椭圆形、长圆形及柱形等,表皮上有若干个芽眼。块茎的外表面有基皮(周皮)覆盖,紧靠周皮的是形成层环,这个环的细胞充满了原生质,并含有大量的淀粉颗粒。形成层环往里是马铃薯含淀粉的主要部分,称外部果肉,中心部分是内部果肉,淀粉含量较少。马铃薯块茎中的主要物质含量随品种、土壤、气候条件、耕种技术、储存条件及储存时间等原因而有较大变化。

从营养角度看,马铃薯块茎中矿物质(灰分)含量为 0.4%~1.9%,其中钾、镁含量高于精米和白面,呈碱性,利于维持体内的酸碱平衡;其次,马铃薯块茎中富含赖氨酸,且易被人体吸收利用,适合与粮谷作物搭配达到人体氨基酸需求平衡;再次,马铃薯块茎中含有精米、白面中没有的维生素 C,含量是苹果的数倍。另外,马铃薯块茎含有丰富的膳食纤维,纤维质地柔软,可增加人体的饱腹感,不但不会刺激肠胃,还可作为肥胖人群的减肥食品。

块茎的化学成分中,水分占马铃薯全部质量的 3/4,淀粉约占块茎干物质质量的 80%,这也是马铃薯作为淀粉生产原料的主要依据。

2. 马铃薯淀粉特征

马铃薯淀粉主要有以下特征:

① 淀粉颗粒大(100 pm),其平均粒径大小分布范围广;

② 淀粉糊液黏度高,弹性好,透明度高,糊丝长度长;

③ 高聚合度,直链淀粉相对分子质量大;

④ 不易凝胶,不易老化;

⑤ 糊化温度低(58~65℃),膨胀容易;

⑥ 含有天然磷酸酯基团,糊化时吸水、保水力大;

⑦ 口味温和,蛋白质含量低(约 0.1%)。

二、马铃薯淀粉的生产工艺流程

马铃薯淀粉生产的基本原理是在水的参与下,借助淀粉不溶于冷水以及在相对密度上同其他化学成分有一定差异的基础上,用物理方法进行分离,在一定机械设备中使淀粉、薯渣及可溶性物质相互分开,获得马铃薯淀粉。工业淀粉允许含有少量的蛋白质、纤维素和矿物质等,如果需要高纯度淀粉,必须进一步精制处理。

目前生产工艺流程有封闭式和开放式工艺两种,我国多数工厂采用落后的开放式工艺,实行手工操作和部分机械化,国内外形成规模化生产的大型淀粉厂都采用封闭式工艺,利用先进的工艺与设备,由电子技术进行流程控制和生产过程。马铃薯淀粉的生产工艺流程见图 3-1。

三、典型的马铃薯淀粉生产方法

世界上第一家工业化的马铃薯淀粉加工厂是在 19 世纪初出现的,距今已有

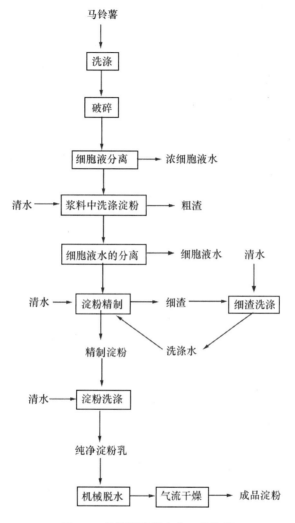

图 3-1　马铃薯淀粉生产工艺流程

170 年的历史。发展到今天,马铃薯淀粉的加工工艺呈现出多样化的趋势,但不论怎样变化,选择工艺过程时都必须考虑以下条件:要使全过程能够连续迅速地进行,并且保证是在最低的原料、电力、水、蒸汽及辅助材料消耗条件下完成的;同时还要考虑设备的操作和维修是否方便、工厂占地面积的大小、总投资的多少、生产规模以及生产过程中水的排放等诸多因素。

1. 离心筛法马铃薯淀粉生产工艺

离心筛法马铃薯淀粉生产工艺是一种具有代表性的生产工艺,具体流程见图3-2。首先进行马铃薯的清洗与洗涤,由清理筛去除原料中的杂草、石块、泥沙等杂质,然后用洗涤机水洗薯块,破碎机将薯块破碎后,经离心机去除细胞液,所得淀粉乳中的纤维和蛋白质分别用离心筛和旋流器除去,淀粉乳洗涤后用真空吸滤机脱水并经气流干燥处理得马铃薯淀粉成品。

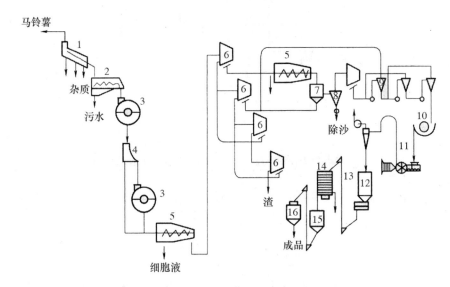

图 3-2　离心筛法马铃薯淀粉生产工艺流程

1—清理筛　2—洗涤机　3—磨碎机　4—曲筛　5—离心机　6—离心筛　7—过滤器
8—除沙器　9—旋流器　10—吸滤机　11—气流干燥　12—均匀仓　13—提升机
14—成品筛　15—成品仓　16—自动秤

2. 曲筛法马铃薯淀粉生产方法

曲筛法马铃薯淀粉生产工艺流程见图3-3。洗净的薯块在锤片式粉碎机上破碎,得到的浆料在卧式沉降螺旋离心机上分离出细胞液,然后用泵从贮罐中送入纤维分离洗涤系统,洗涤按逆流原理分7个阶段进行,开始两个阶段依次洗涤分离去细胞液的浆料,洗得的粗粒经锉磨机磨碎,然后在曲筛上过滤出粗渣和细渣,再依次在曲筛上按逆流原理进行4次洗涤,淀粉乳液进一步过滤,在除沙器里将残留在乳液中的微小沙粒除去,送入多级旋液分离器洗涤淀粉得精致淀粉乳,脱水干燥后得成品。

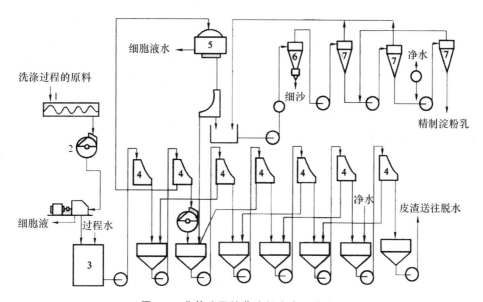

图 3-3 曲筛法马铃薯淀粉生产工艺流程
1—锤片式粉碎机 2—卧式沉降螺旋离心机 3—贮罐 4—曲筛
5—螺旋离心机 6—脱沙旋流分离器 7—旋液分离器

这种粗渣和细渣可同时在曲筛上分离洗涤的工艺,可以大大降低用于筛分工序的水耗、电耗,简化工艺的调节,改进淀粉质量,提高淀粉得率。

3. 全旋液分离器法马铃薯淀粉生产工艺

全旋液分离器法马铃薯淀粉生产工艺流程见图3-4。薯块经清洗称重后进入粉碎机磨碎,然后浆料在筛上分离出粗粒进入第二次破碎,之后用泵送入旋液分离器机组,旋液分离器机组一般安排成13～19级,经旋液分离后将淀粉与蛋白质、纤维分开。这一生产工艺的特点是不用分离机、离心机或离心筛等设备,而是采用旋液器,相比之下这是最有成效及现代化的淀粉洗涤设备,采用这一新工艺只需传统工艺用水量的5%,淀粉回收率可达99%,节省生产占地面积,还为建立无废水的马铃薯淀粉生产创造了条件。

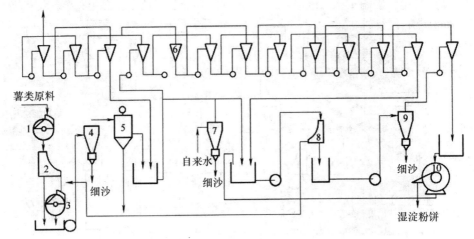

图 3-4　全旋液分离器法马铃薯淀粉生产工艺流程
1,3—磨碎机　2,8—曲筛　4,7,9—脱沙旋流分离器
5—旋转过滤器　6—旋液分离器　10—脱水离心机

第二节　马铃薯原料的准备

一、原料的选择

根据生产和最终产品对原料的要求选择马铃薯,以达到加工方便、提高得率、降低成本、增加效益的目的。对生产淀粉用马铃薯的要求是:淀粉含量要高,表面较光滑、芽眼不深且数量较少,皮薄,其他干物质成分含量不高。

马铃薯在收获搬运过程中,应尽量避免损伤薯皮,严格去除病烂薯块,或经日晒及受冻的马铃薯。

二、马铃薯的贮存及堆放

收获后的马铃薯仍在进行着植物特征的生理过程,其中最重要的是呼吸过程。不合理并且长时间堆放的马铃薯内部,温度最高可达 60℃,对收购的马铃薯进行合理的贮存堆放,是一个马铃薯淀粉生产企业必须认真对待和解决的问题。

（1）贮存。影响马铃薯块茎贮存的内部因素有两个，一是品种的贮存性，二是块茎的成熟度；外部因素主要是温度和湿度。马铃薯贮存的最适温度为 3～5℃，最适宜的相对湿度为 85％左右。在 0℃以下条件下，时间过长引起生理失调及低温伤害，使细胞产生褐变。

用于贮存马铃薯的专用贮库，库容都非常大，一般建筑面积都在 10 000 m² 以上，贮存的建筑高度一般在 5 m 以上。库内要设置良好的通风和温度控制装置。库内的温度一般应控制在 6～8℃。

贮库与生产车间要设置输送通道，以便于将马铃薯送到生产车间。如果贮库的地面能够形成一定的坡度，也可以考虑设置流冲沟，以便于采用水力冲运马铃薯。

（2）堆放。在自然条件下堆放马铃薯，要选择地势较高的，并最好有抵御秋、冬冷风屏障的场地。沙壤土地最理想。不要选择低洼地和地下水位高的地方堆放马铃薯。

不管是贮存还是堆放，马铃薯都会出现自然减重。带有温度自动调节设备的贮仓，所贮存的马铃薯自然减重和其他损失都非常小，即使贮存期长达 3 个月，马铃薯的综合损失也都在 4％以下。

三、马铃薯加工前的运送

马铃薯在洗涤前从贮存、堆放场地移到洗涤或除石生产场地，称为加工前运送。马铃薯的加工前运送，可采用工具运输、水力冲运和马铃薯泵运送三种方法进行。

（1）工具运输。用铲车或翻斗车，把堆放场地的马铃薯运输到贮料平台上或贮料坑（马铃薯泵）内。在运输途中，可以对原料进行计量称重，以便于生产记录。

（2）水力冲运。规模较大的生产企业，由于加工量大，原料从贮仓向生产车间输送可采用水力冲运。水力输送的方式是通过沟槽，连接仓库和加工车间的沟槽应具有一定的坡度。在始端连续供水，水流携带马铃薯一起流动到生产车间的洗涤工段。在水力输送的过程中，马铃薯表面的部分污泥被洗掉，输送的沟槽越长，马铃薯洗涤得越充分。

（3）马铃薯泵运送。马铃薯泵也是一种离心泵。在需要把马铃薯运送到较高位置（如采用除石、洗涤连续并自然落料）时，可采用马铃薯泵来完成。

上述马铃薯运送的三种方法，在多数情况下是交叉式组合使用的，在实际应用时，要根据生产企业的实际情况，把不同的运送方法恰当结合在一起，共同完成运送工作。

四、岗位要求及操作规程

1. 岗位要求

①原料准备岗位：为后续工序提供足质足量的原料，合理贮存。

②原料输送岗位：原料由堆放场均匀地输送到预处理设备。

③符合淀粉生产及制糖行业各技术领域的职业岗位（群）的基本任职要求。

2. 操作规程

（1）原料准备。

①马铃薯收获后，应除去泥、沙、根、须及木质部分，堆放在干净的地面，以免混入杂物。

②马铃薯进厂时，先检查规格质量，做好质量验收、过磅登记、开票、付款等工作。

③马铃薯进厂后存放时间最多不超过 30 天，以免霉变、发酵。要求堆放整齐，避免人踩和车轮压伤造成损失。

（2）输送。

①开机前应仔细检查头尾托轮是否灵活，驱动轮与输送板松紧是否适宜，有无马铃薯和其他杂物堵塞托轮、驱动轮；转动部位要先加油，后开机；待运转正常后，方准投料。

②输送机运转正常后，要勤添料，不能一次倒入大量马铃薯，以免负荷过重而影响正常运转。

③输送原料时，要特别注意输送机刮板上混入料中的铁块、石块、木头及其他杂物。

第三节　马铃薯加工前的预处理

马铃薯加工前的预处理包括除杂、洗涤和暂贮匀料三项工艺。

一、除杂设备（捞草机、除石机）的工作原理

除杂主要是指除去杂草与夹带的沙石，所用的主要机械是捞草机和除石机。

1. 捞草机

爪钩式捞草机原用于甜菜制糖生产线上。经适当减小爪钩的间距后，可以用

于捞除流冲沟内流动马铃薯间的杂草等。

爪钩式捞草机的爪钩间距,一般为 8～10 cm;捞除幅度一般为 30～40 cm;捞除长度(爪钩在冲流沟内行走距离)为 1.8～3 m。在上述条件下,爪钩式捞草机可捞除 80%左右的杂草、蔓秧和塑料薄膜等轻杂物。

爪钩式捞草机工作机构情况见图 3-5。

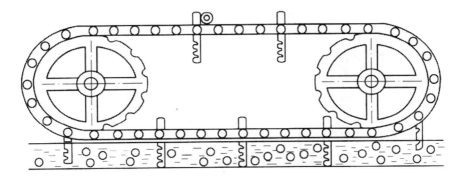

图 3-5　爪钩式捞草机工作示意图

2. 除石机

除石机的任务是清除马铃薯上附着的小沙石和夹杂的粗沙石与砖头等重杂质。按其结构与工作原理的不同,可分为重力式捕石器和逆螺旋式连续除石机两种。

(1)重力式捕石器。重力式捕石器的结构如图 3-6 所示。重力捕石器是立式带有锥形底及罐式沙石收集器的一种设备,一般情况下安装高度约 3 m,适合于马铃薯泵输送马铃薯的生产线使用。

(2)逆螺旋式连续除石机。逆螺旋式除石机是一种既能连续通过马铃薯,又能连续捕除沙石的机械。其结构如图 3-7 所示。逆螺旋式除石机有机架和转鼓两大部分。

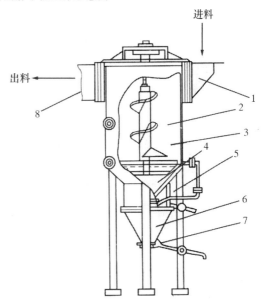

图 3-6　重力式捕石器结构示意图
1—进料口　2—上浮螺旋　3—筒体　4—底壳
5—手动封闭阀　6—集石罐　7—鼓沙门
8—出料口

而转鼓又分为排沙鼓和筛筒两部分。筛筒的筒壁上钻有直径为16～18 mm的圆孔或开有长圆孔。该机械工作时,直径小于孔径或孔宽的沙砾,会从孔中漏到筛筒外。在筛筒外壁上逆推螺旋带的作用下,向水流的逆方向前进,落入机器前面的集沙槽内,由排沙鼓上的侧戳沙口和正戳沙口,被戳入排沙鼓的环腔,经卸沙板排到鼓外的流沙槽板上,被排出机器外。

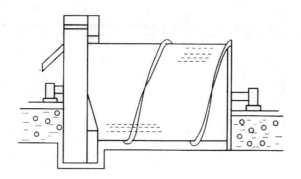

图 3-7　逆螺旋式连续除石机结构示意图

直径大一些的重杂物,如砖头和石块等,由于其不能漂浮,进入筛筒后会贴在筛筒的内壁上,在筛筒内逆螺旋带的推动下,也向水流的逆方向前进,并落入环腔的内凹槽里,最后从落重物口进入环腔的尾端,也经卸沙板和流沙槽板,被排出机器外。

逆螺旋式连续除石机处理马铃薯的能力很大,在筛筒直径为 2 m、长度为2.4 m的条件下,每小时处理马铃薯可达 30～50 t。

二、洗涤设备的工作原理

洗涤是将附着在马铃薯表皮上的芽和芽眼里的泥土洗涤下来,这是马铃薯预处理工段中最重要的工作。洗涤是否彻底,会影响到马铃薯淀粉的品质,具体表现在白度、灰分和斑点情况的差异。决定马铃薯是否洗涤彻底有两个至关重要的方面:一是洗涤强度,二是洗涤时间。

马铃薯的洗涤由洗涤机来完成,按其结构原理的不同,可分为转桨式和转筒式两种类型。

1. 转桨式洗涤机

转桨式洗涤机又称洗菜机或桨板式洗涤机,是一种常见的马铃薯洗涤设备。转桨式洗涤机按其结构和规模的不同,可分为转桨式联合式(图 3-8)和单级式(图3-9)两种。洗涤马铃薯时,可根据当地土质情况来确定洗涤时间,一般为 8～

12 min。在土质特别黏重的地区，马铃薯洗涤时间较长，最长可达到 15 min，可考虑采用两台串联的形式来完成洗涤任务。

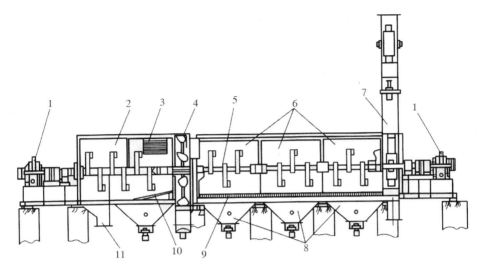

图 3-8　转桨式联合洗涤机的结构示意图

1—电机　2,6—洗涤室　3—溢水孔　4—过料轮　5—搅动轴

7—斗式提升机　8—集沙室　9,10—栅板　11—集石室

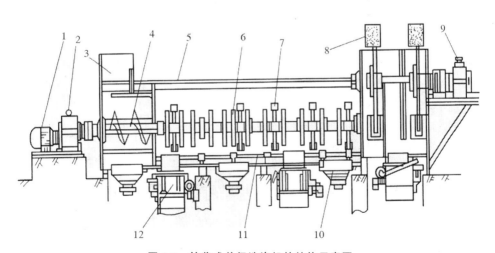

图 3-9　转桨式单级洗涤机的结构示意图

1—电机　2,9—减速机　3—进料口　4—推料螺旋　5—外壳　6—轴

7—搅动桨　8—翻料斗　10—集沙室　11—栅板　12—落石槽

转桨式洗涤机的优点是洗涤效果较好,可以实现漂洗,洗涤时间也相对稳定。特别是联合式洗涤机的洗涤效果明显优于其他洗涤机械。缺点是体积笨重,落石槽的闸门不易关严,产生漏水,长期使用后会出现开启不灵的现象,另外造价也较高。

2. 转筒式洗涤机

转筒式洗涤机(图 3-10)的主要工作部件为一长筒形筛状转筒。马铃薯进入转筒后,在传动系统的带动和转筒内壁的摩擦力作用下,作径向和轴向(向前)翻滚运动,从而达到洗涤的目的。

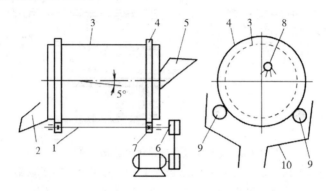

图 3-10　转筒式洗涤机结构示意图

1—传动轴　2—出料槽　3—清洗滚筒　4—摩擦滚圈　5—进料斗
6—传动系统　7—传动轮　8—喷水管　9—托轮　10—集水斗

实际生产中转桨式洗涤机和转筒式洗涤机可以组合使用,一般先用转桨式洗涤机初洗,然后靠转桨式洗涤机的出料高度差(1.5 m)将马铃薯送入转筒式洗涤机,进一步进行洗涤。如果洗涤时有足够的高度差,也可以把转筒式洗涤机放在前面,以实现先搓洗、后漂洗的最佳效果。

三、暂贮匀料设备的工作原理

马铃薯经洗涤后,要用提升机械将其送到匀料贮仓中。所用的提升机械,一般是马铃薯泵、斗式提升机、螺旋提升机和胶带输送机等。

匀料贮仓要有一定的暂贮能力,其马铃薯贮量不应小于半小时加工量。在一般情况下,要等贮仓内的马铃薯达到 1/2 贮量时,才开始下一级(破碎工段)供料。匀料贮仓的输出设备是叶片式螺旋输送机(图 3-11)。输送机的轴转速是可以调控的。调控的目的是为了使其下级的供料做到均匀和准确。

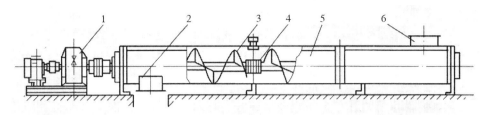

图 3-11 叶片式螺旋输送机示意图

1—驱动装置 2—出料口 3—螺旋轴 4—中间吊挂轴承 5—壳体 6—进料口

四、岗位要求及操作规程

1. 岗位要求

①除杂岗位负责去除杂草和马铃薯所附着与夹带的沙石等工作。

②洗涤岗位负责洗去马铃薯表皮上和芽眼里的泥土等工作。

③暂贮匀料岗位负责送料至匀料贮仓中,为破碎做准备。

④符合淀粉生产及制糖行业各技术领域的职业岗位(群)的基本任职要求。

2. 操作规程

①开机前要仔细检查各运转部位是否灵活,并进行加油,待各方面正常后方可开机。

②开机顺序为先开水阀,待运转正常后,再投料。机器运行中,要经常检查电机各部位状态是否正常,缝隙、喷水管有无堵塞。

③马铃薯皮、泥沙等杂物应及时清理出现场,并捡回清洗、输送过程中丢失的碎薯块,进行整理清洗后,再送入碎解机。做好交接班记录工作后方可交班。

第四节 破碎与细胞液分离

一、马铃薯破碎的目的及解碎系数

马铃薯破碎的目的,就是使用最小的动力,在最短的时间内,尽最大可能地使马铃薯的组织细胞全部破裂,从而释放出绝大多数的淀粉颗粒。

马铃薯被破碎后,可以得到既有淀粉颗粒,又有马铃薯的已破裂和极少量未破碎的细胞,既有薯皮碎块,又有含细胞水的汁水的混合浆料。

未破裂和未完全破裂的马铃薯细胞中,仍会含有少量的淀粉,这些淀粉在以后的工序中会随渣淬一道被排出生产线,这些淀粉称为结合淀粉。而从细胞中被释放出来的淀粉被称为游离淀粉。

在混合浆料中,其结合淀粉和游离淀粉的比值,称为马铃薯的解碎系数。

其公式为:

$$K = \frac{a}{a+b} \times 100\%$$

式中:K—马铃薯的解碎系数,%;a—单位质量浆料中游离淀粉的质量,g;b—单位质量浆料中结合淀粉的质量,g。

马铃薯的解碎系数是马铃薯淀粉生产过程中十分重要的参量系数。因为解碎系数直接关系着另一个重要的生产系数——淀粉提取率。淀粉提取率对生产企业的经济效益有着直接的影响。

理论上,马铃薯被解碎得越细小,则解碎系数越高,但如果要求过高的解碎系数,就势必要增加破碎机械的加工能力。

二、破碎设备的工作原理

目前常用的破碎设备有锉磨机、粉碎机。

1. 锉磨机

锉磨机(图 3-12)通过旋转的转鼓上安装的带齿钢锯对进入机内的马铃薯进行粉碎操作。

锉磨机由外壳、转鼓和机座组成,转鼓周围安装有许多钢条,每 10 mm 有 6~7 个锯齿,锯齿钢条被固定在转鼓上,钢条间距 10 mm,锯齿突出量应不大于1.5 mm,在外壳下部设有钢制筛板,筛孔为长方形。鲜薯由进料斗送入转鼓与压紧齿刀之间而被破碎,破碎的糊状物穿过筛孔送入下道工序处理,而留在筛板上的较大碎块则继续被刨碎,并通过筛孔。

加工鲜马铃薯时,淀粉解碎系数应达到 90%~92%。解碎系数与转鼓转速、齿条齿锯数和筛孔大小等因素有关,转速越高,齿数越多,筛孔越小,则解碎系数越大,但动力消耗也会相应提高。高速锉磨机的转速一般在 40~50 r/s。锉磨机是破碎鲜薯的高效设备,生产效率高,动力消耗低,被粉碎的薯末在显微镜下呈丝状,淀粉得率高,缺点是设备磨损快。近年来,国外开始用针磨机粉碎马铃薯块茎,物料被定盘和动盘上高速运动着的针柱反复撞击粉碎,使淀粉游离出来,而纤维却不致过碎。

2. 锤片式粉碎机

锤片式粉碎机是一种利用高速旋转的锤片来击碎物料的机器,具有通用性强、调节粉碎程度方便、粉碎质量好、使用维修方便、生产效率高等优点,但动力消耗大,振动和噪声较大。锤片式粉碎机按其结构分为 3 种形式,切向进料式、轴向进料式和径向进料式,薯类淀粉加工厂使用的全是切向进料式,具体结构见图 3-13。

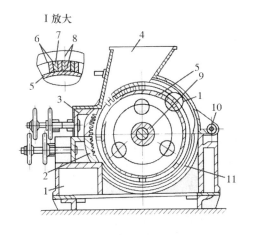

图 3-12　锉磨机的结构示意图
1—机壳　2,3—压紧装置　4—进料斗
5—转鼓　6—齿条　7—楔块　8—楔
9—轴　10—铰链　11—筛网

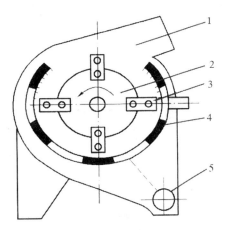

图 3-13　锤片式粉碎机示意图
1—进料斗　2—转子　3—锤片
4—筛板　5—出料口

工作时,物料从进料口进入粉碎室,首先受到高速旋转的锤片打击飞向齿板,然后与齿板发生撞击又被弹回。于是,再次受到锤片打击和齿板相撞击,物料颗粒经反复打击和撞击后,就逐渐成为较小的碎粒从筛片的孔中漏出,留在筛面上的较大颗粒再次受到锤片的打击,并在锤片与筛片之间受到摩擦,直到物料从筛孔中漏出为止。

三、细胞液分离的好处

马铃薯在被破碎时,细胞发生破裂,在淀粉颗粒被释放的同时,大量的细胞液也同时被释放出来,从马铃薯细胞中释放出来的细胞液是溶于水的蛋白质、氨基酸、微量元素、维生素及其他物质的混合物,天然的细胞液中含干物质 4.5％～7％。

破碎后立即分离细胞液有两点好处：一是可降低以后各工序中泡沫的形成，有利于重复使用工艺水(过程水)，提高生产用水的利用率，降低废水的污染程度；二是防止细胞液中的物质在酶作用下遇氧变色，影响淀粉质量。

四、细胞液分离设备的工作原理

分离细胞液的工作主要由卧式螺旋卸料沉降离心机完成(图 3-14)。卧式螺旋卸料沉降离心机简称卧螺，它造价低，对来料清洁度要求不太严格，特别适用于马铃薯淀粉的生产。

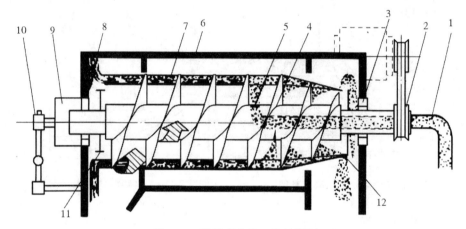

图 3-14　卧螺离心机工作示意图

1—进料管　2—三角皮带轮　3—右轴承　4—螺旋输送器　5—进料孔　6—机壳　7—转鼓
8—左轴承　9—行星差速器　10—过载保护装置　11—溢流孔　12—排渣孔

当料液通过进料管进入内转鼓后，因受离心力的作用，便沿转鼓内壁形成环状，料液中的淀粉等重液分别贴在外转鼓的内壁上，而水和其他轻液(包括细胞液)分别浮于淀粉表层形成环状带。淀粉由螺旋向转鼓小端推移，直至排出机外。分离出淀粉后的清液通过螺旋框架的空间流向转鼓大头，由溢流孔排出。

五、岗位要求及操作规程

1. 岗位要求

①破碎岗位负责破坏马铃薯组织结构，使马铃薯充分解体，以利于淀粉的提取。

②能熟练操作马铃薯破碎设备及细胞液分离设备。

③符合淀粉生产及制糖行业各技术领域的职业岗位(群)的基本任职要求。

2. 操作规程

①开机前必须仔细检查各运转部位、轴承及螺丝是否松动,并加润滑油,机内不得留有马铃薯及其他杂物;并先用手动空转后方能开机,待空转正常后,再打开水阀,投料生产。

②喂料要均匀,用水要适量。

③机器运转时,当听到机内有不正常的响声,应立即停机检查,并进行处理。要防止铁块、石块、木头等进入机内,如不慎把上述杂物带入机内,应立即停机排除,待杂物排除后,方能重新开机。

第五节 纤维的分离与洗涤

马铃薯块茎破碎后得到的淀粉浆除含有大量的淀粉外,还含有纤维和蛋白质等组分,这些物质会影响淀粉成品质量,通常先分离纤维,后分离蛋白质。把以淀粉为主的淀粉乳和以纤维为主的粉渣分离常采用筛分设备进行,包括离心筛、平面往复筛、六角筛(转动筛)等,较大的淀粉加工厂主要使用离心筛和曲筛。筛分工序包括筛分粗纤维、筛分细纤维、回收淀粉。

一、离心筛的工作原理

离心筛按其筛体主轴线位置可分为立式和卧式两种。按运动方法可分为锥形筛体旋转,喷浆嘴固定;筛体固定,喷浆嘴旋转;两者均固定,物料由喷浆嘴沿圆锥切线方向切入3种。我国多采用卧式的筛体旋转,喷浆嘴固定方式的离心筛。

锥形离心筛主要由筛体、筛网、外罩、喷浆嘴和喷浆管组成,如图3-15所示。转动锥体筛为基础结构,由不锈钢板卷制成,筛体面上有许多长形筛孔,筛孔大小视生产需要而定。外罩是包在筛体外面的圆筒形壳体,从筛网甩出的淀粉乳在此腔内集中,由出浆口输出。

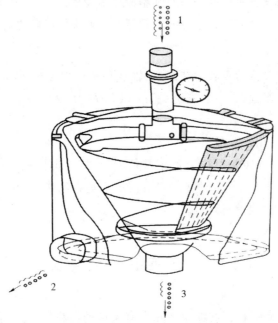

图 3-15 锥形离心筛（立式）的工艺流程

1—原料 2—淀粉乳 3—粉渣

离心筛是借助离心分离纤维的设备,工作原理是使破碎的马铃薯浆液由进料口加速后,均匀撒向筛体底部,由于离心力作用,物料沿离心筛筛体主轴线向上滑移,淀粉和水通过筛孔甩离筛体,汇集于机壳下部排出;而含纤维的渣子体积较大,被筛网所截,留存在筛网上,并逐渐滑向筛体大端,中间再用水喷淋洗涤,将纤维夹带的淀粉充分地洗涤下来。纤维在网面上移动过程中不断脱水,最后由筛体大口滑出,甩离筛体,排出机外,这样就将浆液分成淀粉乳和粉渣两部分。

离心筛具有筛分效率高、密封程度好、噪声低、占地面积小、更换筛网方便迅速等优点,但耗电量大,维修工作量大,有时还有振动、物料贴壁、存料等现象发生。实际生产中使用离心筛多是四级连续操作,中间不设贮槽,而是直接连接,粉浆靠自身重力自上而下逐级流下,对留在筛上的物料进行逐级逆流洗涤。

二、曲筛的工作原理

曲筛(图 3-16)在淀粉加工中可用来分离、洗涤胚芽和粗、细纤维,回收淀粉。曲筛的筛面呈弧形,由梯形不锈钢条拼制而成,钢条间构成细长的筛缝,筛缝间隙可根据加工原料的类型和组成来确定,一般在 $20\ \mu m$ 以下。常用的曲筛筛面弧形角为 $60°$ 和 $120°$。

工作时,糊状物料借助重力或以 $0.2\sim0.4\ MPa$ 的压力沿正切方向喷入筛面,并使其沿整个筛面宽度上均匀分布。物料的运动方向与筛面相切。在运动中,淀粉乳和小渣颗粒漏过筛孔,粗、细纤维则由筛面末端排出。

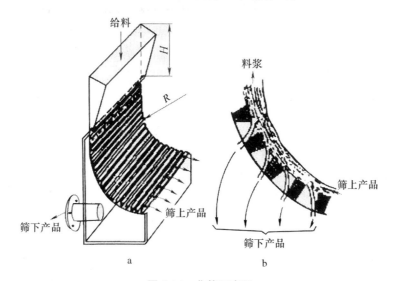

图 3-16　曲筛示意图

三、岗位要求及操作规程

1. 岗位要求

①纤维分离及洗涤岗位负责纤维分离及纤维洗涤等工作,提高淀粉回收率。
②能熟练操作离心筛和曲筛设备。
③符合淀粉生产及制糖行业各技术领域的职业岗位(群)的基本任职要求。

2. 操作规程

①开机前应先检查浆泵及各运行部位的轴承、筛面、阀门等是否保持清洁完好,然后按正常程序开机。
②控制进料速度,及时更换筛网。
③乳浆与薯渣的含粉量可以自检,用波美计测定乳浆浓度,用小方框筛网检查筛出的纤维,以不见乳浆为宜,每班由专人检验一次,纤维含粉量不得超过允许值。

第六节　淀粉乳的洗涤

　　筛分出来的淀粉乳,除淀粉外,还含有蛋白质、极细的纤维渣和沙土等,所以它是几种物质的混合悬浊液。依据这些物质在悬浮液中沉降速度不同,可将它们分开。分离蛋白质有多种方法,比较先进的是离心分离法和旋流分离法。

一、离心分离法

　　离心分离法是利用离心力来达到悬浮液及乳浊液中固-液、液-液分离的方法,实现离心分离操作的机械称为离心机。由于马铃薯淀粉乳中蛋白质含量比玉米淀粉乳少,一般采用二级分离,即用两台分离机顺序操作。以筛分后的淀粉乳为第一级分离机的进料,所得底流(淀粉乳)为第二级分离机的进料。二级分离应以产生好的底流(含淀粉多、蛋白质少)为主,通过控制回流和清水的量,可获得理想的分离效果。

二、旋流分离法

　　马铃薯淀粉原料中蛋白质含量较低,而且淀粉颗粒比玉米、小麦淀粉粒要大些,因此,采用旋液分离器(图 3-17)可有效地分离淀粉乳中蛋白质和其他杂质。和其他分离机相比,旋液分离器有很多优点:结构简单紧凑、无传动部分、占地面积小。

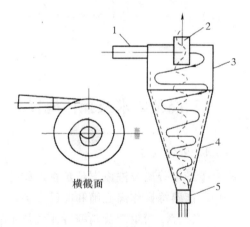

图 3-17　旋液分离器示意图
1—进料管　2—溢流管　3—圆管
4—锥管　5—底流管

三、岗位要求及操作规程

1. 岗位要求

①洗涤岗位负责进一步分离蛋白质等杂质,提高淀粉回收率。

②能熟练操作旋液分离器。

③符合淀粉生产及制糖行业各技术领域的职业岗位(群)的基本任职要求。

2. 操作规程

①开机前应认真检查所有紧固件是否拧紧；当机器运转正常后，要经常检查油面、转速、电压、功率等数据是否正常。

②在乳浆中断的情况下，应增加洗涤水进量，以免空气进入系统内。

③保证机器正常运转，确保分离效果。

第七节　淀粉乳的脱水与干燥

一、淀粉乳脱水设备的工作原理

经过精致的淀粉乳水分含量为 $50\%\sim60\%$，不能直接进行干燥，应先进行脱水处理。同玉米淀粉生产一样，脱水处理的主要设备是转鼓式真空吸滤机或卧式自动刮刀离心脱水机，经脱水后的湿淀粉含水量可降低至 $37\%\sim38\%$。

二、干燥设备的工作原理

为了便于运输和贮存，对湿淀粉必须进一步干燥处理，使水分含量降至安全水分下。中、小型淀粉厂使用较广泛的是带式干燥机，带式干燥机有多层带式干燥机（图 3-18）、单级穿流带式干燥机和多级穿流带式干燥机等。用不锈钢或铜网制成输送带，带有许多小孔，孔径约 0.6 mm，湿淀粉从进料口进入，送料输送带以很低的速度前进，在干燥室内被热空气干燥，达到规定的水分含量后，从卸料口卸出。干燥室被分成 3 个间隔，热风透过传送带和淀粉，各间隔的热风温度不同，从进口一端起温度逐渐升高，在最后一端进行冷却。

马铃薯淀粉干燥温度一般不能超过 $55\sim58℃$，温度超过此范围，会造成淀粉颗粒局部糊化、结块，外形失去光泽，黏度降低。

干燥淀粉往往粒度很不整齐，需要经过破碎、过筛等操作，进行成品整理，然后作为商品淀粉供应市场。带式干燥机得到的淀粉采用筛分方法处理，而气流干燥机得到的淀粉为粉状，可直接作为成品出厂。

气流干燥机是利用高速流动的热气流使湿淀粉悬浮在其中，在气流流动过程中进行干燥。气流干燥机具有干燥强度大，干燥时间短，物料温度低，结构简单，处

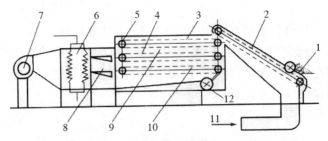

图 3-18 多层带式干燥机示意图

1—进料口　2—送料输送带　3—第一组链板输送带　4—第二组链板输送带

5—翻板　6—换热器　7—风机　8—分层进风柜　9—干燥室

10—第三组链板输送带　11—废气进口　12—卸料口

理量大,适应性和动力消耗较大等特点。气流干燥机按类型分为直管气流干燥机(图 3-19)、旋风气流干燥机和脉冲气流干燥机。

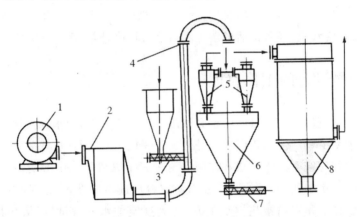

图 3-19 直管气流干燥机示意图

1—鼓风机　2—翅片加热器　3—螺旋加料器　4—干燥管

5—旋风分离器　6—贮料斗　7—螺旋出料器　8—袋滤器

直管气流干燥机的生产工艺流程是湿料由加料器加入干燥管,空气经鼓风机鼓入翅片加热器,加热到一定温度后吹入干燥管,在管内的速度决定于湿颗粒的大小和密度,一般大于颗粒的沉降速度(10～20 m/s)。已干燥的颗粒被强烈气流带出,送到两个并联的旋风分离器分离出来,经螺旋出料器送出,尾气则经袋式过滤器放空。由于停留时间短,对某些产品往往须采用二级或多级串联流程。

三、岗位要求及操作规程

1. 岗位要求

①干燥岗位负责脱去马铃薯淀粉的水分,便于贮存。

②熟练操作淀粉干燥相关设备。

③符合淀粉生产及制糖行业各技术领域的职业岗位(群)的基本任职要求。

2. 操作规程

①开机前应检查各机器、部件状态是否正常,并进行必要的加油、紧固。

②开机顺序:先打开供汽阀,使蒸汽进入散热器,再打开疏水阀,排除冷凝水1~2 min,然后启动引风机3~5 min预热(尾气温度达到100℃左右时)再启动扬升器及闭风器。各部运转正常后,方能落湿淀粉进机。湿粉经扬升器吹动后,测定引风机排出温度应控制在45℃左右。进料要均匀,温度要稳定,蒸汽压力要保持在0.8 MPa以上。

③接粉工应能熟练地预测产品含水量,淀粉湿度应控制在13.5%左右为宜,如有差异,应立即告知投料工进行适当的调节;接粉工应随时全面检查淀粉湿度及其他情况。

④停机时,应先停止进料,空转2 min后,待塔内淀粉全部吹干净后,再全面停机。

⑤接粉工要进行成品淀粉水分、色泽、外观的自检和互检,每2 h检验1次,同时均匀取样给化验室检验。衡器应在接班前校正好,确保产品包够数。领用的包装袋要点数,并办理出库手续。

第四章

甘薯淀粉的生产及深加工技术

第一节　以鲜甘薯为原料淀粉的生产

甘薯又名红薯、白薯、番薯、红苕、地瓜、山芋、土瓜、红土瓜。原产于南美洲的秘鲁、厄瓜多尔及墨西哥一带,因其具有适应性广、繁殖力强、栽培简便、高产稳收、营养丰富、用途广泛等特点,全世界有 100 多个国家和地区种植甘薯,其中绝大多数属于发展中国家。

鲜甘薯的结构和组成成分因产地和品种有差异,其形状、大小和组成也相差甚大。甘薯有纺锤形、圆锥形、圆形、块状等形状。其形状一般为两头带尖的椭圆形,表面有槽或无槽,长有一些细根。甘薯的表面有的光滑平整,有的粗糙,也有的带有深浅不一的数条纵沟。甘薯的表皮一般有白、黄、红、黄褐色等颜色;薯肉一般有白、黄红、黄橙、黄质紫斑、白质紫斑等颜色。从结构上看,它由表皮层、外部果肉和内部果肉组成。

鲜甘薯块茎含水量占总重的 $60\%\sim80\%$,淀粉含量为 $15\%\sim20\%$。甘薯组分的典型分析为:水分 71.4%、碳水化合物 25.2%、蛋白质 2%、粗纤维 0.4%、脂肪 0.2%、灰分 0.8%,另有各种维生素。在碳水化合物中以淀粉为主,其他为 $3\%\sim5\%$ 的蔗糖、糊精、葡萄糖、果糖及戊糖等。另外甘薯还有一些不利于淀粉加工的物质,如酚类氧化酶、果胶、淀粉酶等。酚类氧化酶在鲜薯破碎后与酚类物质作用形成黑色素;果胶黏附力极强,易糊在筛面和分离机碟片,不利于筛分和蛋白质分离等;淀粉酶能水解少量淀粉为糖,不仅影响淀粉得率而且糖在条件适宜时会发酵使悬浮液 pH 降低,以致降至水溶性蛋白质的等电点时导致水溶性蛋白质析出变为暗绿色不溶性浆状物附着于淀粉表面,降低淀粉的品质。所有这些必须在加工中设法克服。

甘薯淀粉的生产即在水的参与下,借助淀粉粒不溶于冷水及相对密度比其他成分大的性质,使淀粉、薯渣及可溶性物质相互分离,从而获得较纯的成品淀粉。

生产甘薯淀粉因所用原料的状态不同,分为鲜薯淀粉和薯干淀粉两种生产工艺。鲜薯由于不便运输和贮存,多半在收获后立即加工,季节性很强,不能满足工厂常年生产需要。所以,鲜薯淀粉生产多属小型工厂或农村传统手工生产。工业化生产以薯干为原料,技术先进,产量高,淀粉得率可达80％以上。

一、对生产原料的要求

用于淀粉生产的鲜甘薯要求甘薯块根淀粉含量高,薯肉白色(或淡黄色),肉质为粉质,淀粉含量高,所含可溶性糖、蛋白质、纤维和多酚类物质少。收购时应选择土块、杂质含量少,薯皮光洁完整、无损伤、无蛀虫、无病斑,没有受过涝害和冻害的薯块,横切面冒水少,乳汁流出较多,肉质坚实的薯块为最好。

二、鲜薯淀粉的生产过程

1. 工艺流程

鲜薯淀粉生产工艺流程如图 4-1 所示。

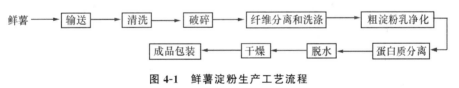

图 4-1 鲜薯淀粉生产工艺流程

2. 操作要点

(1)原料输送。原料从贮仓或堆场送到清洗工段可由皮带输送机、斗式提升机、刮板输送机、百叶板链式输送机、流水输送槽、装载机、螺旋输送机等机械完成。

(2)清洗。将鲜薯输送至清洗机喷淋洗涤或输送至带叶桨转动主轴的洗涤槽中,槽截面呈 U 形,注满水,薯块被叶桨翻动前进,搓洗,用水浸渍效果好。主要设备有带叶桨的洗涤槽(长 4～12 m、宽 1 m)、鼠笼式清洗机(长 2～4 m、直径 0.6～1 m)、滚筒式清洗机(长 5～6 m、直径 0.8～1 m)。采用洗涤槽与滚筒清洗机配合使用,洗涤效果极佳,去皮率达 80％。

(3)粗破碎。粗破碎的目的在于破坏鲜薯块根组织,破坏细胞壁,使细胞液中淀粉颗粒游离出来。因鲜薯含水高,组织脆嫩,常用破碎设备有锤式粉碎机、爪式粉碎机、锉磨机、包丝机等。目前最好方式为带圆孔筛底和锉锷的锤片式粉碎机。

(4)细破碎。为进一步提高淀粉游离率,还需进行细破碎,可先提浆再细破碎或粥浆渣直接细破碎。主要设备可采用锤式粉碎机、冲击磨、金刚砂磨、石磨。常使用锤式粉碎机或冲击磨。粗破碎淀粉游离率可达80%左右,细破碎后淀粉游离率可达90%以上。

(5)纤维分离与洗涤。磨浆后淀粉、蛋白质、纤维等混合在一起,必须先分离取出纤维渣。对料液进行筛分处理,筛上物为纤维渣,筛下物为粗淀粉浆。常用设备有曲筛(重力曲筛、压力曲筛)、平筛(双层振动平筛、单层多排振动平筛)、离心筛(卧式锥形离心筛、立式锥形离心筛、半圆筒筛)等。较好方法为压力曲筛或平筛提粉。纤维洗涤采用逆流工艺既省水又能提高工艺浓度,采用立式锥形离心筛效果较佳。纤维渣洗涤后游离淀粉含量不超过5%(以干基计)。

(6)粗淀粉乳净化。粗淀粉乳中含有蛋白质、可溶性糖、色素、果胶、细渣、泥沙等。因粗淀粉乳浓度低,只有3～5°Bé(相对密度1.021 2～1.035 9),极易净化处理。一般采用高目数筛去除部分细渣、色素、粗沙等,采用沙石捕集器去除粗沙、铁石,采用除沙旋流器去除细小泥沙。主要设备为离心回转筛、沙石捕集旋流器、除沙旋流器,除沙效率可达95%以上。

(7)蛋白质分离。粗淀粉乳中所含的蛋白质、细纤维、可溶性糖及色素物质必须清除以纯化淀粉。目前工业上多用较为先进的碟片型分离机、卧式螺旋沉降离心机和旋液分离器。常采用两级碟片型分离机或一级碟片型分离机与五级旋液分离器配合使用。淀粉乳经分离浓缩后浓度达17～22°Bé(相对密度1.133 5～1.179 9),去杂率达80%以上,蛋白质含量低于0.2%。

(8)脱水干燥。精淀粉乳为浓度在30%以上的悬浮液,必须经过脱水机甩干。目前多采用卧式刮刀离心机,脱水后湿淀粉含水35%～40%。干燥方法使用较多的为一级负压脉冲干燥。烘干后淀粉含水14%～16%,尾气温度为45～55℃。

三、岗位要求及操作规程

1. 岗位要求

①预处理岗位要求对甘薯进行除杂清理,满足生产投料需要。
②淀粉分离岗位要求除去淀粉乳中的蛋白质和可溶物,精制为合格的淀粉乳。
③淀粉脱水岗位要求熟悉操作卧式刮刀离心机,除去湿淀粉中的游离水分。
④符合淀粉生产及制糖行业各技术领域的职业岗位(群)的基本任职要求。

2.操作规程

(1)淀粉分离岗位。

①提前 5 min 打开油杯,向离心机轴承供油,调整油量为 6～8 滴/min,应看到油从排出阀滴出。

②启动分离机,注意观察电流变化及离心机振动情况,如果持续振动或振动突然增大,应立即停车检查处理。

③电流回落时,按"运转"键进行切换,电机正常启动时间为 6 min 左右。

④打开回流洗水阀门至正常流量。

⑤启动旋转过滤器,通知贮槽向分离机供料。

⑥逐渐开启进料阀门至规定流量,保持电流在 90～110 A。

⑦调节回流挡板,控制适当的回流量。

⑧调节底流控制阀门,逐渐调整至需要的底流浓度。

⑨经常检查油杯注油、电流、进出料浓度、泡沫等情况。

(2)淀粉洗涤岗位。

①准备好洗水,通知贮槽岗位向洗涤前贮罐供料。

②开启各旋流泵的冷却水。

③启动洗水泵,打开放料阀门,见有水流出后立即关闭。

④逐渐打开进料阀门,并调整洗水量至正常。

⑤停车时反向操作,待系统中充满清水后停车。

(3)淀粉脱水岗位。

①铺平压好毡布与滤布,关好门盖。

②启动油站及离心机。

③按加料按钮,控制加料量。

④按程序进行虹吸、撇液、脱水、卸料。

⑤及时将滤液泵回到分离前贮罐。

(4)淀粉干燥岗位。

①接脱水岗位通知后,逐渐开启加热器蒸汽阀门,对加热器预热并检查疏水器疏水情况。

②及时调整料箱电机转速,控制好干淀粉水分。

③按要求计量准确。

第二节　以甘薯干为原料淀粉的生产

一、对生产原料的要求

鲜甘薯收获后,通常将它切成片状或丝状,经过日晒或火力干燥后,制成甘薯干。

二、薯干淀粉的生产过程

1. 工艺流程

薯干淀粉生产工艺流程如图 4-2 所示。

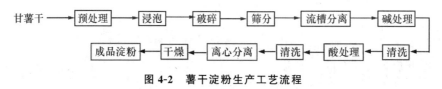

图 4-2　薯干淀粉生产工艺流程

2. 操作要点

(1)预处理。甘薯干在加工和运输过程中混入了各种杂质,所以必须经过预处理。方法有干法和湿法两种。干法是采用筛选、风选及磁选等设备;湿法是用洗涤机或洗涤槽清洗除去杂质。

(2)浸泡。为了提高淀粉出率可采用石灰水浸泡,浸泡液 pH 为 $10\sim11$,浸泡时间约 12 h,温度控制在 $35\sim40\,℃$,浸泡后干薯片的含水量为 60% 左右。然后用水淋洗,洗去色素和尘土。

用石灰水浸泡干薯片的作用:①使干薯片中的纤维膨胀,以便在破碎后和淀粉分离,并减少对淀粉颗粒的破碎;②使干薯片中色素溶液渗出,留存于溶液中,可提高淀粉的白度;③石灰钙可降低果胶等胶体物质的黏性,使薯糊易于筛分,提高筛分效率;④保持碱性,抑制微生物活性;⑤使淀粉乳在流槽中分离时,回收率增高。

(3)破碎。破碎是薯干淀粉生产的重要工序。破碎的好坏直接影响到产品的质量和淀粉的回收率。浸泡后的干薯片随水进入锤片式粉碎机进行破碎。一般采用二次破碎,即干薯片经第一次破碎后,筛分出淀粉,再将筛上薯渣进行第二次破碎,然后过筛。在破碎过程中,为降低瞬时温升,根据二次破碎粒度的不同,调整粉浆浓度,第一次破碎为 3～3.5°Bé(相对密度为 1.021 2～1.024 8),第二次破碎为 2～2.5°Bé(相对密度为 1.014 0～1.017 6)。

(4)筛分。经过破碎得到的甘薯糊,必须进行筛分,分离出粉渣。筛分一般分粗筛和细筛 2 次处理。粗筛使用 80 目尼龙布,细筛使用 120 目尼龙布。在筛分过程中,由于浆液中所含有的果胶等胶体物质易滞留在筛面上,影响筛分的分离效果,因此应经常清洗筛面,保持筛面畅通。

(5)流槽分离。经筛分所得的淀粉乳,还需进一步将其中的蛋白质、可溶性糖类、色素等杂质除去,一般采用沉淀流槽,相对密度大的淀粉沉于槽底,蛋白质等胶体物质随汁水流出至粉槽,沉淀的淀粉用水冲洗入漂洗池。

(6)碱、酸处理和清洗。为进一步提高淀粉乳的纯度,还需对淀粉进行碱、酸处理。用碱处理的目的是除去淀粉中的碱溶性蛋白质和果胶杂质。用酸处理的目的是溶解淀粉浆中的钙、镁等金属盐类。淀粉乳在碱洗过程中往往增加了这类物质,如不用酸处理,总钙量会过高,用无机酸溶解后再用水洗涤除去,便可得到灰分含量低的淀粉。

(7)离心脱水。清洗后得到的湿淀粉的水分含量达 50%～60%,用离心机脱水,使湿淀粉含水量降到 38% 左右。

(8)干燥。湿淀粉采用气流干燥系统干燥至水分含量为 12%～13%,即得成品淀粉。

三、岗位要求及操作规程

1. 岗位要求
①浸泡岗位要求应用石灰水浸泡及管理,提高淀粉出率。
②符合淀粉生产及制糖行业各技术领域的职业岗位(群)的基本任职要求。

2. 操作规程
预处理岗位、淀粉洗涤岗位、淀粉脱水岗位、淀粉干燥岗位的操作规程和以鲜甘薯为原料的淀粉生产的操作规程类似,这里不再重复。
浸泡岗位操作规程为:
①加料前落实投料浸渍罐,检查管路阀门是否打开。
②向罐内送石灰水,待罐投满料后,关闭输送泵。
③及时清理浸渍罐内的沙石。
④投料过程中,必要时将甘薯芯捞出。

第五章

豆类淀粉的生产及深加工技术

第一节　熟悉豆类淀粉工艺流程

豆类淀粉是淀粉四大来源之一,一般豆类淀粉中直链淀粉的含量比较高,具有热黏度高、凝胶透明度高、凝胶强度强等优良性能,是制备粉丝、粉皮等的良好原料,例如以绿豆及豌豆为原料制作粉丝,就是利用其直链淀粉凝沉性好的特点。而小豆淀粉中支链淀粉的含量较高(43.4％～60.7％),相对分子质量大,易于膨化,且膨化率大,有利于生产豆沙和膨化食品。

一、豆类的化学成分

豆类分大豆类(黄豆、黑豆和青豆)和其他豆类(包括豌豆、扁豆、蚕豆、绿豆、小豆、芸豆等)。大豆中含有较高的蛋白质,脂肪含量中等,碳水化合物含量相对较低;其他豆类中蛋白质含量中等,碳水化合物含量较高而脂肪含量较低。用作淀粉加工的豆类主要是绿豆、豌豆、蚕豆等。

二、豆类淀粉的结构

1. 淀粉的晶体结构

X 射线衍射法证明淀粉都具有一定的晶体结构,完整淀粉颗粒具有 3 种类型的 X 射线衍射图样,分别为 A,B,C 型。豆类淀粉多为 C 型(例如:绿豆、眉豆为 A

型,扁豆、蚕豆为 C 型),C 型可能是 A 型和 B 型的混合物。

不同种类豆类淀粉颗粒的结构有很大的区别,图 5-1 为用扫描电子显微镜(SEM)得到的几种豆类淀粉颗粒结构影像。

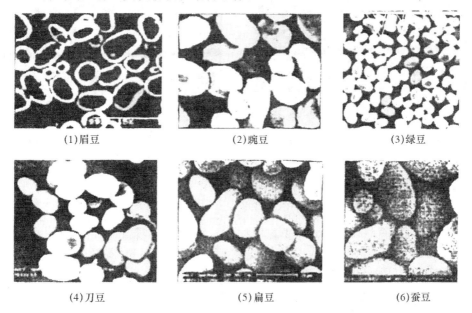

(1)眉豆　　　　　　　　(2)豌豆　　　　　　　　(3)绿豆

(4)刀豆　　　　　　　　(5)扁豆　　　　　　　　(6)蚕豆

图 5-1　用扫描电子显微镜(SEM)得到的几种豆类淀粉颗粒结构影像

2. 淀粉颗粒的轮纹与偏光十字

淀粉颗粒在 $400\times\sim500\times$ 显微镜下观察,常可以看到表面有轮纹结构,又称层状结构,各轮纹层围绕的一点称"粒心",或称"脐"。不同种类的淀粉颗粒根据粒心和轮纹的不同分为单粒、复粒和半复粒。单粒,只有一个粒心;复粒,由几个单位粒组成,具有多个粒心;半复粒,内部有两个单粒,各有各的粒心和环层,但最外围的几个环轮是共同的;还有些淀粉颗粒,开始生长时是单个粒子,在发育中产生几个大裂缝,但仍然维持其整体性,这种颗粒称为假复粒,豌豆淀粉颗粒就属于这种类型。

淀粉颗粒在偏光显微镜下观察时,颗粒被黑色的十字分成 4 个白色的区域,称为偏光十字。不同品种的淀粉颗粒其偏光十字的位置、形状和明显的程度有所不同。如图为豆科作物眉豆(图 5-2)和扁豆(图 5-3)的偏光十字图。

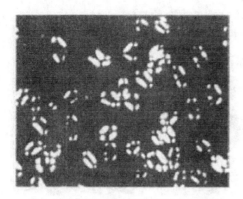

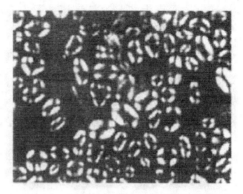

图 5-2　眉豆淀粉颗粒的偏光十字照片　　　　图 5-3　扁豆淀粉颗粒的偏光十字照片

三、豆类淀粉的工艺流程

淀粉的生产工艺流程一般包括清理除杂、样品破碎、纤维分离、蛋白分离、淀粉洗涤、脱水干燥。但随样品品种的不同及生产方法不同，具体操作也有差异，其一般简易工艺流程如图 5-4 所示。

原料豆→清理→浸泡→破碎→浮选分离→磨粉→筛分→洗涤→分离→脱水→干燥→成品
　　　　　　　↓浸泡液　　　　↓豆皮　　　　↓渣　　　↓蛋白浆

图 5-4　豆类淀粉生产的一般简易工艺流程

根据生产需要，某些生产企业采用二次磨浆工艺，传统绿豆淀粉生产工艺流程如图 5-5 所示。

原料豆→浸泡→水洗→破碎→过滤→二次破碎→二次过滤→三次过滤→分离→沉淀
　　　　　　　　　　　↓豆皮　　　　　　　　　　　　成品←干燥←脱水

图 5-5　传统绿豆淀粉生产工艺流程

第二节　豆类淀粉的生产

一、豆类淀粉生产方法

目前,国内外豆类淀粉生产方法有 3 种,即酸浆法、离心分离法和旋流分离法。

1. 酸浆法

酸浆法是生产绿豆淀粉、豌豆淀粉及粉丝的传统工艺方法。其原理是利用酸浆的微生物使淀粉凝集成团沉淀,同时利用了酸浆中的乳酸使豆粕在沉淀过程中保持一定的 pH,以利于淀粉和蛋白质、纤维素等其他物质的分离。由于此法采用的酸浆是通过自然发酵得到的,受气候影响很大,而且操作较为烦琐,经验性强,不适合机械化连续生产,而且采用此法生产会导致豆类的蛋白质不利于综合利用。

2. 离心分离法

离心分离法是利用离心机来分离淀粉和蛋白质。

3. 旋流分离法

旋流分离法使用亚硫酸处理,促进淀粉与蛋白质的分离。

综合以上 3 种方法各有其优缺点,酸浆法受气候影响大,操作烦琐,不易掌握,废水处理量大;而离心分离法可克服以上不足,便于工业化生产,产品质量稳定,废水少,利于综合利用;旋流分离法综合二者的优点,同时还可以增加淀粉的白度。

二、豆类淀粉的生产过程

重点介绍离心分离法和旋流分离法这两种方法的生产过程。

1. 离心分离法

离心分离法的工艺流程如图 5-6 所示。

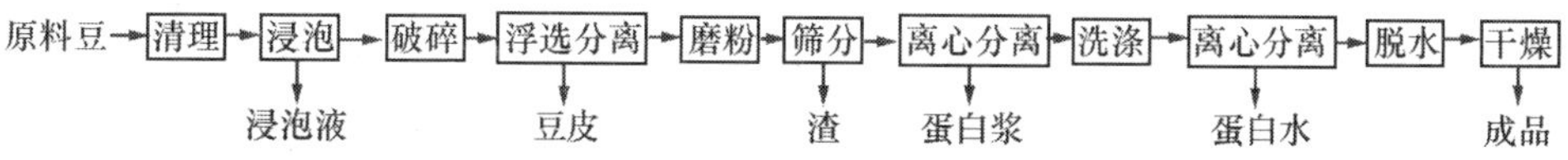

原料豆 → 清理 → 浸泡 → 破碎 → 浮选分离 → 磨粉 → 筛分 → 离心分离 → 洗涤 → 离心分离 → 脱水 → 干燥

浸泡液　　　　　　豆皮　　　　　　　渣　　蛋白浆　　　　　蛋白水　　　　　成品

图 5-6　离心分离法工艺流程

(1)清理与浸泡。首先原料豆经振动筛除杂。振动筛分两层,经过上层筛(对绿豆用筛网孔径 5 mm)除去较大颗粒的杂质。通过下层筛(对绿豆用筛网孔径 1.5 mm)除去较小颗粒的杂质。然后经比重去石机去除并肩石。

除去杂质的豆输入浸泡罐或浸泡池中浸泡。浸泡有两种方法,即温水浸泡法和凉水浸泡法。温水浸泡是用 40～43℃ 的温水浸泡 10 h 左右,泵出浸泡液,然后用后序工段淀粉脱水的分离水继续浸泡 4～6 h。取豆观察无生芽、掉皮现象,手捏挤豆皮很容易脱落,豆瓣发脆,容易扭断并且中间无硬心,即可立即破碎。凉水浸泡法,即将豆用 4～5 倍自来水浸泡 45 h 左右,中间要换水 3 次。凉水浸泡法周期长、耗能低、适合小型生产。温水浸泡法周期短,淀粉易分离,得率高,是常用的方法。

(2)破碎、分离豆皮。浸泡好的豆,先加入后序工段的蛋白水搅拌清洗,由泵输入沙石捕集器除去沙石后,滤去输送水,豆按一定比例加清水送入破碎机破碎成 4～6 瓣,豆皮脱离子叶。然后进入浮选分离槽,破碎物料在槽中缓慢搅动下,豆皮漂浮于分离槽表面,通过溢流口排出,经过筛分离出豆皮,筛下浆液与粗豆粉浆合并进入下道工序。

(3)磨粉与筛分。磨粉设备可采用针磨或金刚砂磨,分两步完成。粗豆粉浆加入 1 倍量的工艺水(过程水)进入磨中磨制,然后通过筛分(筛网孔径 0.2 mm)筛出粗渣,粗渣再加 3 倍量的工艺水稀释后进行二次磨制,然后筛分(筛网孔径 0.15 mm)出豆渣,并经工艺水洗涤,豆渣用于加工饲料。筛分设备可采用锥形离心筛或曲筛。经两次筛分出的淀粉乳送去分离。

(4)分离、洗涤。除去皮、渣后的淀粉乳中除淀粉外,还含有蛋白质及可溶性有机物等。由于它们的相对密度都比淀粉小,故可采用碟片型离心机分离,经第一级离心分离机分离得到的浓淀粉乳用清水稀释洗涤后进入第二级离心分离机分离。

(5)脱水、干燥。经两级离心分离洗涤得到的淀粉乳中除淀粉外,还含有不到 0.7% 的蛋白质。采用刮刀离心机进行淀粉乳脱水,可进一步除去其中的蛋白质。脱水后的湿淀粉含水 40% 左右,经气流干燥得到水分含量为 14% 的干淀粉,淀粉纯度在 99.0% 以上。磨粉筛分得到的豆渣,含有碳水化合物、蛋白质、粗纤维、脂肪、灰分及铁、磷、钙等多种物质。湿豆渣可直接作为饲料出售,也可将豆渣与豆皮混合,经脱水干燥、粉碎制成饲料,或可将豆皮单独制成食用纤维。

离心分离出的蛋白浆,主要含蛋白质,还含有碳水化合物、细纤维、脂肪、灰分等,可采用等电点法和超滤法提取蛋白质,也可将其加工成豆腐。将蛋白浆加热煮沸 10 min,然后冷却至 50℃ 左右加入蛋白质凝固剂——葡萄糖酸内酯搅匀,使蛋白质凝固,然后压榨成豆腐或豆腐干供食用。

2. 旋流分离法

旋流分离法的工艺流程如图 5-7 所示。

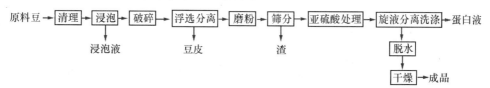

图 5-7　旋流分离法工艺流程

从流程中可以看出,磨粉、筛分以前的工序与离心分离法相同,分离豆渣后的粉浆用亚硫酸处理有利于浆液中淀粉与蛋白质的分离,起到酸浆法中酸浆的作用,缩短了处理时间,抑制了自然发酵,增加了淀粉的白度。采用 0.05%~0.1% 的亚硫酸溶液即可。

经亚硫酸处理后的淀粉乳用两级旋液分离器分离蛋白质,分离得到的蛋白液可用于回收食用蛋白粉。分离蛋白质后的淀粉乳再用四、五级旋液分离器逆流洗涤,进一步净化得到精制淀粉乳。洗涤水可用于亚硫酸的制备。最后将精制淀粉乳脱水干燥即得到成品干淀粉,或将精制淀粉乳用于制粉丝。

该工艺设备简单,投资小,占地面积小,耗电量低,操作简单。

三、岗位要求及操作规程

1. 岗位要求

①除杂岗位要求按加工量处理原料,安全操作振动筛及去石机。

②浸渍岗位要求按照工艺规定的水温准备工艺水,及时检查浸渍程度。

③脱皮岗位要求安全操作沙石捕集器、破碎机,筛除豆皮后,合并筛下浆液与粗豆粉浆进入下道工序。

④磨筛岗位要求工艺水配比适当,安全操作磨粉设备及筛分设备。

⑤贮槽岗位要求掌握好磨筛系统中的物料平衡,调整物料稠度。

⑥分离岗位要求安全操作碟片式离心机或旋液分离器,采用旋流分离法还要添加一定浓度的亚硫酸溶液。

⑦洗涤岗位要求安全操作离心机,采用四、五级旋液分离器逆流洗涤的要检查管道密闭性。

⑧脱水岗位要求安全操作刮刀离心机,湿淀粉含水 40% 左右。

⑨干燥岗位要求气流干燥后水分含量为 14%,并进行计量包装。

⑩符合淀粉生产及制糖行业各技术领域的职业岗位(群)的基本任职要求。

2. 操作规程

(1)振动筛操作规程。

①开机前必须仔细检查各运转部位、轴承及螺丝是否松动,并加润滑油,开车时,筛船必须保持静止,振动器皮革要张紧。

②设备空转正常后进料,启动后观察振动是否平衡,有无撞击或摩擦的地方,随时注意发动机的温度和异常声响。

③停机前先停止给料,再关下闸刀。

(2)去石机操作规程。

①开机前,应仔细检查设备各部件、电器控制部位完好情况。

②开机后,等空转正常方可进料,并注意调整好进料流量和进风,保持筛面上物空悬浮或半悬浮状态。

③根据排石情况调整精选风门,生产过程中走单边、旋漏死角等情况应立即检查校对。

④各鱼鳞筛面匀风板、进风门等都是气流通过的物件,要随时清理堵塞物,使之畅通无阻。

⑤注意使用动轴承电机,发现有溢漏油、松动等现象,应立即采取措施。

⑥定期对设备润滑部位加油润滑,并防止润滑油漏入产品中。

⑦停机后不得在筛内留有各物料,要仔细检查设备、电器情况。认真做好操作记录。

(3)破碎机操作规程。

①开机前必须仔细检查各运转部位、轴承及螺丝是否松动,并加润滑油,机内不得留有杂物;并先用手动空转三转后方能开机,待空转正常后,再打开水阀,投料生产。

②喂料要均匀,用水要适量:一般破碎成 4～6 瓣,豆皮脱离子叶,并注意观察 55 kW 电机电流表在 105 A 以下为宜,75 kW 电机电流在 140 A 以下为宜。

③机器运转时,当听到机内有不正常的响声,应立即停机检查,并进行处理。要防止铁块、石块、木头等进入机内,如不慎把上述杂物带入机内,应立即停机排除,待杂物排除后,方能重新开机。

④停机顺序为先停止喂料,待把机内的原料处理完后,再将豆粕浆冲洗干净,才能将破碎机停下。停机后要做好地面、设备、环境的清洁卫生;切勿用水冲洗电机,以免发生触电事故。

(4)针磨或金刚砂磨操作规程。

①空转正常后再进料,如果有异常声响,先停止进料,再停机检查。

②停止进料后再停机,并做好卫生清理工作。

(5)曲筛、立筛操作规程。

①开机前应先检查浆泵及各运行部位的轴承、筛面、阀门等是否保持清洁完好,然后按正常程序开机。运行中要经常检查喷浆嘴,要求喷浆嘴对准筛面,射面要均匀,其工作压力应保持在 0.3~0.4 MPa,以保证各部位运转正常;每班要进行不定期的清理,每小时应用高压喷枪清洗一次,每周进行一次大清理,以保持喷浆嘴、筛面干净畅通,工作环境清洁卫生。

②如发现乳浆有颗粒,则说明筛条(筛网)已漏,应立即更换筛网;如发现乳浆过稀,则说明用水过多;如发现乳浆过浓,则说明用水不够,以上情况均应进行调整。

③交接班前应做好全面清理工作,对损坏的筛网及零件进行修复或更新,并做好记录,然后交班。

(6)碟式分离机操作规程。

①开机前应认真检查所有紧固件是否拧紧,刹车手把是否在开车位置;转鼓体必须按规定仔细检查和正确装配,从视镜处拨动转鼓体在松开刹车的情况下,转鼓体能无约束地转动,不得碰擦;机身的油面应在计量玻璃中间,玻璃面保持清洁,以免出现虚假油面;下进水经检验应符合饮用水标准;各部件经检查均达正常后,方可开机。

②开机顺序:先开油泵电动机,打开清水阀,待油压表指示在 1.6~2 MPa 时,开动主电机(切记转向应与箭头一致)。主机启动时间控制在 70 s 左右,待转速达到 4 000~4 200 r/min 后,才能进浆。

③当机器运转正常后,要经常检查油面、转速、电压、功率等数据是否正常。要求乳浆一定经过除沙器、过滤器,浓度应控制在 6°Bé(以 DPF-445 碟式分离机为例,流量应控制在 20~25 m³/h,一级尾水控制在 0.05°Bé 左右,二次进碟片机的乳浆浓度应控制在 12°Bé,二级尾水控制在 1°Bé 左右,并进行回收)。乳浆通过时,应检查乳浆消耗通过过滤器情况。必须安装过滤器,其网孔不得大于喷嘴孔径,并经常检查进口处乳浆不得带有大于喷嘴孔径的颗粒,进料压力一般为 0.1~0.15 MPa,洗水压力一般为 0.05~0.1 MPa,以免损坏密封环。

④在乳浆中断的情况下,应增加洗涤水进量,以免空气进入系统内。若空气进入系统内,使水泵的作用失效,这时应拧开水泵排气阀排除气体。运转过程中,如发现机器有异常声或机器振动过大时,应立即停止进料,并上报车间;故障排除后,方能重新开机。严禁机器带病工作。

⑤停机时,应先停主机,待转鼓完全停止后,才能停下油泵及进水泵。切记油

泵、进水泵不得与主机同时停机,以免烧坏轴承及密封装置;在运转过程中,如遇突然停电,应先断开主机电源,同时打开预备水阀的阀门,待转速降至 2 500 r/min 时,方可使用刹车手把停机,而且只能使用点刹。为防止突然停电、停水,保证密封环及轴承无损,要设有高位水箱,待停水时打开水阀,防患于未然。

⑥为保证机器正常运转,确保分离效果,每班应对转鼓内腔、喷嘴及碟片进行清洗,每 5 天要进行 1 次大清洗,彻底清洗喷嘴、碟片,应无淀粉、蛋白等杂物。拆卸、安装时,应严格按照说明书操作规范进行,应按各台机转鼓、碟片编号安装,不允许调换,更不允许台机调换,以保证转鼓的平衡精度。

⑦在转鼓未完全停止前,不得松开机器上的任何零部件。停机后,应将机器冲洗擦拭干净,以保持设备、环境的清洁卫生。冲洗时必须防止将水冲入电动机内。

⑧做好各种原始记录,清点使用工具,做好交接班工作。

(7)刮刀离心机操作规程。

刮刀离心机的作用是降低湿淀粉含水量,为烘干创造有利的工作条件,以提高工作效率,节约能源。其操作规程如下:

①要求进浆浓度控制在 20～22°Bé,使用环流桶进浆(环流桶应放置在刮刀离心机上方)。湿淀粉水分控制在 40% 以下,并将湿淀粉输送到烘干机料斗内备用。

②启动前必须检查各部件是否紧固,并进行全面空车运行。启动前要安装好离心机滤布、放下卸料杆,待运转正常后,再放水湿润滤布,关好离心机门并拧紧;打开浆阀,小进浆几秒,使转鼓平衡,然后大小进浆各 25 s 左右,间隔 3～5 s,以观察排水情况,如已没有水排,再进行卸料。如此循环往复。

③离心机抛出的水,仍含有一定的淀粉,浓度应控制在 2°Bé 以下,并进行尾粉回收。

④下班前,要清理场地、离心机转鼓、搅拌罐及输送机等,并清洗滤布。做好各种原始记录后交班。

(8)烘干机操作规程。

①开机前应检查引风机、电动机、扬升器、闭风器、轴承、旋风分离器、成品筛等,各机器、部件状态是否正常,并进行必要的加油、紧固。如发现异常情况,应立即进行处理,待各部件正常后方可开机。

②开机顺序:先打开供汽阀,使蒸汽进入散热器,再打开疏水阀,排除冷凝水 1～2 min,然后启动引风机 3～5 min 预热(尾气温度达到 100℃ 左右时),再启动扬升器及闭风器。各部运转正常后,方能落湿淀粉进机。湿粉经扬升器吹动后,测定引风机排出温度应控制在 45℃ 左右。进料要均匀,温度要稳定,蒸汽压力要保持在 0.8 MPa 以上。

③随时全面检查淀粉湿度及其他情况。

④停机时,应先停止进料,空转 2 min 后,待塔内淀粉全部吹干净后,再全面停机。如遇停电,应拉开电源开关,待重新开机时,需用手转动引风机,运转自如,确认无阻碍后才能启动。如有异常,应检查、排除异常后再启动。如筛出的成品有颗粒,则说明筛网已漏,需及时修补、更换。

⑤产品包装要有合格证、班号、生产日期。缝包要牢固,不跳线、不崩袋、不漏粉;产品摆放要整齐、规范,地面需铺垫两层塑料薄膜,行与行之间留出一定的距离,作为人行通道及搬运通道;烂袋及不合格袋均应办理退库手续。

(9)泵操作规程。

①开机前,应检查泵的叶轮是否能够灵活转动,如转动困难,说明乳浆已沉淀,应手动转动三转后,方可启动。

②开机后应打开阀门,使后面输送的料液继续输送至泵的叶轮内,这样才能把料液输送到指定的罐内。

第二篇

淀粉糖的生产及深加工技术

第六章

淀粉的水解技术

第一节　熟悉淀粉糖品的基本性质

一、淀粉糖工业的发展现状

淀粉糖是以淀粉为原料,通过酸或酶的催化水解反应生产的糖品的总称,是淀粉深加工的主要产品。淀粉制糖起源于中国,早在公元 500 多年的《齐民要术》中就提到糖,当时已经发明了用麦芽和米制麦芽糖的酶法工艺。1637 年明末宋应星著的《天工开物》中介绍了酶法水解制饴糖方法。1811 年德国化学家柯乔夫利用酸法水解淀粉制造糖品。1815 年法国化学家沙苏里证实淀粉制糖的化学反应为水解反应,水解的最终产品为葡萄糖。1920 年美国牛柯克发现含水葡萄糖比无水葡萄糖容易结晶。1940 年美国开始采用酸酶合并糖化工艺生产高甜度糖浆。1960 年,日本开始用双酶法生产结晶葡萄糖。1965 年日本利用异构酶法将淀粉糖化,得到果葡糖浆。1967 年美国玉米加工公司首先用水溶性异构酶间歇工艺生产果糖含量为 14% 的果葡糖浆,1972 年采用固定化异构酶连续生产工艺提高果糖含量到 42%,甜度与蔗糖相当,1978 年采用色谱分离技术,将果糖含量 42% 的产品中的葡萄糖和果糖分离,得到果糖含量 90% 以上的糖液,再与果糖含量 42% 的产品混合,生产果糖含量 55% 和 90% 的产品,甜度分别约为蔗糖的 1.1 倍和 1.4 倍。

美国是世界上最大的淀粉糖生产国,各种淀粉糖品年产量已达到 1 500 万 t(果葡糖浆约 1 000 万 t),占玉米深加工总量的 70%。美国从 1850 年开始生产酸转化糖浆,1921 年起生产结晶葡萄糖,1930 年有了酸酶法工艺,1963 年利用离子交换技术精制糖液再用喷雾干燥生产全糖粉,1965 年用淀粉糖生产高麦芽糖浆,1966 年麦芽糊精投入生产,1968 年 42 型果葡糖浆在食品上得到广泛应用,1978 年开发了第二代(55 型)果葡糖浆,1981 年开始生产结晶果糖和含 20%～50%果糖的各种糖浆。1984 年美国国内淀粉糖品的消费已超过蔗糖。

近年来,我国淀粉糖工业发展迅速,淀粉糖企业的规模及产能不断扩大,改变了以往生产企业生产单一品种的局面。此外,企业的集约化程度也有很大提高。不少工厂实现了自动化控制,不但提高了产量,而且提升了产品质量,形成了规模效益。1999 年国内没有 20 万 t 以上的淀粉糖生产企业,企业规模主要集中在 0.5 万～2 万 t 的产量;2006 年 20 万 t 以上的企业有 7 家,最大规模达到 80 万 t,占据了全行业年产量的 71.42%以上。1999 年淀粉糖产量不到 60 万 t,2008 年淀粉糖产量达到 736 万 t,且品种日益增加,形成了各种不同甜度及功能的麦芽糊精、葡萄糖、麦芽糖、果葡糖浆、低聚糖、糖醇等淀粉糖品。

二、淀粉糖品的种类

淀粉糖按成分组成大致可分为液态葡萄糖(葡麦糖浆)、结晶葡萄糖、麦芽糖浆(饴糖、高麦芽糖浆、麦芽糖)、麦芽糊精、低聚麦芽糖、果葡糖浆等。

1. 液态葡萄糖(葡麦糖浆)

液态葡萄糖是控制淀粉适度水解得到的以葡萄糖、麦芽糖、麦芽低聚糖以及糊精组成的混合糖浆,其主要成分为葡萄糖和麦芽糖,又称为葡麦糖浆。葡萄糖和麦芽糖均属于还原性较强的糖,淀粉水解程度较大,葡萄糖等含量越高,还原性越强。淀粉糖工业上常用葡萄糖当量值(dextrose equivalent,简称 DE,糖化液中还原性糖全部当作葡萄糖计算,占干物质的百分率称葡萄糖当量值)来表示淀粉水解的程度。

液态葡萄糖按转化程度可分为高、中、低三大类。工业上产量最大、应用最广的中等转化糖浆,其 DE 为 30%～50%,其中 DE 为 42%左右的又称为标准葡萄糖浆,糖分组成为葡萄糖 19%、麦芽糖 14%、麦芽二糖 11%,其余为低聚糖、糊精等。高转化糖浆 DE 在 50%～70%,低转化糖浆 DE 在 30%以下。不同 DE 的液体葡萄糖在性能方面有一定差异,因此不同用途可选择不同水解程度的淀粉糖。

2. 葡萄糖

葡萄糖是淀粉经酸或酶完全水解的产物。按生产工艺分类可分为结晶葡萄糖和全糖两类。用酶法水解淀粉所得的葡萄糖液含葡萄糖 95%～97%,经精制、浓缩,在结晶罐冷却结晶得到含水 α-葡萄糖结晶产品,真空罐中蒸发结晶则得到无

水 α-葡萄糖结晶产品,于更高浓度、温度下蒸发结晶可得到无水 β-葡萄糖结晶产品。酶法水解淀粉所得葡萄糖液经脱色、交换并浓缩至 75% 以上成为全糖浆,直接喷雾干燥成颗粒状产品,或冷却浓糖浆成块状,切削成粉末产品,称为全糖。其主要组成为葡萄糖,还有少量低聚糖等。

3. 果葡糖浆

果葡糖浆是淀粉先经酶法水解为葡萄糖浆(DE>94%),然后将精制后的葡萄糖液流经固定化葡萄糖异构酶柱,使其中一部分葡萄糖发生异构化反应,转变成其异构体果糖,得到糖分组成主要为果糖和葡萄糖的混合糖浆,再经活性炭和离子交换树脂精制,浓缩得到无色透明的果葡糖浆产品。

这种产品的质量分数为 71%,糖分组成为果糖 42%(干基计)、葡萄糖 53%、低聚糖 5%,这是国际上在 20 世纪 60 年代末开始大量生产的果葡糖浆产品,甜度等于蔗糖,但风味更好,被称为第一代果葡糖浆产品。20 世纪 70 年代末期,用无机分子筛分离果糖和葡萄糖的技术研究成功,将第一代产品用分子筛模拟移动床分离,得到果糖含量达 94% 的糖液,再与适量的第一代产品混合,得到果糖含量分别为 55% 和 90% 的两种产品,也被称为第二、第三代产品。第二代产品的质量分数为 77%,其中果糖 55%(干基计)、葡萄糖 40%、低聚糖 5%。第二代产品的质量分数为 80%,其中果糖 90%(干基计)、葡萄糖 7%、低聚糖 3%。

4. 麦芽糖浆

麦芽糖浆是以淀粉为原料,经酶或酸结合法水解制成的一种淀粉糖浆,和液态葡萄糖相比,麦芽糖浆中葡萄糖含量较低(一般在 10% 以下),而麦芽糖含量较高(一般在 40%～90%),按制法和麦芽糖含量不同可分别称为饴糖、高麦芽糖浆、超高麦芽糖浆等,其糖分组成主要是麦芽糖、糊精和低聚糖。

5. 麦芽糊精

麦芽糊精是指以淀粉为原料,经酸法或酶法低程度水解,得到的 DE 在 20% 以下的产品。其主要组成为聚合度在 10 以上的糊精和少量聚合度在 10 以下的低聚糖。

6. 低聚麦芽糖

低聚麦芽糖为包含至多 10 个无水葡萄糖单位的低聚糖。按其分子中糖苷键类型的不同可分为两大类,即以 α-1,4 键连接的直链低聚麦芽糖,如麦芽三糖(G3)、麦芽四糖(G4)、麦芽十糖(G10)等;以及分子中含有 α-1,6 键的支链低聚麦芽糖,如异麦芽糖、异麦芽三糖、潘糖等。

三、淀粉糖品的性质

不同淀粉糖产品在许多性质方面存在差别,如甜度、黏度、胶黏性、增稠性、吸潮性和保潮性、渗透压力和食品保藏性、颜色稳定性、焦化性、发酵性、还原性、防止蔗糖结晶性、泡沫稳定性等。这些性质与淀粉糖的应用密切相关,不同的用途需要选择不同种类的淀粉糖品。下面简单叙述淀粉糖的有关特性。

1. 甜度

甜度是糖类的重要性质,但影响甜度的因素很多,特别是浓度。浓度增加,甜度增高,但不同糖类之间增高程度存在差别,葡萄糖溶液甜度随浓度增高的程度大于蔗糖,在较低的浓度,葡萄糖的甜度低于蔗糖,但随浓度的增高差别减小,当含量达到 40% 以上两者的甜度相等。淀粉糖浆的甜度随转化程度的增高而增高,此外,不同糖品混合使用有相互提高的效果。

2. 溶解度

各种糖的溶解度不相同,果糖最高,其次是蔗糖、葡萄糖。葡萄糖的溶解度较低,在室温下浓度约为 50%,过高的浓度则葡萄糖结晶析出。为防止有结晶析出,工业上储存葡萄糖溶液需要控制葡萄糖含量为 42%(干物质)以下,高转化糖浆的糖分组成保持葡萄糖 35%～40%,麦芽糖 35%～40%,果葡糖浆(转化率 42%)的质量分数一般为 71%。

3. 结晶性质

蔗糖易结晶,晶体能生长很大;葡萄糖也容易结晶,但晶体细小;果糖难结晶;淀粉糖浆是葡萄糖、低聚糖和糊精的混合物,不能结晶,并能防止蔗糖结晶。糖的这种结晶性质与其应用有关。例如,硬糖制造中,单独使用蔗糖,熬煮到水分 1.5% 以下,冷却后,蔗糖结晶,破裂,不能得到坚韧、透明的产品。若添加部分淀粉糖浆可防止蔗糖结晶,防止产品储存过程中返砂,淀粉糖浆中的糊精,还能增加糖果的韧性、强度和黏性,使糖果不易破碎,此外,淀粉糖浆的甜度较低,有冲淡蔗糖甜度的效果,使产品甜味温和。

4. 吸湿性和保湿性

不同种类食品对于糖吸湿性和保湿性的要求不同。例如,硬糖需要吸湿性低,避免遇潮湿天气吸收水分导致溶化,所以宜选用蔗糖、低转化或中转化糖浆。转化糖和果葡糖浆含有吸湿性强的果糖,不宜使用。但软糖则需要保持一定的水分,面包、糕点类食品也需要保持松软,应使用高转化糖浆和果葡糖浆为宜。果糖的吸湿性是各种糖中最高的。

5. 渗透压力

较高浓度的糖液能抑制许多微生物的生长,这是由于糖液的渗透压力使微生物菌体内的水分被吸走,生长受到抑制。不同糖类的渗透压力不同,单糖的渗透压力约为二糖的 2 倍,葡萄糖和果糖都是单糖,具有较高的渗透压力和食品保藏效果,果葡糖浆的糖分组成为葡萄糖和果糖,渗透压力也较高,淀粉糖浆是多种糖的混合物,渗透压力随转化程度的增加而升高。此外,糖液的渗透压力还与浓度有关,随浓度的增高而增加。

6. 黏度

葡萄糖和果糖的黏度较蔗糖低,淀粉糖浆的黏度较高,但随转化度的增高而降低。利用淀粉糖浆的高黏度,可应用于多种食品中,提高产品的稠度和可口性。

7. 化学稳定性

葡萄糖、果糖和淀粉糖浆都具有还原性,在中性和碱性条件下化学稳定性低,受热易分解生成有色物质,也容易与蛋白质类含氮物质起碳氨反应生成有色物质。蔗糖不具有还原性,在中性和弱碱性条件下化学稳定性高,但在 pH 9 以上受热易分解产生有色物质。食品一般是偏酸性的,淀粉糖在酸性条件下稳定。

8. 发酵性

酵母能发酵葡萄糖、果糖、麦芽糖和蔗糖等,但不能发酵聚合度较高的低聚糖和糊精。有的食品需要发酵,如面包、糕点等;有的食品不需要发酵,如蜜饯、果酱等。淀粉糖浆的发酵糖分为葡萄糖和麦芽糖,且随转化程度而增高。生产面包类发酵食品应用发酵糖分高的高转化糖浆和葡萄糖为好。

第二节　酸法糖化

一、酸法糖化机理

淀粉通过酸水解生成糖浆,在酸和热的作用下,糖浆中的葡萄糖又会发生复合反应和分解反应。三种反应在淀粉酸糖化过程中会同时发生,但所处地位不同,淀粉水解反应是主要的,葡萄糖的复合反应和分解反应是次要的。

(一)淀粉的水解反应

淀粉颗粒由直链淀粉和支链淀粉两种分子组成,在酸作用下,颗粒结构被破

坏,两种淀粉分子中的 α-1,4 和 α-1,6 糖苷键被水解成游离态的葡萄糖,用化学反应式表示为:

$$(C_6H_{10}O_5)_n + nH_2O \longrightarrow nC_6H_{12}O_6$$

1. 反应机理

淀粉分子中糖苷键的加水分解过程包括以下几步:首先酸催化剂的 H^+ 与糖苷键的氧原子结合生成共轭酸(Ⅰ),共轭酸的 $O—C_1$ 键断裂生成 C_1 正碳原子(Ⅱ),水分子再与具有正电荷的 C_1 结合生成(Ⅲ),(Ⅲ)失掉 H^+ 得到还原糖(Ⅲ)。此外,还可以通过共振作用,氧原子上的一对电子移向 $O—C_1$ 键生成双键,使氧原子具有正电荷,形成(Ⅴ)(图6-1)。

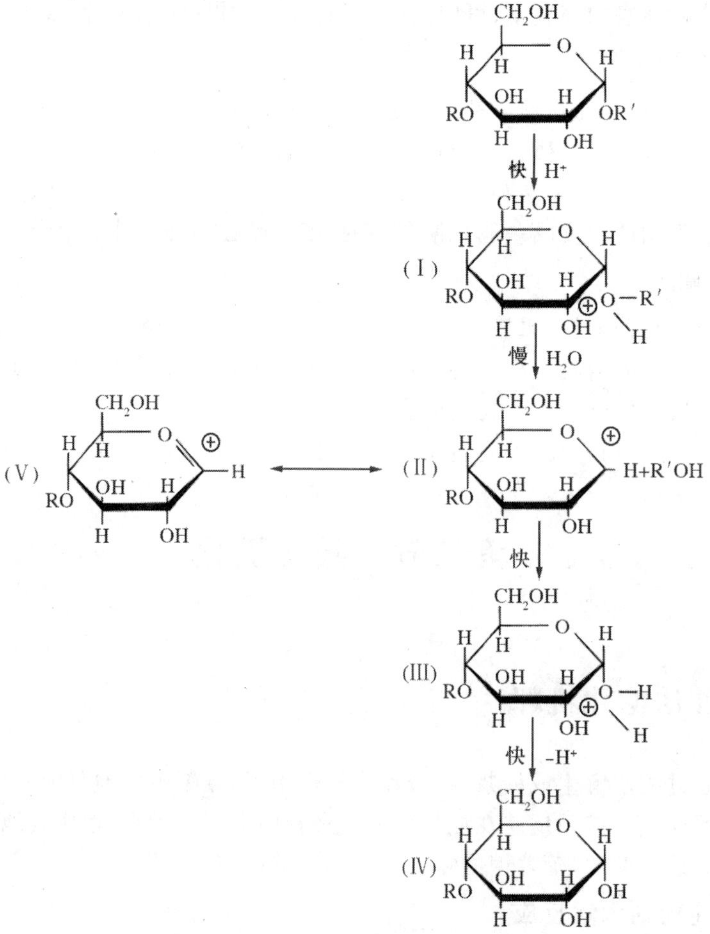

图 6-1　糖苷键水解反应过程

2. 糖化液的组成

淀粉水解产物称为糖化液。当淀粉悬浮于水中加酸、加热到糊化温度以上时，即开始迅速水解。水解过程并不是像想象那样先生成糊精，再转化成较大分子的低聚糖、较小分子的低聚糖，最后全部转化成单糖，进行有规则的依次水解。水解过程的糖苷键断裂是杂乱无章的，单糖（葡萄糖）在水解反应开始即有生成，二糖、三糖等小分子低聚糖在水解开始阶段也有生成，只是这些小分子糖所占糖的组成百分率较低，随着反应时间的延长，早期水解得到的大分子糊精、低聚糖被进一步水解，糖组分中的小分子糖比重逐渐上升，大分子糖比重有所下降。由此可见，淀粉经水解所生成的糖化液的糖分组成是很复杂的，水解程度不同，生成葡萄糖质量分数不同的淀粉糖化液，它们之间的各种糖分组成百分率有显著差别。以普通玉米淀粉为例，酸水解得到的糖化液在 DE 值为 18 时，葡萄糖仅占 4.5%，二至四糖占 15.5%，五糖以上占 80%；DE 值为 63 时，葡萄糖占 40%，二至四糖占 41.5%，五糖以上仅占 18.5%。

一般情况下，DE 值达到 25 左右时，小分子糖（DP 值 1～5）占 30%，大分子糖逐渐减少，DE 值为 30 以上时，葡萄糖成为主要的糖分。淀粉糖化液中的单糖是葡萄糖，但二糖和其他低聚糖种类却很复杂，如 DE 值为 60 的酸水解糖化液中，仅二糖就有 8 种，包括麦芽糖、异麦芽糖、龙胆二糖、纤维二糖、曲二糖、昆布二糖、皂角糖和海藻糖等。

3. 无机酸的选择

淀粉水解反应实际是淀粉分子和水分子间的反应，无机酸则为催化剂。水解速度取决于温度、酸和淀粉浓度。淀粉浆的酸化，通常使用盐酸，但偶尔也使用硫酸或草酸。使用盐酸糖化，在理论上盐酸使用量为淀粉的 0.1%～05%（pH 1.8～2.3），糖化后用 NaOH 或 Na_2CO_3 中和，生成的 NaCl 溶于糖液中会增加糖液的灰分，并且 NaCl 具有咸味，会影响糖液质量，但因盐酸的催化效能高，用量少，生成 NaCl 量有限，对产品风味影响不大，所以工业生产上仍多选盐酸为催化剂。使用盐酸的缺点是对设备腐蚀性较强，需要采用防腐蚀设备。

使用硫酸糖化，虽然硫酸并不腐蚀设备，但用石灰中和时，会使产品中溶有一定量的硫酸钙，在蒸发罐对糖化液加热时，在加热面上生成锅垢影响传热。用骨灰对糖化液脱色时，硫酸钙又会沉淀于骨灰颗粒上，影响骨灰的再生使用，储存期间溶解在糖液中的硫酸钙会慢慢析出而变得混浊，工业上称为硫酸钙混浊。由于上述原因，工业上使用硫酸糖化并不多，采用阴离子交换树脂精制工艺的工厂，因阴离子交换树脂对硫酸吸附能力比较强，才选择硫酸进行淀粉的酸水解。

草酸的催化效能相对较低，只为盐酸的 20.42%，使用量为淀粉的 0.2%～

0.5％,糖化后用碳酸钙中和,生成的草酸钙沉淀能全部过滤除掉。

由于淀粉所带杂质的影响,酸在淀粉糖化过程中的实际有效浓度要比理论上的浓度低。因此,在选用淀粉原料时应尽可能地使用精制淀粉。

4. 化学增重

纯淀粉通过完全水解,每个葡萄糖单位($C_6H_{10}O_5$)能转化成一个分子的葡萄糖,即葡萄糖的理论收率为111.11％。它的实际收率要比这个值低,仅有105％～108％。100份淀粉中有多少份淀粉转化成葡萄糖,称为淀粉转化率。转化率＝实际收率/1.11。水解反应的重量增加,在工业上称为化学增重。因为淀粉酸水解所获得的糖化液包含各种糖分,每种糖分的化学增重并不相同。

(二)葡萄糖的复合反应

淀粉酸水解所生成的葡萄糖,在酸和热的催化影响下,部分葡萄糖又会通过糖苷键相聚合,失掉水分子,相应地生成二糖、三糖和其他较大分子的低聚糖等,这种反应称为复合反应。复合反应有水分子生成,干物质浓度有所降低,出现化学减重现象。两个葡萄糖分子复合成二糖的变化可表示为:

$$2C_6H_{12}O_6 = C_{12}H_{22}O_{11} + H_2O$$

复合反应不能简单理解为水解反应的逆反应,因为两个葡萄糖分子通过复合反应相聚合时,主要经由 α-1,6 键合成异麦芽糖和经由 β-1,6 键聚合成龙胆二糖,而不是经 α-1,4 键合成麦芽糖。水解反应实际上是不可逆的,可复合反应却是可逆的,复合糖可再次经水解转化为葡萄糖。

影响复合反应的条件因素包括葡萄糖的浓度、所用酸的浓度与种类、反应的温度与时间等。

1. 葡萄糖的浓度

糖液浓度与复合反应关系很大,低浓度不发生反应,浓度增高发生复合反应,浓度越高,复合反应进行程度越高。

葡萄糖值较低时,并没有复合糖产生,只有 DE 值达到 28 以后,才开始有复合糖出现,随糖化程度增高,复合糖出现的种类和数量也逐渐增多,复合糖中生成量最多的是异麦芽糖和龙胆二糖,其次是具有 α-1,3 键的皂角糖。

2. 酸的种类与浓度

不同种酸对于葡萄糖复合反应的催化作用不同。以盐酸最强,其次为硫酸、草酸,酸的浓度加大,复合进行程度增高。

3. 温度和时间

在葡萄糖复合反应没有达到平衡之前,随着温度升高和加热时间延长,有利于复合反应的发生。

（三）葡萄糖的分解反应

葡萄糖受酸和热的影响发生脱水反应,生成 5-羟甲基糠醛,生成的物质不够稳定,会进一步分解成乙酰丙酸和甲酸,或分子间脱水生成有色物质。

5-羟甲基糠醛和有色物质的生成量随反应时间延长而增高,葡萄糖浓度的提高也会引起 5-羟甲基糠醛生成量的增加,但一般反应速度常数基本保持不变,说明葡萄糖的分解属一级化学反应。pH 对葡萄糖分解反应的影响比较复杂,以 pH 3 时 5-羟甲基糠醛和有色物质生成量最少,高于或低于此值都会增加葡萄糖分解反应。工业上酸水解时 pH 一般控制在 1.5～1.6,此时,5-羟甲基糠醛和有色物质比 pH 3 时提高 5 倍和 13 倍,需要经过活性炭和离子交换树脂去除。

二、酸法糖化工艺流程

当前,酸法低转化糖浆和高转化糖浆的生产已采用酸酶法或双酶法,酸水解生产淀粉糖浆的技术主要用于中转化糖浆的生产,其工艺流程如图 6-2 所示。

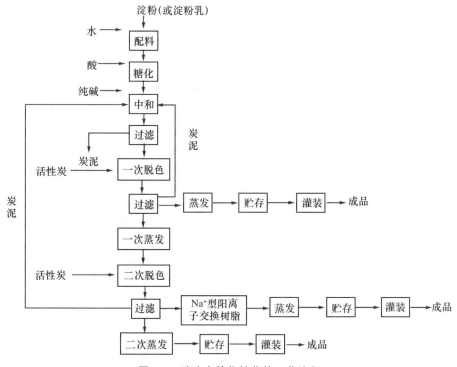

图 6-2 酸法中转化糖浆的工艺流程

三、酸法糖化方法

工业上采用的糖化方法有两种：一种为加压罐法，系间歇操作；另一种为管道法，系连续操作。前者是较老的方法，后者是较新的方法。

（一）间歇糖化法

1. 糖化设备

糖化的主要设备是加压糖化罐，为垂直圆筒形，大小因生产规模而不同，较大的在 10 m 以上，小的为几立方米。罐的结构见图 6-3。糖化罐一般采用不锈钢耐腐蚀材料。罐的顶端有淀粉乳管与淀粉乳桶相连，还有酸管与酸桶相连，供引入淀粉乳和酸液用。一根粗的铜管直穿罐的中心，尾端位于罐底中心凹处，上端穿出罐

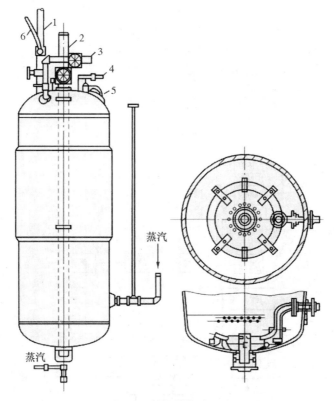

图 6-3　糖化罐构造图

1—淀粉乳管　2—喷出管　3—蒸汽排出管　4—安全阀　5—入孔　6—酸管

外直达位于上层楼房的中和桶,此管称喷出管,作用是糖化完成后借压力把糖化液喷到中和桶内进行中和处理。罐顶排气管经收集器一直通到厂房顶外面,供排出蒸汽用,收集器可回收被蒸汽夹带出去的糖化液。罐顶还有安全阀,当罐内压力超过规定值时,会自动打开,以保安全。与罐底中心凹处连有排液管,供清洗罐时用。与排液管相连有一水蒸气管,为进气管,糖化时引入蒸汽,以防有淀粉乳沉淀于此凹处,不能糖化。罐底有一多孔环形蒸汽盘管,盘管的上、下、四周各方向有蒸汽孔,当通入蒸汽时,使淀粉乳受热均匀,达到良好的搅拌效果,这些盘管又称为环形蒸汽分布器。糖化罐所设计的装料系统,一般不大于70%,出料要顺畅。

淀粉乳桶为配料桶,选用耐腐蚀不锈钢材料制造,内设搅拌器。首先向配料罐内注水,而后在不断搅拌下,徐徐放入淀粉,至达到规定浓度,慢慢注入经稀释后的盐酸,经充分混合均匀,调整到要求的 pH,调好的淀粉乳由淀粉乳管输入到糖化罐。

2. 淀粉乳和酸的加入方法

淀粉乳和酸的加入有三种方法:

①将全部酸用水冲淡后加入糖化罐中,酸水量以能淹没罐底的环形蒸汽分布器为度。打开蒸汽阀门,待酸水煮沸后,再引入淀粉乳,淀粉乳的引入速度不能过快,以保持能使酸水继续沸腾为宜。

②将全部酸的 1/3～1/2 用水冲淡后加入糖化罐中,其余的酸混入淀粉乳中。

③把全部的酸混入淀粉乳中。

第一种方法,因先加入糖化罐的淀粉遇到的酸酸度高,糖化速度快,生成的葡萄糖易起复合和分解反应;第三种方法,淀粉乳引入酸后受热糊化,容易结块。所以,第二种方法使用比较普遍。

3. 糖化终点的确定

以淀粉及水解物遇碘呈色上的差异判断糖化终点。方法是将 10 mL 稀碘液(0.25%)于小试管中加入 5 滴糖液混匀,观察颜色变化。将已知 DE 值的糖浆和稀碘液混匀制成标准色管,将糖化液显色后与标准色管比较,以确定所需的糖化终点。熟练操作工可在原料淀粉质量、淀粉乳浓度、酸的用量、引入淀粉乳的速度、升压速度、糖化压力等操作条件不变情况下,根据糖化时间判断糖化程度。一般都在接近糖化终点时,才取样检验。糖化液由罐内放出喷到中和桶的过程中,糖化反应仍在进行,因此,在糖化接近 DE 值时即开始放料,使之到达中和桶内,恰好达到要求的糖化程度。

生产结晶葡萄糖需要的糖化程度较高,要用酒精试验糖化进行程度。取糖化液试样,滴几滴于酒精中,呈白色糊精沉淀,随糖化进行,糊精被水解,白色沉淀也逐渐减少,当无白色沉淀生成时,再糖化几分钟,DE 值即可达 90～92,立即放料。

4. 影响淀粉酸水解的因素

(1)淀粉乳浓度。淀粉水解时,淀粉乳的浓度越低,水解越容易,水解液中葡萄糖纯度越高,糖液色泽也就越浅。反之,淀粉乳浓度越高,则有利于葡萄糖的复合和分解反应,使糖液纯度降低,色泽加深。工业生产中,要根据淀粉质原料的情况和糖浆的 DE 值制定淀粉乳浓度。薯类淀粉较谷类淀粉易水解,浓度可稍高些;精制淀粉比粗淀粉杂质少,浓度可高些。

(2)酸的种类和浓度。主要的酸有三种:盐酸、硫酸和草酸。三种酸中应用最普遍的是盐酸。酸在糖化过程中是一种催化剂,淀粉水解速度与酸的用量直接有关,盐酸用量越大,淀粉乳中 H^+ 离子浓度越高,水解速度越快,副反应也随之加快,由于副产物的增加导致糖液色泽加深。因此,盐酸用量必须加以适当控制。另外,还要考虑到淀粉中有蛋白质、脂肪、灰分等杂质的存在,能降低酸的有效浓度,淀粉糖化中蒸汽也会带走部分酸。因此,实际耗酸量大大超过理论量。一般盐酸用量(以纯 HCl 计)占干淀粉量的 0.5%～0.8%,生产上加酸量以淀粉乳 pH 为指标,控制在 pH 1.5～1.8。

(3)糖化的温度和时间。淀粉水解是用蒸汽加热直接完成的,温度与压力是相一致的,一定压力反映一定的温度。温度随压力升高而升高,压力升高,温度升高,水解反应速度加快,水解所需时间缩短。但也要看到,温度过高,复合反应和分解反应也相应加快;温度过高,糖化相应的操作压力就较高,对设备耐压性能要求就高;温度过高,酸对设备的腐蚀性能严重,糖化终点也就难以控制。淀粉水解压力宜控制在蒸汽压力 0.28～0.32 MPa 为好。

(4)其他因素。糖化设备对淀粉水解质量有直接的影响。为了保证糖化均匀,使糖液达到 DE 值后,能迅速从罐内放出,糖化罐容积不宜过大。进出料管道不能太小,以免延长进出料时间,造成淀粉水解时间上的差别。糖化罐容积大,在蒸汽量不足或不稳定的情况下,常使水解时间加长。糖化罐的高径比不宜过大,当罐体积大时,会造成罐上、下部水解速度相差较大,放料时上、下水解不一致。但罐高度也不宜过低,罐体太矮,增加直径,造成罐内死角区,使糖化不均匀,局部淀粉会结块成糊团,影响糖化进行。一般以径高比 1:1 左右为宜。

管道的安装应保证进出料迅速,物料受热均匀,有利于升压,有利于消灭死角。糖化操作要尽量缩短加料、放料、升压等辅助时间,此外,还要控制好糖化终点。实践证明,辅助时间缩短,糖化的 DE 值高,色泽浅。糖化终点的确定,可根据糖化曲线而得,根据放料所需时间,在达到预定 DE 值前,提前放料。

图 6-4 为间歇单罐酸水解糖化工艺。

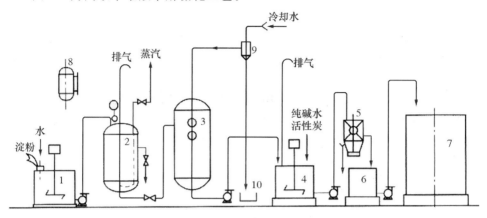

图 6-4 间歇单罐酸水解糖化工艺

1—调浆槽 2—糖化锅 3—冷却罐 4—中和罐 5—过滤机 6—糖液暂贮罐 7—糖液贮罐
8—盐酸计量器 9—水力喷射器 10—水槽

(二)连续糖化法

间歇糖化操作麻烦、劳动强度大、耗能高、糖化不均匀、葡萄糖的复合分解反应和糖液的转化程度控制困难,为了克服这些缺点,采用管道糖化方法,将加酸的淀粉乳用泵输送,流经管道,用蒸汽加热,使淀粉乳糊化、糖化。连续糖化分为直接加热式和间接加热式两种。

1. 直接加热式

CPR 式连续糖化流程见图 6-5。淀粉与水在一个贮槽内调配好,酸液在另一个槽内贮存,然后在淀粉乳调配罐内混合,调整浓度和酸度,利用定量泵输送淀粉乳,所采用的泵可以是离心泵、多级活塞泵或螺旋泵。蒸汽喷入加热器升温,淀粉乳受热立即糊化、液化,进入维持罐,然后流经蛇管反应器进行糖化反应,控制一定的温度、压力和流速,以完成糖化反应,而后糖化液经放料控制阀至分离器闪急冷却,同时将二次蒸汽急速排出,糖化液迅速降至常压,冷却到 100℃ 以下,再进入贮槽进行中和。淀粉糊在管道中呈湍流状态流动,保持一定的直线流动速度,糖化管径 3～15 cm,直线流速以 0.12 m/s 为宜。

应用糖化管道生产糖浆,一些脂肪类物质易附着于管壁上,并逐渐增厚,影响糖化液的流速,需每周清洗一次,清洗时保持糖化温度,泵入清洗液,清洗液由稀酸液和稀碱液组成,依水—稀酸—水—稀碱—水的顺序清洗,稀酸液为 0.5% H_2SO_4 溶液,稀碱液为 0.5 mol/L NaOH 溶液。

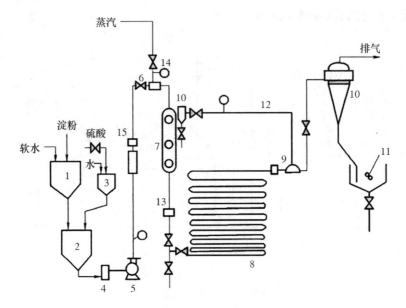

图 6-5　CPR 式连续糖化流程

1—淀粉乳贮罐　2—淀粉乳调节槽　3—硫酸稀释槽　4—粗滤器　5—定量泵
6—蒸汽喷射加热器　7—维持罐　8—蛇管　9—控制阀　10—分离器　11—贮罐
12—等压管　13—流量计　14—压力表　15—温度计

2. 间接加热式

间接加热式糖化管道如图 6-6 所示,用往复泵或脉动的膜式泵将加酸的淀粉乳泵入管道,输送的速度按一定的频率脉动变化,也可用非往复式的泵,以一定不

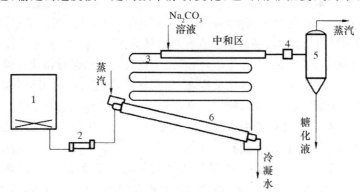

图 6-6　间接加热式糖化管道示意图

1—淀粉乳　2—泵　3—糖化管　4—阀　5—急骤蒸发器　6—加热管

变的速度输送,但在糖化管出口处用一脉动控制的出料阀门,也可产生脉动现象,效果相同。脉动现象对淀粉乳糖化有利,但并非绝对需要。加热管是整个管道的前一部分,功用是使淀粉乳糊化、液化,并达到需要糖化的温度,然后进入第二部分管道,后者应保持此糖化温度,使糖化作用继续达到所需要的程度。中和也是连续操作,用泵将一定量的 Na_2CO_3 溶液打入糖化管末端,糖化液中和到需要的 pH,由糖化管流出,进入急骤蒸发器。为促进 Na_2CO_3 溶液与糖化液的混合,糖化管的末端即中和部分的管道中可以加个螺旋中心,使糖化液发生螺旋状的流动。

糖化管道又称为柯路叶氏(Kroyer)糖化管道,它的结构如图 6-7 所示,加热管由 3 个套管组成,外面的两条管道是直的,最里面的内管道是弯曲的,蒸汽通入外面管道和中间管道之间以及内管道,而淀粉乳则在中间管道和内管道之间流过。内管道与外管道也可以不相连接,分别单独引入蒸汽。这种加热方式,淀粉乳受热均匀,温度上升快,淀粉乳流经道路曲折,可产生搅动效果。

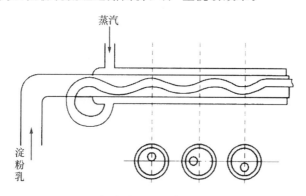

图 6-7 柯路叶氏糖化管道构造示意图

因为管道糖化设备采用间接加热方式,糖化管道内的压力可高于饱和蒸汽压 1 倍以上,达到 $1.47\sim1.96$ MPa,糖化温度达 160℃,对糖化有很好的促进。管道式糖化同罐式糖化相比,具有糖化均匀、糖化液质量高、颜色浅、精制费用低、热能利用率高、蒸发费用低、可自动控制、节省劳动力等一系列特点,而且生产成本也比加压罐法低。

近年来糖化管道设备又有所改进,图 6-8 就是其中一种,淀粉乳在配料罐内连续自动调节 pH,并且用高压泵打入多组管式的管束糖化反应器内,被内、外间接加热,反应一定时间后,经闪急冷却后中和。

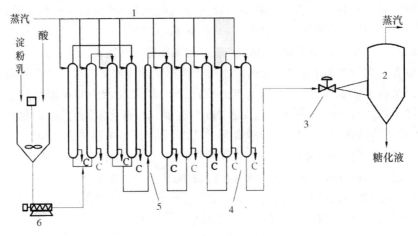

图 6-8　糖化管设备示意图
1—糖化管　2—急骤蒸发器　3—阀　4—次级孔　5—初级孔　6—变速高压泵
C—冷凝水

四、岗位要求及操作规程

1. 岗位要求

①酸法糖化岗位要求熟练进行调乳、泵入底水、进料、糖化、放料等操作,并能确定糖化终点。

②符合淀粉生产及制糖行业各技术领域的职业岗位(群)的基本任职要求。

2. 操作规程

(1)准备。首先检查本工段各泵、电机、阀门及设备是否正常;配料罐是否清洗干净,各辅助原料是否准备齐全,所用仪器是否齐全、准确、卫生。

(2)操作。

①调乳。首先进行调乳,将软化水用蒸汽加温后通入配料桶内,用温水加干淀粉调乳,保持搅拌以防止淀粉沉淀,加入全部酸的 2/3~1/2 混匀,保持淀粉乳温度在 50℃左右备用。

②泵入底水。淀粉乳进入糖化罐前,对糖化罐要进行认真检查,罐底阀是否关闭,罐内有无积水,如有积水,应全部排出。糖化开始前,先泵入酸水,又称底水,以浸没罐内底部盘管为度。稍打开罐顶蒸汽排出阀门,通蒸汽入罐底的环形蒸汽分布器,赶跑罐内空气,预热 2~3 min,使底水沸腾,保持罐内 0.02 MPa 压力,然后进料。

③进料。进料时一定保持正压,使进入的淀粉乳越过糊化温度,迅速液化成可溶性淀粉,否则直接进料后再升温,淀粉浆会结块。进料时打开淀粉乳管,淀粉乳借重力由高位储存桶注入。进料同时要注意调乳桶内的淀粉乳做到边进料边搅拌,防止沉淀,进料总量为全容积的70%。控制好进料速度,防止速度过快发生结块,引起罐的振动,也要防止过慢,造成糖化程度不均匀,一般10 m³以上大罐需10～15 min。进料时还要控制好压力,保持压力恒定,防止忽高忽低,上下波动,可用蒸汽阀进行压力调节。

④糖化。全部淀粉乳加入后,关闭淀粉进料管和蒸汽排出管,开大进气管阀门,提高罐内压力为0.28 MPa,保持此压力到需要程度。升压过程中,排气阀要适当开大,大排气可使料液翻腾好,水解均匀,当罐内压力达到规定表压时,排气阀可开启少许。生产DE值为42的糖浆,保持压力时间为5～6 min;DE值为55的糖浆,需8～10 min;生产结晶葡萄糖要求糖化的DE值为90～92,需20～25 min。

⑤放料。糖化结束后,放料要快,以免水解过度,进入中和桶后要及时降温,以免色泽加深。

⑥清洗。糖化工段结束后将各管道、泵及各设备清洗干净。

⑦灭菌。糖化罐每周六用蒸汽灭菌,并按要求做好"糖化原始记录"。

第三节　淀粉的酶法液化

一、淀粉酶的作用形式及性质

能作用于淀粉的酶统称为淀粉酶。淀粉制糖工业使用的酶主要是能水解淀粉分子中葡萄糖苷键的酶,它只是淀粉酶中的一种类型,应称为淀粉水解酶,人们习惯简称为淀粉酶。

(一)α-淀粉酶

α-淀粉酶的国际统一编号为EC3.2.1.1,因水解淀粉分子中的α-1,4葡萄糖苷键,生成产物的还原末端葡萄糖单位C_1碳原子为α构型,故又称α-淀粉酶。

1. 作用形式

α-淀粉酶属于内切型淀粉酶,它作用于淀粉时从淀粉分子内部以随机的方式切断α-1,4糖苷键,但水解位于分子中间的α-1,4键的概率高于位于分子尾端的

α-1,4 键,α-淀粉酶不能水解支链淀粉中的 α-1,6 键,也不能水解相邻分支点的 α-1,4 键;不能水解麦芽糖,但可水解麦芽三糖及以上的含 α-1,4 键的麦芽低聚糖。

α-淀粉酶作用于直链淀粉时,可分为两个阶段,第一个阶段速度较快,能将直链淀粉全部水解为麦芽糖、麦芽三糖及直链麦芽低聚糖;第二阶段速度很慢,如酶量充分,最终将麦芽三糖和麦芽低聚糖水解为麦芽糖和葡萄糖。α-淀粉酶水解支链淀粉时,可任意水解 α-1,4 键,不能水解 α-1,6 键及相邻的 α-1,4 键,但可越过分支点继续水解 α-1,4 键,最终水解产物中除葡萄糖、麦芽糖外还有一系列带有 α-1,6 键的极限糊精(图 6-9)。α-1,6 键能使 α-淀粉酶水解速度降低,故该酶对支链淀粉的水解速度较直链淀粉慢。α-淀粉酶由于在水解作用后期水解速度缓慢,工业上只是用它将淀粉水解到糊精和低聚糖,进一步的水解则依靠糖化酶来完成,α-淀粉酶被当作液化酶使用。

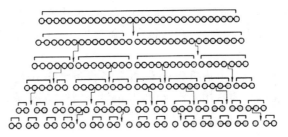

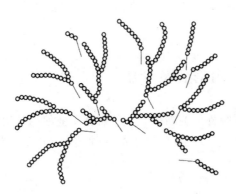

图 6-9 α-淀粉酶水解直、支链淀粉示意图

由于水解时,作用于长链比短链更有活性,所以最初阶段水解速度很快,把庞大的淀粉分子迅速断裂成小分子,此时淀粉浆的黏度也随之急剧降低,失去黏性,称为液化。液化作用的主要产物是糊精,随水解继续进行,糊精由大分子逐渐变小分子,淀粉遇碘的颜色反应也由开始的蓝色逐渐转变为紫、红、棕色,当分子小到一

定程度时,遇碘不再变色,称为消色点。除遇碘显色的变化外,还原性也会随分子变小而升高。在快速水解阶段完成之后,酶对小分子的水解活性明显降低,进入一个缓慢水解过程。

2. 酶的性质

(1)热稳定性和最适反应温度。依 α-淀粉酶的热稳定性不同分为两类:耐热性 α-淀粉酶,包括地衣芽孢杆菌 α-淀粉酶,液化最适温度 92℃,解淀粉液化芽孢杆菌 α-淀粉酶,最适反应温度 70℃;非耐热性 α-淀粉酶,主要是米曲霉 α-淀粉酶,最适反应温度只有 50~55℃。

(2)pH 影响。不同来源酶的 pH 活力曲线和最适 pH 都有不同,多数 α-淀粉酶都不耐酸,酶活力相对稳定的范围在 pH 5.5~8.0,最适反应 pH 6~6.5。

(3)Ca^{2+} 的影响。α-淀粉酶是金属酶,一分子解淀粉液化芽孢杆菌 α-淀粉酶中含有一个原子钙,钙的作用是使酶分子保持适当构型,处于结构稳定并具有最高活性的状态。钙与酶蛋白结合紧密,只有在低 pH 下,用螯合剂 EDTA 才能将它剥离。钙被除掉后,酶活力完全丧失,重新补充钙,活力可完全恢复。酶与钙的结合牢固程度依次是霉菌>地衣芽孢杆菌>解淀粉液化芽孢杆菌。

(4)淀粉浓度的影响。淀粉和淀粉水解物糊精都对酶活力的稳定性有直接影响,随浓度提高,酶活力稳定性加强。以解淀粉液化芽孢杆菌 α-淀粉酶为例,没有淀粉,80℃加热 1 h,活力残余约 24%;10% 淀粉浓度,同样条件下,活力残余约 94%,提高 4 倍。淀粉浓度在 25%~30% 时,煮沸后活力也不致全部丧失。

(二)β-淀粉酶

β-淀粉酶又称 α-1,4 葡聚糖麦芽糖水解酶,麦芽糖酶。植物的 β-淀粉酶相对分子质量大约为 60 000,一般是单体酶,也有些可形成较大单元聚合体。巯基与色氨酸同酶活力有关,羧基和一个咪唑基或氨基靠近酶活中心。

1. 水解方式

β-淀粉酶能水解 α-1,4 葡萄糖苷键,不能水解 α-1,6 葡萄糖苷键,遇此键即停止水解,也不能越过此键继续水解。水解由非还原末端开始,水解相隔的 α-1,4 键产生麦芽糖,麦芽糖原来在淀粉分子中属 α-构型,水解后发生构型转变属 β-构型,故称 β-淀粉酶。水解反应从分子末端进行,属外酶。水解产物只有麦芽糖,水解过程中糖苷键 C_1—O—C_4 是 C_1—O 键断裂。

β-淀粉酶水解直链淀粉分子时,直链淀粉分子为偶数葡萄糖单位构成的,水解产物全部是麦芽糖,由单数葡萄糖单位构成的,相隔水解 α-1,4 键产生麦芽糖时,还会有 1 分子葡萄糖生成。

β-淀粉酶因为是外酶,水解淀粉时的黏度下降不如α-淀粉酶快,遇碘着色反应也与α-淀粉酶不同,从蓝色到消色点的中间过程并不呈一系列颜色变化。β-淀粉酶水解方式呈单链或多链都有可能,这取决于pH、温度和酶浓度。

β-淀粉酶水解支链淀粉可从侧链的非还原末端开始,产生麦芽糖,当接近支叉点α-1,6键时停止,在分支点侧链一端常保留2或3个葡萄糖单位,水解后剩余的β-极限糊精(β-LD)仍是一个很大的分子。一般情况下,水解支链淀粉时,只有50%～60%成为麦芽糖,分支度高的支链淀粉水解率更低,麦芽糖生成量为40%～50%。和葡萄糖淀粉酶一样,在水解马铃薯支链淀粉时,遇到葡萄糖单位上有磷酸酯键时,反应也会立即停止。淀粉水解产物如糊精和低聚糖同样可被β-淀粉酶水解,麦芽四糖可产生2个分子麦芽糖,麦芽五糖可产生麦芽糖和麦芽二糖,麦芽六糖可产生3个分子麦芽糖。水解后产生的麦芽三糖可继续水解成麦芽糖和葡萄糖,不过水解速度很慢,β-淀粉酶则不能水解麦芽糖中的α-1,4键(图6-10)。

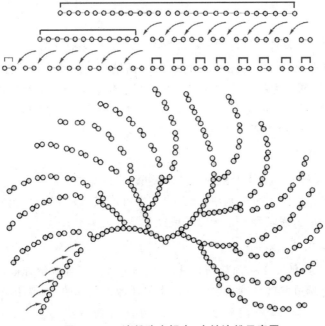

图6-10 β-淀粉酶水解直、支链淀粉示意图

2. 酶的来源和类型

β-淀粉酶来源于植物和微生物,动物体中不存在,植物中主要是大麦、小麦、大豆、甘薯,微生物主要是芽孢杆菌。来自发芽大麦的工业用酶俗称麦芽酶,它实际

是 α-淀粉酶和 β-淀粉酶的混合物,前者起液化作用,后者起糖化作用。除大麦外,商品淀粉酶也可从大豆提取蛋白质后的废水或甘薯制取淀粉的废水中用盐析吸附等方法提取。微生物 β-淀粉酶产自多载芽孢杆菌、巨大芽孢杆菌、蜡状芽孢杆菌,有些微生物 β-淀粉酶已投入商品生产。

3. 酶的性质

与 α-淀粉酶相比,热稳定性差是 β-淀粉酶的突出特点。大麦 β-淀粉酶在 pH 4.5～7.0,温度 55℃ 条件下水解淀粉;大豆 β-淀粉酶在 pH 5.5 和 55℃ 条件下,30 min 内稳定,65℃ 加热 30 min 失活 50%,70℃ 加热 30 min 完全失活;甘薯 β-淀粉酶在 pH 6.6 和 60℃ 条件下,6 h 内稳定,70℃ 1 h 失活。一般工业生产上,都选用 50℃ 糖化,因为 45℃ 易发生杂菌感染。与植物 β-淀粉酶相比,细菌 β-淀粉酶热稳定性更差,最适反应温度都在 50℃ 以下,是酶实现商品化的一大障碍。

二、酶法液化的机制及程度

淀粉的酶法液化是利用液化酶使糊化淀粉水解到糊精和低聚糖程度,使黏度大为降低,流动性增高,所以工业上称为液化。酶法液化和酶法糖化的工艺称为双酶法或全酶法。液化也可用酸,酸法液化和酶法糖化的工艺称为酸酶法。

由于淀粉颗粒的结晶性结构,淀粉糖化酶无法直接作用于生淀粉,必须加热生淀粉乳,使淀粉颗粒吸水膨胀,并糊化,破坏其晶体结构,但糊化的淀粉乳黏度很大,流动性差,搅拌困难,难以获得均匀的糊化结果,特别是在较高浓度和大量物料的情况下操作有困难。而 α-淀粉酶对于糊化的淀粉具有很强的催化水解作用,能很快水解到糊精和低聚糖范围大小的分子,黏度急速降低,流动性增高。此外,液化还可为下一步糖化创造有利条件,糖化使用的葡萄糖淀粉酶和 β-淀粉酶属于外切酶,水解作用从底物分子的非还原性末端进行。在液化过程中,分子被水解到糊精和低聚糖范围的大小程度,底物分子数量增多,末端基团增多,糖化酶作用的机会增多,有利于糖化反应。

液化使用 α-淀粉酶,它能水解淀粉和其水解产物分子中的 α-1,4 糖苷键,使分子断裂,甜度降低。α-淀粉酶属于内切酶,水解从分子内部进行,不能水解支链淀粉的 α-1,6 糖苷键,当 α-淀粉酶水解淀粉切断 α-1,4 糖苷键时,淀粉分子支叉部位的 α-1,6 键仍然留在水解产物中,得到异麦芽糖和含有 α-1,6 键、聚合度为 3～4 的低聚糖和糊精。但 α-淀粉酶能越过 α-1,6 键继续水解 α-1,4 糖苷键,不过,α-1,6 键的存在对于水解速度有降低的影响,所以,α-淀粉酶水解支链淀粉的速度较直链淀粉慢。

我国常用的 α-淀粉酶有由芽孢杆菌 BF-7658 产生的液化型淀粉酶和由枯草杆菌产生的细菌糖化型 α-淀粉酶以及由霉菌产生的 α-淀粉酶。

三、液化的方法

液化方法有四种,即直接升温液化法、高温液化法、喷射液化法和分段液化法。

1. 直接升温液化法

直接升温法又称一次升温法,是酶法液化中最简单的一种。方法是 30%～40% 的淀粉乳用纯碱调节至 pH 6.0～6.5,加入 $CaCl_2$,调节 Ca^{2+} 浓度到 0.01 mol/L,加入需要量的 α-淀粉酶(6～8 U/g 淀粉),在保持剧烈搅拌的情况下,喷入蒸汽加热到 85～90℃,在此温度保持 30～60 min 达到需要的液化程度,加热至 100℃ 以终止酶反应,冷却至糖化温度。这个方法设备简单,操作容易,但液化效果差,常为一些小型发酵厂和淀粉糖厂所使用。

2. 高温液化法(连续进出料液化法)

高温液化法又称喷淋液化法,这种方法比直接升温法复杂,是一种连续化或半连续化的液化方法。一般在开口的、装有搅拌器的液化罐中进行,在罐口接近液面处装有输送淀粉的喷淋头,下面装有分散的蒸汽加热器。将淀粉乳调整好 pH 和 Ca^{2+} 浓度,加入中温淀粉酶,把淀粉乳用泵输送经喷淋头进入液化罐,并使罐内物料温度始终保持在 90℃,使淀粉受热糊化、液化,由罐底部流出,控制好流量,进入保温桶中,于 90℃ 保温 30～60 min,使淀粉液化均匀、彻底,达到需要的液化程度后,继续升温至 100℃,灭酶 5～10 min,压滤去渣。此法虽在糖化效果、过滤性方面优于直接升温液化法,但操作较直接升温法液化烦琐,淀粉不是同时受热,液化不均匀,酶的利用不够完全,因此,工厂已较少使用。

3. 喷射液化法

此法是淀粉调浆加酶后,通过蒸汽喷射器,使压力为 0.4～0.6 MPa 的蒸汽直接喷射入淀粉乳薄层,由蒸汽产生的湍流使淀粉受热,引起糊化、液化,黏度迅速降低,液化的淀粉乳由喷射器的出口流出,引入到保温桶内,85～90℃ 保温 20～40 min,达到液化完全。此法优点是液化效果好,蛋白质类的杂质凝结好,糖化液易过滤,设备小,适于连续操作。

4. 分段液化法

为了改进液化效果和过滤性质,液化可分段进行,常用的为三段液化法。

调节淀粉乳 pH 为 6.0～7.0,加入 1/3 的 α-淀粉酶,在 88～92℃ 保持 15～

30 min 液化,再加热到 140℃保持 5～8 min,降温到 85℃,再加入剩余的 2/3 液化酶,在 85℃保持 1～2 h,达到需要液化的程度。由于液化分成两段,中间进行加热,使淀粉液化效果好,特别是对淀粉颗粒小、结构紧密的原料,采用此法效果更为显著。分段液化法最好使用管道化连续设备。三段液化法工艺可简化为酶—热—酶表示,比三段液化法更好的是酶—热—酶—热—酶五段液化法,由于工艺复杂,对一般原料并不常用,主要用于蛋白质含量高的次级小麦淀粉。

第四节　淀粉的酶法糖化

一、糖化机理

淀粉质原料经过糊化、液化,产生少量葡萄糖,大量是糊精、低聚糖,为了更彻底地分解淀粉,则需要用酸或酶对其进行糖化。酶法糖化是指利用糖化酶进一步将液化产物水解成葡萄糖。纯淀粉通过完全水解,因有水解增重的关系,每 100 g 淀粉能生成 111.11 g 葡萄糖。从生产角度,都希望淀粉能达到完全水解的程度,但由于复合分解反应的发生和生产管理过程中的损失,现在用双酶法工艺每 100 g 纯淀粉能生成 105～108 g 葡萄糖,差数为水解不完全的剩余物和复合产物。

工业上用葡萄糖值(DE 值)表示淀粉的水解程度或糖化程度,葡萄糖的实际含量稍低于葡萄糖值。采用双酶法工艺,DE 值可达 95%～98%,所用的糖化酶是由黑曲霉或根霉产生的葡萄糖淀粉酶。葡萄糖淀粉酶水解 α-1,4 糖苷键速度较快,但水解 α-1,6 键速度很慢,因此,单独使用葡萄糖淀粉酶,糖化最终 DE 值很难达到 98%。用能水解 α-1,6 糖苷键的异淀粉酶或普鲁兰酶与葡萄糖淀粉酶合并糖化,所得的糖化液含葡萄糖可达 99%以上。

二、糖化方法

酶糖化的操作比较简单,我国一般使用黑曲霉产生的糖化酶,具体操作为:液化结束后,将料液用酸调至 pH 4.0～4.5,同时迅速将温度调至 60～62℃,然后加入糖化酶,用量 100～200 U/g 淀粉,60℃保温,并保持适当的搅拌,避免发生局部温度不均匀现象,糖化时间在 24～48 h,当用无水酒精检查无糊精存在时,糖化可以结束。将料液调至 pH 4.8～5.0,同时加热到 80℃,保温 20 min,然后降温至

60～70℃,开始过滤,滤液进入贮存罐。

现在多数工厂为节约能源消耗,提高设备利用率,均使用80～200 m³大罐进行糖化。所得糖化液的还原糖含量可达30%左右,DE值可达96%以上,如果加大糖化酶的用量,或糖化中途追加糖化酶,可以缩短糖化时间。

由于糖化条件温和,对于设备要求相对较低,糖化罐用碳钢表面涂上防腐材料即可,外层包以保温材料,内部应有盘管通热水以保温,搅拌要求也极低,只要糖化液不处于静止状态即可。糖化液DE值初期上升很快,20 h后DE值可超过90%,而后比较缓慢,达到平衡点要及时处理,不然DE值反而会下降。

三、糖化工艺条件

1. 液化液的DE值

DE值通常应在15%～20%,好的液化液应该是淀粉分子切断得比较均匀,在液化液中4～8葡萄糖聚合度的成分越高越有利于糖化,而小于3或大于12的聚合度都不利于糖化酶的作用。

2. 糖化的pH、温度和加酶量

(1)pH和温度。不同来源的糖化酶,糖化温度和pH要求各不相同。曲霉控制pH 4.0～4.5,温度55～60℃;根霉控制pH 4.5～5.5,温度50～55℃;拟内孢霉控制pH 4.8～5.0,温度50℃。在工业生产中,根据酶的特性,尽量选用较高的温度糖化,使糖化速度快些,减少杂菌污染的可能性。选择较低pH,可以使糖化液颜色浅,便于脱色。

(2)加酶量。糖化酶制剂用量决定于酶活力高低,酶活力高,用量少,液化液浓度高,加酶量要多。生产上采用30%淀粉乳时,用酶量为100 U/g淀粉左右。提高用酶量,糖化速度快,但酶用量过大,反而复合反应严重,导致葡萄糖降低。以玉米淀粉乳液化液为例,当DE值为19%、浓度33%,60℃,pH 4.5条件下糖化,选用NOVO-150酶制剂,用量每吨绝干淀粉分别为0.75 L,1.00 L,1.50 L和1.75 L,从糖化曲线所示,糖化24 h,这四种不同用酶量达到的DE值分别为87%,92%,95%和97%,继续糖化,0.75～1.50 L的DE值缓慢上升,用酶量1.75 L的DE值于36 h达最高值后,开始下降(图6-13)。

3. 糖化酶的选择

现在工业化生产使用的糖化酶主要来自黑曲霉和根霉,两者产生的葡萄糖淀粉酶特性各有不同。黑曲霉具有较高的糖化酶活力,酶活力稳定,能在较高温度下糖化,糖化液色泽浅。黑曲霉在液体或固体中培养都可获得较高酶活力,因此,被广泛使用。缺点是产生的酶不纯,常含有葡萄糖苷转移酶(转苷酶),能使葡萄糖基转移,生成具有 α-1,6 糖苷键的异麦芽糖、潘糖,使葡萄糖产率降低一个百分点。转苷酶可以通过添加白土或聚丙烯酸去除,但这必然给生产增加困难,此问题现在正采用筛选转苷酶活力很低的黑曲霉变异株加以解决。根霉的糖化酶活力高,酶系较纯,不含转苷酶,而且含 α-淀粉酶活力高于曲霉,对糖化有利。但

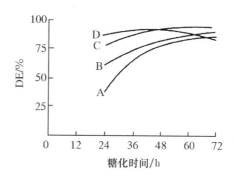

图 6-13　不同用酶量的糖化曲线
A—0.75 L/t 绝干淀粉　　B—1.00 L/t 绝干淀粉
C—1.50 L/t 绝干淀粉　　D—1.75 L/t 绝干淀粉

根霉在液体深层培养基中培养产生的糖化酶活力往往不如固体培养高,这极大地限制了该酶在工业生产中的使用。

四、岗位要求及操作规程

1. 岗位要求

①酶法糖化岗位要求熟练进料、循环进料、取样、检查记录、灭酶、取样测 DE 值、出料等操作。

②符合淀粉生产及制糖行业各技术领域的职业岗位(群)的基本任职要求。

2. 操作规程

(1)开车前准备。

①更衣后进入糖化岗位,工作区域要求清洁,不存在任何与岗位操作无关的文件、器具、物料。

②确认工艺水、电、汽供给正常。

③确保所有的糖化罐是清洁的,并进行过消毒处理。

④有空白生产记录。

⑤检查所有的阀门处于关闭状态。

(2)操作。

①接到液化岗位通知后打开指定的糖化罐进料阀。

②当物料距顶 50 cm 时打开下一个糖化罐进料阀,关闭本糖化罐进料阀,开启

糖化罐底部空气压缩阀门,利用压缩空气循环罐内的物料,使糖化酶均匀有效地发挥作用,循环 60 min 后停止循环。

③循环停止后,糖化操作人员拿取样杯在取样阀取样,送到质检室检查 pH、DE 值,做好罐满时间及第一次检查记录。

④糖化罐物料反应 10 h 测 DE 值一次,以后每隔 8 h 测一次,直到 DE 值达98％为止,进行灭酶。

⑤糖化操作人员首先开启灭酶冷却水,启动灭酶泵,当有料液循环后,开蒸汽阀,调节罐内物料温度为 80～85℃,灭酶时间为 1.5～2 h,保持糖化物料温度为80～85℃。

⑥灭酶后,要取样到质检室监测 DE 值及 pH 并关闭灭酶循环上、下阀门,做好灭酶时间及最终 DE 值记录。

⑦灭酶停留 1 h 后,准备出料,糖化操作人员通知脱色人员做好进料准备工作,打开出料底部阀门、出料阀、出料泵的冷却水出口阀,启动出料泵。同时通知除渣岗位人员接料。

(3)记录与停车。

①操作时同步认真填写生产记录。

②停车:当物料停放或放空时,关闭糖化罐的出料阀和出料泵。若放空,则对糖化罐进行清洗消毒,以备下一周期使用。

(4)安全防护。

①开启蒸汽阀时身体不要正对着阀门,要侧面开启。

②酶制剂对眼睛和皮肤有腐蚀性,在使用时必须十分小心,万一溅到眼睛或皮肤上时,要用清水冲洗。

③进行化学品处理时,必须戴橡胶手套及其他必要的防护措施。

④进入糖化罐时,必须上、下入孔同时打开,通风 30 min 后方可进入。

(5)每出空一个糖化罐必须进行清洗,用 70℃的汽凝水冲洗罐以备用,如长期不用,使用时用蒸汽消毒所使用的糖化罐,消毒温度为 90℃。同时做好清洗记录。

第五节　糖化液的精制和浓缩

淀粉糖化液成分十分复杂,除有葡萄糖、低聚糖和糊精等糖分组成物外,还有糖的复合和分解反应产物、原料淀粉中的杂质、水带来的杂质以及作为催化剂的酸或酶等。这些杂质又可分为含氮物质、有机酸、无机酸、有机盐、无机盐、脂肪、有色物质等,这些杂质对糖浆的质量和结晶葡萄糖的生产都是不利的,糖化液精制就是要清除这些杂质。

一、糖化液中杂质的来源和影响

1. 原料淀粉

淀粉中的杂质主要是蛋白质、脂肪和灰分,约占淀粉总量的 1%。其中对生产影响最大的是蛋白质含量,在酸水解时,蛋白质会变成氨基酸、肽段,分解产物与5-羟甲基糠醛结合能形成有色物质,影响产品质量。用于葡萄糖生产的原料淀粉蛋白质含量应控制在 0.3%~0.5% 以内,其中可溶性蛋白应在 0.03% 以下。各种淀粉中,谷类淀粉蛋白质含量高,薯类淀粉蛋白质和脂肪含量都较低,但马铃薯淀粉的灰分、表皮中残留的色素、植物碱都比较高。

2. 辅料

辅料中的杂质包括:淀粉水解所用的酸催化剂,代表性的是盐酸,中和所用的碱,中和后所含的盐类如 NaCl,酸、碱、活性炭所带进的 Ca^{2+}、Mg^{2+}、Fe^{2+}、Fe^{3+} 等离子,酶制剂带进的蛋白质,未经软化的硬水带进的杂质。

3. 生产过程中产生的杂糖

由于葡萄糖的复合反应和分解反应,加上转苷酶的作用,会产生潘糖等杂糖,这些杂糖总含量在酸法工艺中为 12%~15%,酸酶法工艺为 7%~8%,双酶法工艺为 3%~4%。这些杂糖的去除,主要是通过葡萄糖结晶时析出,而后从母液分离中排掉,杂糖的存在会严重影响结晶速度和葡萄糖收率。

4. 色素

色素来源有:水解反应中产生的 5-羟甲基糠醛与含氮物质结合;使用碱中和过程中,局部碱浓度过高造成的对葡萄糖结构的破坏;浓缩过程中糖温偏高,时间过长,产生的焦糖色。

二、中和

1. 中和原理

酸水解糖液 pH 一般为 17~19,不能直接使用,酸酶法在液化工艺结束后也有类似问题,这就要求必须用碱调整 pH,习惯上称为中和。酶法糖化不存在中和

问题。使用盐酸为催化剂时,要用碳酸钠中和;使用硫酸为催化剂时,用碳酸钙中和。中和反应化学方程式为:

$$2HCl + Na_2CO_3 \longrightarrow 2NaCl + H_2O + CO_2 \uparrow$$

$$H_2SO_4 + CaCO_3 \longrightarrow CaSO_4 + H_2O + CO_2 \uparrow$$

中和,实质上并不是真正中和到 pH 为 7.0,只是中和大部分盐酸,调节到 pH 为胶体物质的等电点,使糖液中的蛋白质及其分解物能最大限度地凝聚,以便在其后的过滤工序中,被活性炭层或其他助滤剂所截留,这样的 pH 通常在 4.8~5.0。pH 偏低,糖化液中杂质不能最大量地凝聚析出,pH 偏高,葡萄糖分解成色素,增加糖液色泽,而且部分凝聚物又会重新溶解。

2. 中和工艺

糖化液在中和前首先要冷却,使温度从 130℃ 以上迅速降到 100℃ 以下。冷却罐设在厂房较高处,借糖化罐的高压将糖化液压入冷却罐,糖液迅速减压,闪急冷却产生的二次蒸汽急速沿冷却罐上部的排气筒排放到大气中。为了减少二次蒸汽排放时夹带糖液,在冷却罐上部连接一台汽液分离器,或直接把冷却罐设计成旋风分离器。糖液温度下降以后流入中和罐,也有的不设冷却罐,由中和桶兼作冷却罐,这就要求中和罐上安装直径足够大的排气筒。液化液进入中和桶后,发生剧烈沸腾,中和时又生成大量 CO_2,故要求中和桶的容积应足够大,为糖化液体积的 3~4 倍,以防糖化液溢出桶外。中和桶带有搅拌装置,搅拌或是通过桶底部的多孔蛇形管通入压缩空气进行,或者利用机械搅拌(图 6-14)。

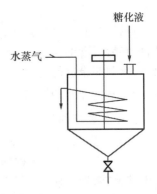

图 6-14　中和桶

糖化液进入中和桶后产生的二次蒸汽由排气管排出,由于加入冷碳酸钠溶液,和通入冷空气搅拌,糖化液的温度可降至 90℃ 以下。用碱调整 pH 时,特别水蒸气要注意局部过碱的问题,因为即使是短暂的碱性,对葡萄糖的破坏和增加色素都是不可逆的,因此,中和碱液的浓度不宜太高,碳酸钠浓度以 5% 为宜。加入方式最好采用喷洒,同时搅拌应快一些,最好同时通入空气进行翻滚。在中和时为了除去蛋白类物质,可加入澄清剂膨润土,也可加入炭泥作助滤和粗脱色用。

三、过滤

1. 过滤介质与助滤剂

淀粉糖化液中悬浮着的固体物必须有效地去除净化,固体物主要由凝沉蛋白质及其他不溶物组成。工业上所进行的过滤均是以滤布为过滤介质,糖化液通过滤布时把固体物截留在滤布上,然后去除。完成过滤的设备是过滤机。作为过滤介质的滤布种类繁多,可用天然纤维、合成纤维和金属丝生产,其编织图案、线的形式、渗透性、网眼数目、孔隙大小、拉伸强度和化学亲和力方面均有不同。它与助滤剂配合使用,因此,选用滤布时,不但要适合工艺设备,还要考虑助滤剂和所要过滤的糖化液的特点。淀粉糖浆工业常用棉纤维、尼龙及涤纶做滤布,相对而言,合成纤维具有耐压、耐用、易于清洗、流速控制好等特点,使用较多。要根据工艺选择编织纹法和线径大小。

助滤剂是在过滤时帮助快速除去溶液中细小颗粒的一种物质,主要有硅藻土、珍珠岩、纤维素等,我国主要使用硅藻土做助滤剂。方法是在滤布上沉积适当厚度的硅藻土层,然后进行过滤,由于硅藻土滤层的孔隙比滤布的滤孔小得多,过滤时糖化液的杂质不与滤布接触,不致堵塞滤布的孔隙,以保持较高的过滤速度。在这种情况下,滤布的功能只是承住硅藻土,过滤工作实际由硅藻土层承担。硅藻土的用量视糖化液中含杂质多少和硅藻土的质量而定,一般使用量为糖化液干物质的 $0.5\%\sim0.8\%$。

2. 过滤工艺条件

为了提高过滤速率,糖液过滤时要保持一定温度,使其黏度下降,有利于过滤,同时还要正确地掌握过滤压力。过滤进行过程中,滤饼逐渐沉积于硅藻土层上,随厚度增加,阻力也逐渐增加,这就需要逐渐增加一定压力以保持一定的过滤速度,压力增加的规律是前期要慢,以免把硅藻土层压得过紧,中间可以适当加快,并在整个过滤过程的最后 1/5 时间达到最高值,整个过滤时间约 3 h,最高压力 392.3 kPa。当超过一定压力差后,继续施加压力,滤速并不会增加,反而会使滤布表面形成一层紧密的滤饼层,过滤速度下降。当过滤到滤饼充满过滤机或过滤速度降低至很小时,为过滤周期终点,停止过滤,泵入热水把滤饼中存留糖化液洗出回收,清洗完毕后,打开过滤机,洗脱滤饼,准备下一次过滤。

过滤是在过滤机上完成的,过滤机类型包括板框压滤机、叶片过滤机、真空过滤机等。目前主要应用后两种较多。

（1）叶片过滤机。使用最广泛的为卧式密闭圆筒形,内装有圆形滤叶,滤叶用粗金属丝制成,两面各具有1个较细的金属网,滤布做布袋形,套在滤叶上,紧贴着金属网。滤叶四周为半圆形的沟,滤过的糖化液沿此沟流到滤叶顶端的出口,滤叶顶端有一短管,作用是将滤叶固定在过滤机圆筒上和引导滤过后的糖化液到出料管。滤叶直径0.8～1.0 m,滤叶间距离为10～15 cm,滤机长3～4 m,安有54～72个滤叶,过滤最高压力392 kPa。过滤时,圆筒中的糖化液经过滤布,到达金属网间空间,经过周围的半圆形沟流到滤叶顶部的出口管,当滤布上面形成的滤饼逐渐加厚到相邻滤饼很接近时,即应停止过滤。叶片过滤机的密闭圆筒上半部固定在架上,下半部可以打开看见机内滤叶,去滤饼时滤叶无须装卸,节省许多时间(图6-15)。

（2）预涂层式真空过滤机。预涂层式真空过滤机是近年来使用逐渐增多的一种过滤机。过滤操作分为预涂、过滤、滤饼分离三步。过滤机主要部件是转鼓,在转鼓内维持一定的真空度,施加于转鼓外边的大气压力为过滤的推动力。过滤操作时,转鼓下部浸没于待过滤的悬浮液中,当转鼓以低速旋转时,滤液就透过滤布被吸入转鼓内腔,滤渣则滞留于转鼓表面的过滤介质上形成滤饼。预涂是将助滤剂均匀地涂在

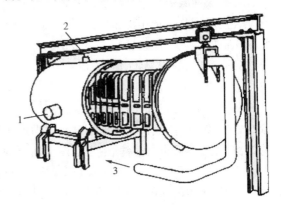

图6-15　加压叶片过滤机示意图
1—料液　2—排空气　3—滤液

真空转鼓表面,预涂浆浓度为4%～8%,转鼓每转60～90 s,在转鼓上面沉积一层硅藻土(约2 cm厚)。预涂完成后迅速过滤,由于过滤机上装有刮刀,当转鼓旋转时,刮刀可逐渐向内移动,速度为每周0.003～0.005 cm,可将沉积的硅藻土薄层刮掉,保证过滤面总是干净的硅藻土层,以保持相当好的渗透能力,使过滤始终以较高速度进行。待刮刀移到硅藻土层已经很薄时,停止过滤,洗涤转鼓后,再进行沉积新硅藻土层。

四、脱色

淀粉糖化液过滤后需要进一步脱去有色物质。脱色用骨灰和活性炭,活性炭又分粉末炭和颗粒炭两种。骨灰是最早应用于糖化液脱色的,用过后可再生,重

复使用。颗粒活性炭的脱色能力很高,用过后亦可再生,但因再生设备复杂,骨灰和颗粒活性炭,主要在大型工厂中使用。粉末活性炭只可重复使用 2～3 次,因此,成本较高,但设备简便,操作方便,常被中、小型工厂采用。

炭的脱色是物理吸附作用,将有色物质吸附在柱表面上,从糖化液除掉。吸附作用有选择性,骨灰吸收无机灰分能力强,活性炭吸附 5-羟甲基糠醛的能力强。脱色炭的吸附作用是可逆的,它吸附颜色物质的量决定于颜色的浓度,所以,先用于颜色较深的糖浆后,就不能再用于颜色较浅的糖浆。反之先脱色颜色较浅的糖浆,再脱色颜色较深的糖浆仍然有效。工业上便是利用这种道理,用新鲜炭先脱颜色较浅的糖浆,再脱颜色较深的糖浆,最后脱颜色更深的糖浆,以充分发挥炭的吸附能力,称此为逆流法。脱色时通常是将一定比例的糖化液和活性炭加进脱色桶内,温度 80℃左右,pH 控制在 4.0 左右,搅拌约 30 min 使糖液与活性炭充分混合。更好的方法是用过滤机脱色,糖化液通过沉积在滤布上的活性炭滤饼,进行脱色。

五、离子交换

糖化液经活性炭脱色后,进一步用离子交换树脂处理的目的是将尚存在糖液中的无机盐和有机杂质除掉。其中阳离子树脂可以去除蛋白质和可溶性盐类的阳离子部分,如 Na^+、Ca^{2+}、Mg^{2+}、Fe^{2+}。阴离子树脂可以除去可溶性盐类的阴离子,如氯化物、硫酸盐和碳酸盐。经离子交换树脂处理的糖化液,灰分可降到原来的 1/10,有色物质及能产生颜色的物质也去除得比较彻底。

1. 离子交换树脂

离子交换树脂是合成的高分子树脂,分阳离子交换树脂和阴离子交换树脂两种。阳离子交换树脂具有交换酸基,磺酸为强酸,H^+ 能全部解离,羧酸为弱酸,H^+ 离解不完全,淀粉糖化液精制中采用的多为 Na^+ 强酸型阳离子树脂。阴离子交换树脂,因为葡萄糖在碱性情况下不稳定,都选用弱碱性阴离子交换树脂,一般应用叔胺基阴离子交换树脂,可除去糖化液中酸性离子 Cl^-、SO_4^{2-}、NO_3^- 等。离子交换柱通常用碳钢制造,内衬橡胶里,压力根据水解产品黏度、流速及树脂类型而言,一般在 $300～700$ kPa。

2. 离子交换树脂连续操作工艺

用离子交换树脂精制淀粉糖化液,目前被广泛采用的方法是 4 只滤床以阳—阴—阳—阴排列,2 对阳、阴离子交换树脂串联使用,阳离子交换树脂为强酸性苯乙烯磺酸型,阴离子交换树脂为弱碱性叔胺型,糖化液蒸发到浓度约55%时,活性炭脱色,然后流经离子交换树脂滤床,温度49～54℃,树脂流速0.034～0.068 L/min。这种串联使用能发挥每只床的交换能力,第一对阳、阴离子交换能力消失后,停止使用,将第二对滤床当作第一对使用,另外一对备用已再生好的滤床当作第二对使用,最早的第一对床则进行再生。生产过程可用糖浆流出柱后的质量来控制,以电导率、pH及颜色作为控制指标。一般当杂质质量为2 000 mg/kg糖化液,经离子交换树脂精制,可达电阻率为$1×10^6 Ω·cm$以上,pH 4.5～5.0(图6-16)。

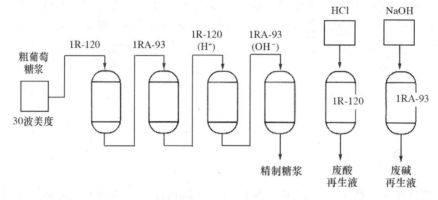

图6-16 离子交换树脂精制工艺

酸性糖化液脱色后,可引入三级离子交换树脂床体系,阴离子交换树脂床在前面,为阴—阳—阴—阳—阴—阳排列。糖化液流经阴离子交换树脂时,无机酸和有机酸被吸附,再流经阳离子交换树脂,使糖液中阳离子被H^+交换。但不能将阳离子交换树脂置于首位,因为当pH为18的酸性糖化液流经第一个阳离子交换树脂床时,树脂上的阳离子就被浸出,情形和用酸溶液再生阳离子树脂情况相似,发生"假再生"现象,将使整个系统失去平衡。

六、蒸发浓缩

经过净化精制的糖液,浓度比较低,必须将其中的大部分水分去除掉,才能达到要求的浓度。使糖液浓缩通常采取蒸发的方式进行。

1. 蒸发过程和蒸发方式的选择

淀粉糖浆为热敏性物质,受热易着色,一般蒸发温度不宜超过68℃,因此,在葡萄糖浆浓缩时,应采用真空蒸发(减压蒸发),以降低溶液的沸点。蒸发过程的两个必要组成部分是加热使溶液沸腾汽化和不断排出水蒸气,与此相应的蒸发系统由蒸发器和冷凝器两部分组成。蒸发器是一个换热器,它由加热室和汽化分离器两部分组成,加热沸腾产生的二次蒸汽经汽液分离器与溶液分离后引出,二次蒸汽在冷凝器内冷凝后排出系统。蒸发系统总的蒸发速度是由蒸发器的蒸发速度和冷凝器的冷凝速度共同决定的。

根据二次蒸汽是否用来作为另一蒸发器的加热蒸汽,蒸发过程可分为单效蒸发和多效蒸发。葡萄糖浆的浓缩都是采用多效蒸发方式进行的,以降低能耗。

2. 蒸发设备

工业上的蒸发设备达几十种,淀粉糖浆蒸发常用的设备有以下几种。

(1)内循环蒸发器。属于间歇式蒸发器,采用短管立式蒸发,糖液受热时间长,不利于糖浆的浓缩,但设备简单,最终浓度容易控制,适合于小型工厂生产低 DE 值产品时使用。

(2)外循环蒸发器。蒸发器的加热室与蒸发室分开,属于循环式,可使一部分浓缩液返回蒸发器,物料受热时间比间歇式短,浓度也较易控制,适合于糖浆浓缩,被淀粉糖工业广泛使用。

(3)列管膜式蒸发器。利用沸腾后蒸汽的推动作用,使液体在传热面上形成薄膜,因而强化传热效果,降低物料受热时间,蒸发速度快,传热效率高。按蒸汽和液膜的流动方向又分为升膜式、降膜式和升降膜式三种,在淀粉糖集中广泛使用的是降膜式蒸发器。如图 6-17 所示,原料液由加热室顶部进入,在重力作用下沿管内壁呈膜状向下流动,在下流过程中被蒸发浓缩,汽液混合物从管下端流出,进入分离室,汽液分离后,浓缩液由分离室底部排出。这类蒸发器操作良好,关键是使溶液呈均匀膜状能沿各管内壁向下流动,为此,蒸发器顶部必须设置液体分布器。

(4)旋转刮板膜式蒸发器。依靠旋转的刮板,借离心力和旋转刮板的刮带作用使液

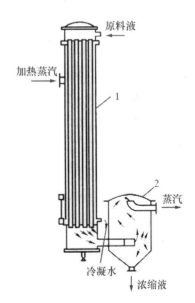

图 6-17　降膜式蒸发器

1—加热室　2—分离器

体分布在热管壁上,其结构复杂,动力消耗较大,但是传热系数高,蒸发强度大,可以处理其他蒸发器所不能处理的高黏度液体。

3. 蒸发工艺的确定

蒸发方法的选择和蒸发设备的选型是确定蒸发工艺的关键。葡萄糖浆浓缩时要考虑糖浆糖分组成、黏度变化范围、热稳定性、发泡性、腐蚀性、是否易结垢、结晶糖浆中是否含有固体悬浮物等因素来确定合理的蒸发工艺。

蒸发时能耗非常大,除多效蒸发是降低能耗的有效方法外,也可采用二次蒸汽再压缩以提高其热值,达到节约蒸汽的目的。蒸发浓缩后的糖浆产品达到规定浓度,放入成品罐中使之冷却,然后再灌装,以免热糖浆直接灌装而夹带少量蒸汽,冷凝后留于糖浆表面,引起微生物污染。

第七章

液态葡萄糖生产及深加工技术

第一节　熟悉液态葡萄糖

液态葡萄糖的性质由 DE 值和特定 DE 值中各组分含量所决定。其种类较多,不同产品在许多性质方面存在着明显差异,如甜度、黏度、胶黏性、增稠性、吸潮性、保潮性、渗透性、食品保藏效果、化学稳定性、焦化性、还原性和发酵性等。

液态葡萄糖的黏度同固体含量与温度有关,在同一温度和浓度下,其黏度取决于糖的组分与平均分子质量,平均分子质量越大,黏度就越大。转化方式不同黏度也不同,同一温度下黏度大小依次为:酸法＞酸酶法＞双酶法。

液态葡萄糖平均分子质量与渗透压间是线性关系,DE 值越高,渗透压值也越大,液态葡萄糖的自身保护性也越强。糖浆的冰点降低取决于溶液的浓度,在固形物含量一定时,DE 值越高,冰点降低程度越大,这一特性对冰冻食品(如冰激凌)非常重要。使用糖浆种类不同,冰激凌的硬度和融化点也不同。

沸点升高是液态葡萄糖的一个重要特性,加入不同的葡麦糖浆可控制糖果生产沸点,以达到节省能源、减少褐变反应的目的。

对固体浓度一定的葡麦糖浆,DE 值的增高,会降低糖浆的 ERH(相对湿度平衡),使产品不易变得干燥;DE 值降低,会使糖浆的 ERH 增加,产品容易散失水分变得干燥。

液态葡萄糖的甜度随转化程度的增高而升高,浓度越高则甜度越大。低 DE 值液态葡萄糖在某些食品领域中具有优势,如在果酱中做防腐剂,可以提供低甜度又不掩盖水果本身的风味。

目前,液态葡萄糖是我国淀粉糖工业中最主要的产品,广泛应用于食品工业中

（糖果、糕点、饮料、冷饮、焙烤、罐头、果酱、果冻、乳制品等），还可作为医药、化工、发酵等行业的重要原料。

液态葡萄糖产品甜度低于蔗糖，黏度、吸湿性适中，用于糖果中能阻止蔗糖结晶，防止糖果返砂，使糖果口感温和、细腻；葡萄糖浆杂质含量低，耐储存性和热稳定性好，适合生产高级透明硬糖；且该糖浆黏稠性好、渗透压高，适用于各种水果罐头及果酱、果冻，可延长产品的保存期；液态葡萄糖浆具有良好的可发酵性，适合面包、糕点生产中的使用；液态葡萄糖在医药工业领域中主要作为抗生素生产的原料，作为药丸糖衣，与蔗糖共同作为止咳液的载体。

第二节　液态葡萄糖的生产

一、液态葡萄糖常用的生产工艺

液态葡萄糖主要生产工艺有酸法、酸酶法和双酶法。

由酸法水解工艺可知，以淀粉为原料应用酸水解法制备糖液，由于需要高温、高压和催化剂，会产生一些不可发酵性糖及一系列有色物质，这不仅降低了淀粉的转化率，而且存在生产出来的糖液质量差，在水解程度上不易控制等缺点。酸酶法工艺虽能较好地控制糖化液最终 DE 值，但和酸法一样，仍存在一些缺点，设备腐蚀严重，使用原料只能局限于淀粉，反应中生成的副产物较多，最终糖浆甜味不纯。自 20 世纪 60 年代以来，国外在酶水解理论研究上取得了新进展，使淀粉水解取得了重大突破，日本率先实现工业化生产，随后其他国家也相继采用了这种先进的制糖工艺。酶解法制糖工艺是以作用专一性的酶制剂作为催化剂，因此反应条件温和，复合和分解反应较少。因此，采用酶法生产不仅可提高淀粉的转化率及糖液的浓度，而且还可大幅度地改善糖液的质量，是目前最为理想、应用最广的制糖方法。

二、液态葡萄糖工艺流程

1. 酸法工艺流程

酸法工艺是以酸作为水解淀粉的催化剂，淀粉是由多个葡萄糖分子缩合而成的碳水化合物，酸水解时，随着淀粉分子中糖苷键的断裂，逐渐生成葡萄糖、麦芽糖和各种相对分子质量较低的葡萄糖多聚物。该工艺操作简单，糖化速度快，生产周期短,设备投资少。

液态葡萄糖酸法加工工艺流程见图7-1。

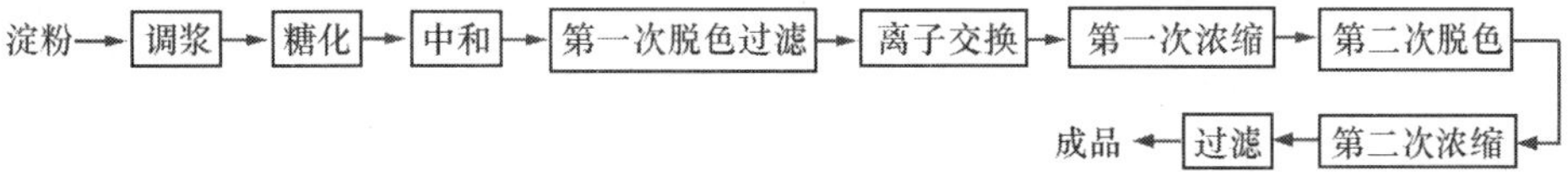

淀粉 → 调浆 → 糖化 → 中和 → 第一次脱色过滤 → 离子交换 → 第一次浓缩 → 第二次脱色

成品 ← 过滤 ← 第二次浓缩

图7-1 液态葡萄糖酸法加工工艺流程

2. 酸酶法工艺流程

液态葡萄糖酸酶法加工工艺流程见图7-2。

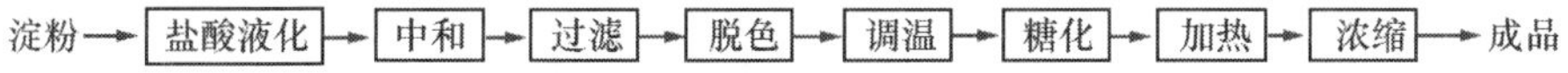

淀粉 → 盐酸液化 → 中和 → 过滤 → 脱色 → 调温 → 糖化 → 加热 → 浓缩 → 成品

图7-2 液态葡萄糖酸酶法加工工艺流程

3. 双酶法工艺流程

现在淀粉糖生产厂家大多采用酶法生产工艺。其最大的优点是液化、糖化都采用酶法水解,反应条件温和,对设备几乎无腐蚀;可直接采用原粮如大米(碎米)作为原料,有利于降低生产成本,糖液纯度高、得率也高。

液态葡萄糖双酶法加工工艺流程见图7-3。

淀粉 → 调浆 → 液化 → 糖化 → 脱色 → 离子交换 → 真空浓缩 → 成品

图7-3 液态葡萄糖双酶法加工工艺流程

三、液态葡萄糖加工要点

1. 酸法加工要点

(1)淀粉原料要求。常选用纯度较高的玉米淀粉,次之为马铃薯淀粉和甘薯淀粉。

(2)调浆。在调浆罐中,先加部分水,一边搅拌,一边加入粉碎的干淀粉或湿淀粉,投料完毕后,继续加入80℃左右的水,使淀粉乳浓度达到22～24°Bé(生产葡萄糖淀粉乳浓度为12～14°Bé),然后加入盐酸或硫酸调pH为1.8。注意调浆需用软水,以免产生较多的磷酸盐使糖液混浊。

(3)糖化。用耐酸泵将调好的淀粉乳送入耐酸的加压糖化罐中。边进料边开蒸汽,进料完毕后,将压力升至$(2.7～2.8)×10^4$ Pa(温度142～144℃),在升压的过程中,每升压$0.98×10^4$ Pa,打开排气阀大约0.5 min,排出冷空气,待排出白烟时关闭,并借此使糖化醪翻腾,受热均匀,待升压至要求压力时保持 3~5 min 后,及时取样测定其 DE 值,待达到 38%~40%时,糖化即终止。

(4)中和。糖化结束后,打开糖化罐将糖化液引入中和桶进行中和。用盐酸水解者,用 10%的碳酸钠中和,用硫酸水解者用碳酸钙中和。前者生成的氯化钙,溶存于糖液中,但数量不多,影响风味不大,后者生成的硫酸钙可于过滤时除去。

糖化液中和的目的,并非中和到真正的中和点 pH 7,而是中和大部分盐酸或硫酸,调节 pH 到蛋白质的凝固点,使蛋白质凝固过滤除去,保持糖液清晰。糖液中蛋白质凝固最好 pH 为 4.75,因此,一般中和到 pH 4.6~4.8 为中和终点。中和时,加入干物质量 0.1%的硅藻土为澄清剂,硅藻土分散于水溶液中带负电荷,而酸性介质中的蛋白质带正电荷,因此澄清效果很好。

(5)脱色过滤。待中和糖液冷却至 70~75℃时,调节 pH 至 4.5,再加入干物质量 0.25%的粉末活性炭,一边加一边搅拌大约 5 min,压入板框式压滤机或卧式密闭圆桶形过滤机过滤出清糖滤液。

(6)离子交换。将第一次脱色滤出的清糖液,通过阳—阴—阳—阴 4 个离子交换柱进行脱盐提纯。

(7)第一次浓缩。将提纯糖液调 pH 至 3.8~4.2,用泵送入蒸发罐保持真空度 66.661 Pa 以上,加热蒸汽压力不超过 0.98 MPa,浓缩到 28~31°Bé(相对密度 1.240 8~1.273 6),出料,进行第二次脱色。

(8)第二次脱色过滤。第二次脱色与第一次相同。第二次脱色糖浆必须反复回流过滤至无活性炭微粒为止,再调 pH 至 3.8~4.2。

(9)第二次浓缩。第二次浓缩与第一次浓缩相同,只是在浓缩之前要加入亚硫酸氢钠,使糖液中的二氧化硫含量为 0.001 5%~0.004%,以起漂白及护色作用。蒸发至 36~38°Bé(相对密度 1.332 4~1.357 5)时,出料,即为成品。

2. 酸酶法加工要点

由于酸法工艺在水解程度上不易控制,现许多工厂采用酸酶法,即酸法液化、酶法糖化。在酸法液化时,控制水解反应,使 DE 值在 20%~25%时即停止水解,迅速进行中和。调节 pH 4.5 左右,温度为 55~60℃后加葡萄糖淀粉酶进行糖化,直至所需 DE,然后升温、灭酶、脱色、离子交换、浓缩。

3. 双酶法加工要点

控制淀粉乳浓度在 30%左右(如用米粉浆则控制在 25%~30%),用 Na₂CO₃ 调节 pH 至 6.2 左右,加入适量 CaCl₂,添加耐高温 α-淀粉酶 10 U/g 左右(以干淀粉计,U 为活力单位),调浆均匀后进行喷射液化,温度一般控制在 110℃,液化 DE

值控制在 15％～20％,以碘色反应为红棕色、糖液中蛋白质凝聚好、分层明显、液化液过滤性能好为液化终点时的指标。

糖化操作比较简单,将液化液冷却至 55～60℃后,调节 pH 至 4.5 左右,加入适量 25～100 U/g(以干淀粉计)的糖化酶,然后进行保温糖化,到所需 DE 值时即可升温灭酶,进入后道净化工序。

将淀粉糖化液经过滤除去不溶性杂质,得到澄清糖液,仍需再进行脱色和离子交换处理,以进一步除去糖液中的水溶性杂质。

脱色一般采用粉末活性炭,控制糖液温度为 80℃左右,添加相当于糖液固形物 1％活性炭,搅拌 0.5 h,用压滤机过滤,脱色后糖液冷却至 40～50℃,进入离子交换柱,用阳、阴离子交换树脂进行精制,除去糖液中各种残留的杂质离子、蛋白质、氨基酸等,使糖液纯度进一步提高。

精制的糖化液真空浓缩至固形物为 73％～80％,即可作为成品。

第八章

葡萄糖生产及深加工技术

第一节　认识葡萄糖

一、葡萄糖产品分类

葡萄糖又称为玉米葡糖、玉蜀黍糖,或简称为葡糖,是自然界分布最广且最为重要的一种单糖,它是一种多羟基醛。纯净的葡萄糖为无色晶体,有甜味但甜味不如蔗糖,易溶于水,微溶于乙醇,不溶于乙醚。水溶液旋光向右,故亦称"右旋糖"。葡萄糖在生物学领域具有重要地位,是活细胞的能量来源和新陈代谢中间产物。植物可通过光合作用产生葡萄糖。在糖果制造业和医药领域有着广泛应用。

葡萄糖是在活细胞代谢中起主要作用的六碳糖,是淀粉经酸或酶完全水解的产物。由于生产工艺的不同,所得葡萄糖产品的纯度也不同,一般可分为结晶葡萄糖和全糖两类。

结晶葡萄糖纯度较高,主要用于医药、试剂、食品等行业。葡萄糖结晶通常有三种形式的异构体:含水 α-葡萄糖(一水 α-葡萄糖)、无水 β-葡萄糖、无水 α-葡萄糖。水解的葡萄糖产品中葡萄糖占干物质的 $95\% \sim 97\%$,其余为少量因水解不完全而剩下的低聚糖,将所得的糖化液用活性炭脱色,再流经离子交换树脂柱,除去无机物等杂质,便得到了无色、纯度高的精制糖化液。将此精制糖化液浓缩,在结晶罐中冷却结晶,得到含水 β-葡萄糖(一水 β-葡萄糖)结晶产品;在真空罐中于较高温度下结晶,得到无水 β-葡萄糖结晶产品;在真空罐中结晶,得到无水 α-葡萄糖结晶产品。

全糖一般由糖化液喷雾干燥成颗粒状或浓缩凝结为块状，也可制成粉状。虽然全糖质量不如结晶葡萄糖，但是工艺简单、成本较低，在食品、发酵、化工、纺织等行业应用也是比较广泛的。

此外，结晶葡萄糖按产品用途还可分为注射用葡萄糖、口服葡萄糖、工业用葡萄糖。注射用葡萄糖是生产葡萄糖输液、注射液及配制各种注射用制剂的原料，也可用作化学纯试剂或细菌培养剂，多是无水型的，一般用纯度较高的酶法糖化液为原料进行生产。口服葡萄糖常用作食疗法的强健剂及与各种维生素配合制成的口服品，以及维生素 C 级的山梨醇原料，生产工艺和注射用葡萄糖基本相同，只是质量标准要相对低一些，或者是将注射用葡萄糖结晶后具有较高纯度的母液经过净化、浓缩、结晶生产。工业用葡萄糖可用作抗生素及发酵制品的培养剂或生产普通级山梨醇的原料，它是利用生产口服葡萄糖的母液生产得到的，为了达到必要的结晶纯度，往往要把母液再糖化一次，与医用葡萄糖相比，它含有较多的盐分、杂糖，色泽也深。

二、葡萄糖生产工艺流程

葡萄糖的生产因糖化方法不同在工艺和产品方面都存在着差别。酶法糖化所得淀粉糖化液的纯度高，除适于生产含水 α-葡萄糖、无水 α-葡萄糖、无水 β-结晶葡萄糖以外，也适用于全糖的生产。酸法糖化所得淀粉糖化液的纯度较低，只适于生产含水 α-葡萄糖，需要重新溶解含水 α-葡萄糖，用所得糖化液精制后生产无水 α-葡萄糖或 β-葡萄糖。用酸法糖化制得的全糖，因质量差，甜味不纯，不适于食品工业用。酸法糖化产生的复合糖类较多，结晶后复合糖类存在于母液中，一般需要再用酸水解一次，将复合糖类转变成葡萄糖，再结晶。酶法糖化基本避免了复合反应，不需要再糖化。酶法糖化液结晶以后所剩母液的纯度仍高，甜味纯正，适于食品工业应用，但酸法母液的纯度差，甜味不正，只能当作废糖蜜处理。

葡萄糖生产工艺流程如图 8-1 所示。

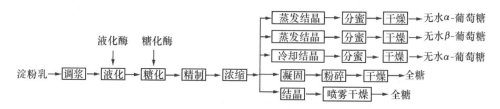

图 8-1　葡萄糖生产工艺流程

第二节　含水 α-葡萄糖生产

一、结晶原理

(一)结晶技术概述

结晶是制备纯物质的有效方法,小分子生产中常以结晶作为精制手段。针对不同的产品,结晶的原理都是相同的。结晶是指从液相或气相生成形状一定、分子(或原子、离子)有规则排列的晶体的现象。如果生长环境好,则可形成有规则的多面体外形,称为结晶多面体,结晶多面体的面称为晶面,棱边称为晶棱。结晶可以从液相或气相中生成,但工业结晶操作中主要以液体原料为固体有结晶和无定形两种状态,两者的区别在于它们的构成单位(分子、原子或离子)的排列方式不同,前者有规则,后者无规则。由于排列需要一定的时间,所以在条件变化缓慢时,有利于晶体的形成;相反,当条件变化剧烈,使晶体快速强迫析出,溶质分子来不及排列时,就形成沉淀(无定形)。但沉淀和结晶的过程本质上是一致的,都是新相形成的过程,都是利用溶质之间溶解度的差别进行分离纯化的一种扩散分离操作。通常只有同类分子或离子才能排列成晶体,所以结晶过程有很好的选择性,析出的晶体纯度较高。

(二)结晶过程实质

结晶过程的实质是形成新相的过程。这一过程不仅包括溶质分子凝聚成固体,还包括这些分子有规律地排列在一定的晶格中。形成新相(固相)需要一定的表面自由能,因为要形成新的表面,就需要对表面张力做功,因此溶质浓度达到饱和浓度之时尚不能使晶体析出,只有当浓度超过饱和浓度并达到一定的过饱和程度时,才可能析出晶体。因此结晶过程又是一个表面化学反应过程。

最先析出的微小颗粒是以后结晶的中心,称为晶核。微小的晶核具有较大的溶解度,因此,在饱和溶液中,晶核是要溶解的,只有达到一定过饱和度的晶核才能存在。晶核形成后,靠扩散而继续成长为晶体,称为晶体生长。

因此,结晶包括三个过程:①形成过饱和溶液;②晶核形成;③晶体生长。溶液达到过饱和状态是结晶的前提,过饱和度是结晶的推动力。

溶解度与温度的关系可以用饱和曲线和过饱和曲线表示(图 8-2)。图中的曲线 1 代表饱和曲线。一般地,每种物质具有一条饱和溶解度曲线。开始有晶核形成的过饱和浓度与温度的关系用过饱和曲线(图中虚线 2 和 3)来表示。和饱和曲线不同,过饱和曲线的位置不是固定的。对于一定的系统,它们的位置至少和 3 个因素有关:产生过饱和的速度(冷却和蒸发速度)、晶体的大小和机械搅拌的强度。冷却或蒸发的速度越慢,晶种越小,机械搅拌越激烈,过饱和曲线越向饱和曲线靠近。因此,调节 pH、离子强度和溶剂浓度是氨基酸、抗生素等生物小分子物质结晶操作的重要手段,在物性不同的溶剂中溶质的温度-溶解度曲线是结晶操作设计的基础。

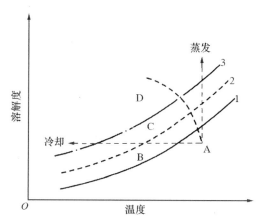

图 8-2　饱和曲线与过饱和曲线

A—稳定区　B—第一介稳区　C—第二介稳区　D—不稳区
1—溶解度曲线　2—第一超溶解度曲线　3—第二超溶解度曲线

饱和曲线与过饱和曲线根据实验大体上相互平行,可以把温度-溶解度关系图分成 4 个区域:

①稳定区(曲线 1 以下区域),在此区域内即使有晶体存在也会自动溶解,不会发生结晶。

②第一介稳区(曲线 2 与 1 之间区域),在此区域内不会自发成核,当加入晶种时,结晶会生长,但不会产生新晶核。

③第二介稳区(曲线 3 与 2 之间区域),在此区域内也不会自发成核,但加入晶种后,在结晶生长的同时会有新晶核产生。

④不稳区(曲线 3 以上区域),是自发成核区域,瞬时出现大量微小晶核,发生晶核泛滥。

由于在不稳区内自发成核,造成晶核泛滥,形成大量微小结晶,产品质量难以控制,并且结晶的过滤或离心回收困难。因此,工业结晶操作均在介稳区内进行,其中主要是第一介稳区。

(三)结晶过程

1. 过饱和溶液的形成

结晶的首要条件是过饱和,工业上制备过饱和溶液一般有四种方法:

①将热饱和溶液冷却(等容积结晶),适用于溶解度随温度降低而显著减少的场合。如:红霉素碱的结晶生产。

②将部分溶剂蒸发(等温结晶),适用于溶解度随温度变化不显著的场合。如:食盐的结晶生产。

③化学反应结晶:加入反应剂或调节 pH 产生新物质,当其浓度超过它的溶解度时,就有结晶析出。如:青霉素钾盐的生产。

④盐析结晶:加一种物质于溶液中,以使溶质的溶解度降低,形成过饱和溶液而结晶的方法称为盐析法。如:卡那霉素硫酸盐的结晶生产。

所获得溶液的过饱和程度可用过饱和度表示:过饱和度 $S(\%)=$ 过饱和溶液的浓度/饱和溶液的浓度$\times100\%$。过饱和度的大小会影响晶核的形成速度和晶体的长大速度,影响最终晶体产品的粒度和晶体粒度分布。

2. 晶核的形成

晶核的产生根据成核机理不同分为初级成核和二次成核,其中初级成核又分为均相成核和非均相成核。

初级成核是过饱和溶液中的自发成核现象,初级成核在图 8-2 所示的不稳区内发生,其发生机理是胚种及溶质分子相互碰撞的结果。溶液在一定温度和压力下具有一定的能量,但这并不意味着在溶液的各个部分的能量都是相等的。实际上,从微观上看,能量是在一定的平均值上下波动,即分子的能量或速度具有统计分布的性质。在过饱和溶液中,当能量在某一瞬间、某一区域暂时达到较高值时,就有利于形成晶核。但另一方面,结晶时有新相形成,需要消耗一定的能量,以形成稳定的固液的界面,这部分能量由两部分组成(图8-3):一部分是晶体表面过剩自由能,另一部分是体积过剩自由能,即晶体中的溶质与溶液中的溶质自由能的差。

在过饱和度较小的介稳区内不能发生

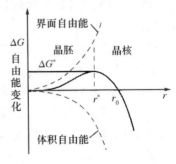

图 8-3 成核过程中自由能的变化

初级成核。但如果加入晶种,就会有新的晶核产生,这种成核现象称为二次成核。目前工业结晶操作均在晶种的存在下进行,因此,工业结晶的成核现象通常为二次成核。二次成核的机理尚不十分清楚,但一般认为:在有晶体存在的悬浮液中,附着在晶体上的微小晶体受到流体流动的剪切作用,以及晶体之间的相互碰撞和晶体与界壁的相互碰撞而脱离晶体,形成新的晶核。由于这些脱离的微小结晶必须大于相应过饱和度下的热力学临界半径才能形成晶核,继续生长,因此,二次成核速率是过饱和度的函数,实际结晶过程的成核速率是上述初级成核和二次成核速率之和,但初级成核速率相对很小,可以忽略不计。需要强调的是,实验测量二次成核速率时,所用晶种需在相同过饱和度的溶液中浸泡较长时间后使用。

3. 晶体的生长

晶体的生长过程是以浓差为推动力扩散和表面化学反应相继组成的。在晶体的表面始终存在着一层滞流层(薄膜),经过滞流层的物质传递只能靠分子扩散,扩散的推动力是液相主体浓度和晶体表面浓度的差(图 8-4)。c_i 不等于平衡浓度 c^*,它们的差 c_i-c^* 表示表面化学反应的推动力。

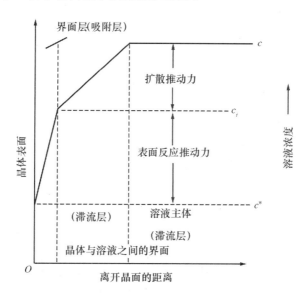

图 8-4 结晶过程的浓差为扩散推动力

搅拌能促进扩散,因此能加速晶体生长。但这并不意味着加强搅拌能得到大晶体,因为还需考虑其他因素的影响,如加强搅拌能同时加速成核速度。一般可通过由弱到强的搅拌试验,以求得一适宜的搅拌速度,使晶体颗粒最大。搅拌也可防止晶体聚结。

升高温度既有利于扩散,也有利于表面化学反应,因而能使结晶速度增快。例如卡那霉素 B 采用高温快速结晶。又如在四环素盐酸盐生产中,利用它在有机溶剂中不同温度下有不同结晶速度的性质,将四环素碱转成盐酸盐。另外,温度升高能降低黏度,有利于得到均匀的晶体。

增高饱和度一般使结晶速度增大。但应注意过饱和度过分高,会使溶液黏度增加,而影响结晶速度。

二、结晶设备的工作原理

工业结晶设备主要分冷却式和蒸发式两种,蒸发式又可根据蒸发操作压力分为常压蒸发式和真空蒸发式。因为真空蒸发效率较高,所以蒸发式结晶器以真空蒸发为主。特定目标产物的结晶具体选用何种类型的结晶设备主要根据目标产物的溶解度曲线而定,如果目标产物的溶解度随温度升高而显著增大,则可采用冷却结晶或蒸发结晶设备,否则只能选用蒸发型结晶设备。冷却和蒸发结晶根据设备的结构形式又分许多种。

1. 冷却结晶器

冷却结晶设备是采用降温来使溶液进入过饱和,并不断降温,以维持溶液的过饱和浓度进行育晶。常用于温度对溶解度影响比较大的物质结晶。根据冷却方式和搅拌方式的不同又可分为多种,经常使用的有卧式结晶罐和立式结晶罐。

卧式结晶罐(图 8-5)为卧式圆筒型,结晶罐壁具有冷却水夹层,罐中心有空心轴,用来固定冷却蛇管和螺旋片,转速很慢,通常在 2～4 r/min,容积较大,既可作

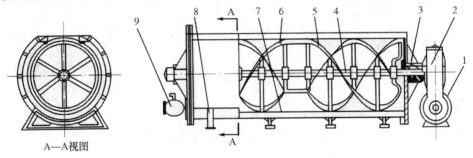

图 8-5 卧式结晶罐

1—马达 2—减速器 3—轴封 4—轴 5—左旋搅拌桨叶 6—右旋搅拌叶浆
7—夹套 8—支脚 9—排料阀

结晶用,也可作为结晶分离前的晶浆贮罐。空心轴旋转,缓慢地搅拌着糖膏,此时保持温度均匀,并使晶体在糖膏中移动,能与不同部分的过饱和状态糖膏接触,使已有晶体生长,减少伪晶的生成。一般产量较大,结晶周期比较长的,多采用卧式结晶箱。

　　立式结晶罐为立式圆筒型,有两种类型:一种属于夹套蛇管冷却式(图 8-6),相当于卧式结晶罐立起来;另一种是圆盘刮板冷却式,该设备沿结晶罐的纵轴方向设有多层水平圆盘热交换器,在热交换器上、下两面有刮板刮取结晶,推动物料下行,冷却水从轴的下端进入,顺次上升至各圆盘,葡萄糖浆从上部给入,顺次下降到各圆盘,以便冷却合理,结晶速度加快,过程连续化。

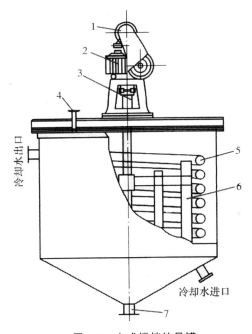

图 8-6　立式搅拌结晶罐

1—马达　2—减速器　3—搅拌轴　4—进料口　5—冷却蛇管　6—框式搅拌器　7—出料口

　　立式搅拌式结晶罐是最简单的一种分批式结晶器,它的操作比较容易,搅拌转速一般较慢,谷氨酸和柠檬酸结晶中都采用。一般对于产量较小、结晶周期较短的,多采用立式结晶罐。

　　2. 蒸发结晶器

　　蒸发结晶器是采用蒸发溶剂,使浓缩溶液进入过饱和区起晶,并不断蒸发,以维持溶液在一定的过饱和度来进行育晶。结晶过程与蒸发过程同时进行,因此,一般将之称为煮晶设备。适用于溶质的溶解度随温度变化不大,或者单靠温度变化进行结晶时结晶率较低,需要蒸除部分溶剂以取得结晶操作必要的过饱和度的场合。

蒸发结晶器由结晶器主体、蒸发室和外部加热器三部分构成。溶液经外部循环加热后送入蒸发室蒸发浓缩,达到过饱和状态,通过中心导管下降到结晶生长槽中。在结晶生长槽中,流体向上流动的同时结晶不断生长,大颗粒结晶发生沉降,从底部排出产品晶浆,这种设备即是常压蒸发结晶器(图8-7)。

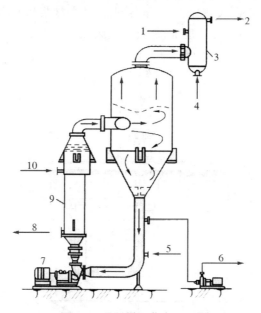

图 8-7　强制循环蒸发结晶器

1—冷却水入口　2—不凝性气体出口　3—大气冷凝器　4—冷凝液　5—原料液
6—产品出口　7—循环泵　8—冷凝液　9—换热器　10—蒸汽入口

三、结晶操作过程

(一)结晶操作方法

结晶操作既要满足生产规模的要求,又要符合产品质量要求,通常有两种方法:一是分批结晶法(间歇结晶),二是连续结晶法。

1. 连续结晶

(1)操作方法。将浓度恒定的糖浆连续加入搅拌槽式连续结晶器中,与循环晶浆结合,在搅拌器的作用下,通过水冷式循环管,受冷却的晶浆便会有晶体生长,长大的晶粒沉入槽底而卸出。连续结晶比分批结晶法更为合理,特别是生产规模大致在一定水平时,更应该采取连续结晶的方法。

①细晶消除:在结晶器内部或下部建立一个澄清区,在此区域内,晶浆以很低的速度上流,细小晶粒则随着溶液从澄清区溢流而出,进入细晶消除系统。以加热或稀释的办法使之溶解,然后经循环泵重新回到结晶器。

②产品粒度分级排料:将结晶器中流出的产品先流过分级排料器,小于产品分级粒度的晶体截留后返回结晶器继续长大。

③清母液溢流:调节结晶器内晶浆密度的主要手段有时与细晶消除相结合。一部分排出结晶系统;另一部分则进入细晶消除系统,消除细晶后再回到结晶器中。

(2)操作要求。

①符合质量要求的产品粒度分布。

②高的生产强度。

③尽量降低晶垢产生速度,以延长连续结晶的操作周期。

④维持结晶器的操作稳定性。

2. 分批结晶

在间歇结晶罐里,小心地将溶液状态控制在介稳区内,有时可以在适当的时机向溶液中添加适量晶种,使被结晶的溶质只在晶体表面上生长,温和搅拌,使晶体较均匀地悬浮在整个溶液中,此过程要尽量避免二次成核现象,该方法能够生产出指定纯度、粒度分布及晶形的产品,操作和设备比较简单,被广泛使用,但是成本高,操作和产品质量稳定性差,得到的晶体产品往往质量不均一。

不同的操作方式对分批冷却结晶过程的影响:速冷,不加晶种;缓冷,不加晶种;速冷,加晶种;缓冷,加晶种(图 8-8)。

(二)结晶操作

1. 起晶

糖液在达到一定过饱和度状态,开始有晶体生成称为起晶。工业结晶中有三种不同的起晶方法,即①自然起晶法:在一定温度下使溶液蒸发进入不稳区形成晶核。②刺激起晶法:将溶液蒸发至亚稳区后,将其加以冷却,进入不稳区,此时具有一定量的晶核形成,由于晶核析出使溶液浓度降低,随即将其控制在亚稳区的养晶

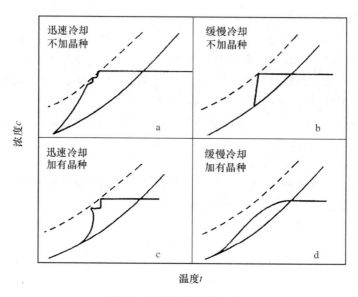

图 8-8　冷却结晶的操作方式

区使晶体生长。③晶种起晶法：将溶液蒸发或冷却到亚稳区的较低浓度，投入一定量和一定大小的晶种，使溶液中的过饱和溶质在所加晶种的晶面上长大。慢冷却加晶种是起晶普遍采用的方法。

生产含水 α-葡萄糖多采用晶种起晶法。卧式结晶罐在正常生产时，每批料放出后留有 $25\%\sim30\%$ 的糖膏于结晶罐中作为下一批的晶种，称之为留种法起晶。晶体受搅拌作用或受加料时糖浆温度上升的影响，一个晶体可裂为若干个晶核，即形成下批料的晶种。这种做法能够保证晶种供给的充足，从而使糖浆保持较高的过饱和度，不至于产生伪晶。同时，大量的晶种也使其他影响结晶的因素，如过饱和度、温度、纯度等降到次要地位，利于生产管理和控制。由于大量湿晶种的存在，可通过调节糖浆的浓度控制结晶颗粒的大小和均匀。

工厂开工生产或设备放空清洗、检修或更换晶种的时候，可以采用投种法起晶。加入晶种的量为 $25\sim50\ \mathrm{kg/m^3}$。正常生产时，从立式结晶罐罐体的适当部位将留种返至结晶罐顶部结晶区与新加入的料液进行混合，称为返回晶种法起晶。

2. 进料、养晶

进料是指将准备好的糖浆输入已留种的结晶罐内。使用容积大的结晶罐分两批加入糖浆，中间相隔约 10 h。两批糖浆的量大致相等。

加温时温度一般控制在 $40\sim44\,^\circ\!\mathrm{C}$。料温过高会使晶核溶解在糖浆内，造成晶核数量不足,有伪晶生成或晶体过大在结晶过程中碎裂,使结晶变得细小,造成分离困难,影响收率和质量;料温过低有可能在加入的糖浆中即有伪晶存在。

当糖浆进满后在2~10 h内保持温度不变,进行养晶。使用容积大的结晶罐,分两批加入糖浆,中间间隔约10 h。第一批糖浆加入后与湿晶种混合,开始向冷却曲管中加入冷却水,约10 h后加入第二批糖浆,并开始向夹层中加入冷却水,两批糖浆的量大致相等。

3. 降温结晶

在有晶种的糖蜜中,葡萄糖液由于温度降低而达到过饱和状态,葡萄糖分子在晶核上析出,使晶体生长。降温结晶要严格按照结晶曲线进行(图8-9),此阶段需90~100 h,降低糖膏温度到约20℃。结晶是在缓慢降温条件下进行,每日降低约4℃,要经常调节温度,通过调节夹套中的冷却水量来调节温度,以保证与糖温差不超过2~12℃。如果结晶是在两台串联的结晶罐内进行,则采用分段进行降温结晶办法,第一段新进入的糖浆与留种的结晶体混合,结晶罐内含晶体较少,停留时间为结晶时间的2/5,将50%的物料放入第二段结晶罐内,当第二段结晶罐内的晶体产率达52%以上时,可放料50%。若结晶使用立式结晶罐时,需采用连续降温结晶的方法。

结晶完成时,糖膏固体葡萄糖的体积约占糖膏总体积的60%,过饱和度降低到约1.0,即母液中葡萄糖是饱和状态,不可能再析出。结晶达到终点后,化验母液浓度达到要求后即可放料。

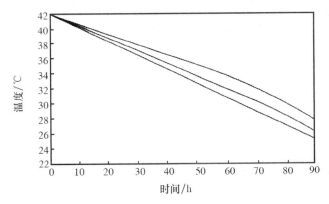

图 8-9　降温结晶曲线

第三节　无水 α-葡萄糖生产

一、概述

无水 α-葡萄糖在工业上生产有三种方法：冷却结晶、煮糖结晶、真空蒸发结晶，常用酶法糖化液利用煮糖蒸发结晶的方法进行生产。煮糖蒸发结晶法大体分为三个阶段：起晶和整晶、晶体生长、结晶完全。

二、生产工艺

以下主要介绍以酸法生产的含水 α-葡萄糖经溶解浓缩后得到的糖浆，利用煮糖结晶工艺进一步生产无水 α-葡萄糖。

(一)起晶和整晶

1. 起晶

(1)自然结晶法。先利用真空浓缩提高糖液浓度至 80％，当开始有结晶生成，起晶开始后，要保持蒸发条件不变，直到获得适量的结晶数目为止。起晶所生成结晶的数量对糖膏煮成后所得葡萄糖结晶的最终大小和产率都有极大影响。过饱和度太低或起晶时间太短则所得糖结晶较大，数目少产率低，并易于产生细小的伪晶，所得糖结晶的大小不均匀；过饱和度太高或结晶期太长，晶体数量多，生长挤在一起形成星状或凝结块。煮糖过程中糖膏黏稠度增高很快，循环流动速度迅速降低，造成熬煮困难，不得不提前放料，糖产率低，结晶未得到充分的生长机会，晶体小。

(2)刺激结晶法。起晶时加少量粉末晶种促进起晶。

(3)全晶投种法。加入需要量的全部晶种，使这些晶种生长，不再生成新晶种。

2. 整晶

整晶的目的是要控制晶种的生成，使其形成数量适当、有足够大小、形状良好的单晶。一般当生成适量的晶母以后，就应立即停止更多结晶的继续生成。方法是降低真空度，提高糖液的沸点，把真空度从 88 kPa 降到约 77.3 kPa，糖液的沸点升高到约 70℃，蒸发速度降低，新结晶的生成就会停止，并防止了伪晶的生成。整晶所需时间长短，应根据糖膏的质量决定。

(二)晶体生长

煮糖操作是保持结晶正常生长的关键。根据煮糖蒸发速度,往罐中给入一定量的新糖浆,并随着不断增稠的糖膏液体,不断调整糖浆浓度,保持在 80%～83%,温度在 70℃左右,在此较高的蒸发温度下,有利于促进异构体的转变。

(三)结晶完全

当煮糖体积达 3/4 时,逐渐增高真空度,降低蒸发温度,每次少量分批引入其余的糖浆,最终的真空度可以提高到 90.7 kPa,相当于蒸发温度约 57℃,能降低母液的过饱和度,提高糖产率,以后糖膏由真空罐放到混合槽中温度降低时不致有伪晶生成。结晶完成后糖膏浓度约为 90%,母液浓度约为 70%,煮糖时间 6～8 h,结晶相达 50%。

(四)结晶后的处理

1. 分蜜

熬煮完成的糖膏引入已加热的混合槽中,然后用离心机进行分蜜。离心机具有蒸汽夹层,先进行预热,再离心。分蜜以后,用 75～80℃蒸汽冷凝水洗糖,热水洗糖可防止无水 α-葡萄糖向含水 α-葡萄糖结晶的转变。

2. 干燥

离心机卸下的无水 α-葡萄糖含水量为 1.5%～2.5%,经滚筒干燥机处理,在 60～65℃条件下干燥到水分含量低于 0.05%。干燥后的晶体冷却过筛即可送去贮存和运输。

利用酶法淀粉糖化液直接生产无水 α-葡萄糖的操作过程与上述工艺相同,只是条件略有变化。蒸发到 83%浓度的糖液加入 0.2%粉末无水 α-葡萄糖刺激结晶,在 70～75℃煮糖 6～10 h,结晶完成时,糖膏浓度约 88%,分蜜 75～80℃热水洗糖,干燥到水分 0.1%以下。

第四节　全糖的生产

一、概述

全糖又称为固体葡萄糖、工业固体糖,是指淀粉经液化、糖化所得的糖化液,净化后浓缩干燥,不经结晶分蜜(即包括未结晶部分),全部转变而成的商品淀粉糖。其组分主要是 α-葡萄糖和 β-葡萄糖两种异构体。全糖商品有全糖浆和全糖粉,全糖粉是形成结晶及无定形晶格的混合固体产品。

二、全糖应用

全糖虽然质量略低于结晶葡萄糖,但是用途很广,在食品工业中可以替代蔗糖作为甜味剂使用,广泛地用于糖果、糕点、饮料、罐头、果酱、果冻、乳制品等各种食品中。还可作为生产食品添加剂焦糖色素、山梨醇等产品的主要原料;在制革工业中可作为靴革时的还原剂;在发酵工业上,可作为微生物培养基的最主要原料,提供碳源,广泛用于酿酒、味精、氨基酸酶制剂及抗生素等行业;全糖还可作为化纤工业、化学工业等行业的重要原料或添加剂。

三、生产方法

生产全糖的原料是淀粉或粮食,如薯干、玉米、大米等。全糖生产方法主要有酸水解(酸法)和酶水解(双酶法)两种。

(一)酸法全糖

(1)糖化。淀粉乳酸法糖化到葡萄糖值为 $82\%\sim87\%$。

(2)精制。脱色(活性炭脱色至浅棕黄色)、过滤。

(3)浓缩。浓缩到浓度为 $83\%\sim88\%$。

(4)冷却结晶。冷却到约 40℃,然后流入具有搅拌器的混合桶中,将相当于糖浆重量约 1% 的粗葡萄糖碎块混入,供作结晶的晶种,搅拌 $2\sim3$ h,冷却到约 30℃。

(5)固化。放料流入浅盘,静置结晶 $4\sim6$ d,结晶凝固完成,由盘倒出即为产品(呈暗黄色,带苦味,不适合食品应用,可供皮革、人造纤维等工业应用)。

(二)酶法全糖

酶法糖化液经脱色、离子交换,浓缩至 75% 以上,就得到全糖浆;糖浆结晶固化,切削碎或经喷雾结晶就得全糖粉。

1. 结晶固化制粉

(1)浓缩。净化的糖液浓缩至 $85\%\sim90\%$。

(2)冷却结晶。加入一定量晶种,搅拌均匀,倒入结晶槽中,冷却 $40\sim50$℃,迅速结晶凝固。结晶开始物料温度高,浓度也高,先析出的是无水结晶葡萄糖,降温至 10～25℃放置 72 h。养晶过程中物料含水多,无水结晶又转变为有水结晶。

（3）固化与切削。养晶终期,游离水分降至 2％～4％出料,出料后的固体葡萄糖成块,用切削法粉碎固体葡萄糖切成细片。

（4）干燥。经干燥机使游离水分降至 1％后过筛,获得成品全糖粉。

2. 喷雾结晶成粉

DE 值 97％以上的糖化液,经净化浓缩至浓度为 78％以上,维持在 50℃条件下慢慢搅拌,使其形成微晶。物料呈糖膏状,通过泵进入喷雾干燥器的干燥筒内,雾状糖膏迅速形成结晶颗粒,并又接触周围雾滴长大,随之成球形下落成全糖颗粒。

第九章

麦芽糖浆加工技术

第一节　熟悉麦芽糖浆

一、概述

麦芽糖浆是以淀粉为原料,经酶法或酸酶法结合水解而制成的一种以麦芽糖为主(40%～50%)的糖浆,按制法与麦芽糖含量的不同可分为饴糖、高麦芽糖浆和超高麦芽糖浆等。

游离麦芽糖在自然界中不存在,必须进行人工制取。在古代,我国曾用麦芽酶水解谷物淀粉制得饴糖浆,并用它作为食用甜味料。传统生产工艺则是以大米或其他粮食为原料,经煮熟后添加大麦芽作为糖化剂,淋出糖液,再经煎熬浓缩即可制得成品。该糖浆中麦芽糖占 40%～ 60%,其余主要为葡萄糖、糊精和少量的麦芽三糖。由于这种糖浆具有麦芽的特殊香味和风味,因此又被称为麦芽饴糖。用酶法糖化工艺取代传统工艺而生产制得的饴糖称为酶法饴糖。如再经过脱色和离子交换精制,即可得到高麦芽糖浆(麦芽糖的含量>50%)。高麦芽糖浆制造时,若在糖化时将淀粉分子中的支链淀粉分支点的 α-1,6 糖苷键先用脱支酶水解,使之成为直链糊精,再被淀粉酶作用则可生成更多的麦芽糖。该糖浆中糊精的比例很低,而麦芽糖的含量高达 70%以上,这种糖浆被称为超高麦芽糖浆。

二、麦芽糖浆的性质与应用

麦芽糖浆中以高麦芽糖浆的应用范围最为广泛,饴糖目前仅用于对温度要求不高的传统中式糖果和糕点的生产中,而超高麦芽糖浆因生产成本较高,则主要应用于医药、试剂生产行业中。

麦芽糖浆甜味纯正、温和、爽口,甜度为蔗糖的50%,可代替蔗糖、葡萄糖浆应用于多种食品的加工中。麦芽糖浆具有抗结晶性,可有效防止糖果、巧克力制品生产过程中的返砂现象,防止果酱、果冻等食品中蔗糖的结晶。麦芽糖浆可以防止淀粉的凝沉作用,它的吸湿性低,抗吸湿性能力比葡萄糖浆强,用于糖果生产可防止糖果吸湿发炸。麦芽糖浆热稳定性好,在160℃的高温下长时间加热,不会发生分解、变色,特别适用于浇注糖果及需要高温消毒处理的食品。同时,麦芽糖浆具有良好的发酵性,可用于面包、蛋糕等发酵焙烤食品的生产中。麦芽糖易与水形成络合物,用于食品加工中可增强食品的保水性,提高保香性,降低水分活度,延长食品的保质期。

在医药上,用纯麦芽糖输液滴注静脉,血糖不会升高,适于作为糖尿病人补充营养的药剂。麦芽糖氢化后可生成麦芽糖醇,这是一种甜度与蔗糖相当而热量值又较低的甜味剂。麦芽糖也是制造麦芽酮糖和低聚异麦芽糖的原料。其中,麦芽酮糖和低聚异麦芽糖对肠道中有益菌(如双歧杆菌)的增殖有促进作用,是良好的功能性食品原料。

第二节　饴糖的生产

一、概述

饴糖是以淀粉质粮食(如大米、玉米、高粱、薯类等)为原料,经糖化剂作用而生成的一种甜味剂。饴糖糖分的主要组成为麦芽糖、糊精和低聚糖,营养价值较高,甜味柔和、爽口,是婴幼儿的良好食品。我国特产麻糖、酥糖、麦芽糖块、花生糖等都是饴糖的再制品。

饴糖生产根据原料形态不同,有固体糖化法与液体酶法。前者用大麦芽为糖化剂,设备比较简单,但劳动强度大,生产效率低;后者先用 α-淀粉酶对淀粉浆进行液化,再用麸皮或大麦芽进行糖化,用麸皮代替大麦芽,既可以节约粮食又可以简化生产工序,效果良好。目前,饴糖工业化生产普遍采用后一种方法。在使用麸皮作为糖化剂之前,需要对麸皮中酶的活力进行测定。若 β-淀粉酶的活力低于 2 500 U/g(以麸皮计),则不宜作为糖化剂使用,否则会因用量过多、黏度过大而增加过滤困难。

二、工艺流程

饴糖液体酶法生产工艺流程如图 9-1 所示。

原料 → 清洗 → 浸渍 → 磨浆 → 调浆 → 液化 → 糖化 → 过滤 → 浓缩 → 成品

图 9-1 饴糖液体酶法生产工艺流程

三、工艺过程

1. 原料的选择

原料以淀粉含量高,蛋白质、脂肪、单宁等含量低为最佳。因为,原料中的蛋白质可水解生成氨基酸,氨基酸与还原性糖在高温下容易发生羰氨反应(又称美拉德反应)而生成类黑色素,影响糖浆的色泽;脂肪含量过高,不仅会影响糖化作用的进行,还会影响糖浆的风味;单宁含量过高,一旦发生氧化,会导致糖浆色泽变深,同时单宁过多会影响糖液的稳定性。综上所述,选择碎大米、去掉胚芽的玉米胚乳、未发芽或腐烂的薯类作为原料,生产出来的饴糖品质较为优良。

2. 清洗、浸渍

清洗、浸渍的目的是去除原料中的灰尘、泥沙和污物。除薯类含水量较高不需要浸泡外,碎大米必须在常温下浸泡 1~2 h,玉米则必须浸泡 12~14 h,以便进行湿磨浆处理。

3. 磨浆、调浆

不同的原料选用的磨浆设备不同,但要求磨浆后物料的细度要能通过 60~70 目的筛子。磨浆后加水调整粉浆浓度为 18~22°Bé(相对密度为 1.142 5~1.179 9),再加碳酸钠溶液调整 pH 至 6.2~6.4,然后加入粉浆量 0.2% 的氯化钙,最后加入 α-淀粉酶制剂,添加量按每克淀粉加 α-淀粉酶 80~10 μg 计(在 30℃ 下测定),配料后要充分搅匀。

4．液化

将调浆后的粉浆送入高位贮浆桶内，同时在液化罐中加入少量水，直至浸没蒸汽加热管时止。通入蒸汽并加热至 85～90℃，再开动搅拌器，保持不停运转。然后开启贮浆桶下部的阀门，使粉浆形成很多细流，均匀分布在液化罐的热水中，并保持温度在 85～90℃，使淀粉糊化作用和酶的液化作用能够顺利进行。如果温度低于 85℃，则黏度保持在较高水平，应放慢进料速度，使罐内温度升至 90℃以后再适当加快进料速度。待进料完毕，继续保持此温度 10～15 min，并用碘液检查至不呈现蓝色反应时，表明液化效果良好，液化结束。最后再升温至沸腾，在使酶失活的同时也完成了杀菌处理。

5．糖化

将液化液迅速冷却至 65℃，送入糖化罐，加入大麦芽浆或麸皮 1%～2%（按液化液量计，实际计量则以大麦芽浆或麸皮中淀粉酶 100～120 µg/g 为宜），搅拌均匀，在 60～62℃温度下糖化 3 h 左右，检查 DE 值为 35%～40%时，糖化过程结束。

6．压滤

将糖化液趁热送入高位桶，利用高位差产生的压力，使糖化液流入板框式压滤机内进行压滤。由于滤层尚未形成，初滤出的滤液较浑浊，必须将糖化液返回板框式压滤机进行重新压滤，直至滤出澄清液才开始收集。操作过程中，注意压滤速度不宜过快，初期压滤推动力宜小，待滤布上形成一薄层滤饼后，再逐步增大压力，直至压滤框内滤饼厚度不断增加，使过滤速度降低到非常缓慢时，继续提高过滤压力，待即使增大过滤压力，过滤速度依然缓慢时即可停止压滤。

7．浓缩

糖液浓缩分为两个步骤：先实行开口浓缩，除去悬浮杂质，并进行高温灭菌；后进行真空浓缩，温度降低，糖液色泽变淡，蒸发速度也加快。

开口浓缩，将压滤糖汁送入敞口浓缩罐内，间接蒸汽加热至 90～95℃时，糖汁中的蛋白质受热变性而凝固，与杂质等一起悬浮于液面，应先行除去后再加热至沸腾。如有泡沫溢出，应及时加入硬脂酸等消泡剂，并添加 0.02%的亚硫酸钠脱色剂，浓缩糖汁，使其浓度达到 25°Bé（相对密度为 1.209 6）时停止。

真空浓缩，利用真空罐内的真空环境将浓度为 25°Bé 的糖汁吸入其中，维持真空度在 79.993 2 kPa 左右（温度控制在 70℃左右），进行浓缩，直至糖汁浓度达到 42°Bé（相对密度为 1.410 6）。在 20℃时停止浓缩，解除真空，放罐，即得成品。

第三节　高麦芽糖浆的生产

一、概述

高麦芽糖浆的制法与饴糖大体相同,只是高麦芽糖浆中麦芽糖的含量较高,一般要求在50%以上,而且产品应是经过脱色、离子交换等精制处理过的糖浆,其外观澄清如水,蛋白质与灰分含量极少,糖浆的熬煮温度远高于饴糖,一般要达到140℃以上。根据麦芽糖含量的不同,高麦芽糖浆又可分为普通高麦芽糖浆和超高麦芽糖浆。

二、生产流程

1. 普通高麦芽糖浆的生产工艺流程

普通高麦芽糖浆的生产工艺流程见图9-2。

淀粉 → 调浆 → 液化 → β-淀粉酶糖化 → 过滤 → 脱色 → 离子交换 → 真空浓缩 → 成品

图 9-2　普通高麦芽糖浆的生产工艺流程

2. 超高麦芽糖浆的生产工艺流程

超高麦芽糖浆的生产工艺流程见图9-3。

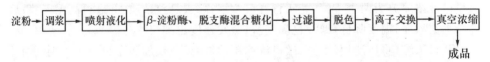

淀粉 → 调浆 → 喷射液化 → β-淀粉酶、脱支酶混合糖化 → 过滤 → 脱色 → 离子交换 → 真空浓缩 → 成品

图 9-3　超高麦芽糖浆的生产工艺流程

三、工艺过程

1. 普通高麦芽糖浆

高麦芽糖浆的糖化剂除了麦芽以外,也常用由甘薯、大麦、麸皮、大豆等原料制取的β-淀粉酶。为了保证麦芽糖生成量不低于50%,糖化时常使用脱支酶。也可

以用霉菌 α-淀粉酶制造高麦芽糖浆。霉菌 α-淀粉酶虽然不能水解支链淀粉的 α-1,6 糖苷键,但它属于内切酶,能从淀粉分子内部切开 α-1,4 糖苷键,最终生成麦芽糖和带有 α-1,6 糖苷键的 α-极限糊精。后者的相对分子质量远比 β-极限糊精要小,因此制成的高麦芽糖浆黏度低而流动性好。该产品中其他低聚糖的组成也不同于 β-淀粉酶制成的糖,除了麦芽糖以外,还含有较多的麦芽三糖和 α-极限糊精。

各国生产高麦芽糖浆时,大多使用真菌 α-淀粉酶作为糖化酶。商品真菌 α-淀粉酶制剂一般选用米曲霉来生产,其制剂有液状浓缩物,也有用乙醇沉淀制成的粉状制剂。真菌 α-淀粉酶生产的高麦芽糖浆称为改良高麦芽糖浆,其组成中麦芽糖占 50%～60%,麦芽三糖约占 20%,葡萄糖占 2%～7%,其余则为其他低聚糖和糊精等。

高麦芽糖浆生产的工艺参数如下:干物质浓度为 30%～40% 的淀粉乳,在 pH 6.5 的条件下加入细菌 α-淀粉酶,在 85℃ 下,液化 1 h,使 DE 值达 10%～20%;将 pH 调节到 5.5,加入真菌 α-淀粉酶,在 60℃ 下,糖化 24 h,过滤后再用活性炭进行脱色,经真空浓缩后制成成品。成品中含麦芽糖 55%,麦芽三糖 19%,葡萄糖 3.8%,其他糖 22.2%。

2. 超高麦芽糖浆

超高麦芽糖浆中麦芽糖含量超过 70%,其中,发酵性糖的含量达到 90% 以上。如果麦芽糖含量达到 90% 以上则称为液体麦芽糖。超高麦芽糖浆的用途不同于普通高麦芽糖浆,主要用于制造纯麦芽糖,干燥后则制成麦芽糖粉,氢化后又可制成麦芽糖醇等产品。生产超高麦芽糖浆必须同时使用脱支酶。为了提高麦芽糖的含量,常使用一种以上的脱支酶和糖化酶,并严格控制液化程度,DE 值不应超过 10%。底物浓度不宜太高,一般控制在 30% 以下,尤其是在制造麦芽糖含量超过 90% 的超高麦芽糖时,液化液的 DE 值应小于 1%,底物浓度也应该大大降低,这样的操作必须使用喷射液化的方式才能完成。

第四节　纯麦芽糖的生产

一、工艺流程

纯麦芽糖的生产工艺流程如图 9-4 所示。

图 9-4　纯麦芽糖的生产工艺流程

二、工艺方法

纯麦芽糖的生产方法有结晶法、吸附法和膜分离法。

1. 结晶法

麦芽糖的结晶与饱和度有密切的关系,纯麦芽糖的溶解度在常温下比蔗糖和葡萄糖小,而在 90~100℃时,纯麦芽糖的溶解度则比蔗糖和葡萄糖要大,甚至可以达到 90%以上。将纯度为 94%的麦芽糖浆浓缩到 70%干物质,再加 0.1%~0.3%的晶种,从 40~50℃逐步冷却到 27~30℃,保持过饱和度为 115%~130%,经过 40 h 结晶完毕,得率约为 60%,纯度会达到 97%以上,母液可以反复重结晶,直至达到要求。

2. 吸附法

吸附法有活性炭吸附法和离子交换法。

(1)活性炭吸附法。糖浆中各种糖分先被活性炭吸附,采用乙醇浓度递增的方法,可将各种糖分依次洗下,从而达到分离的目的。也可以先将活性炭用溶剂处理(溶剂浓度应控制在麦芽糖不被吸附的范围内),再将其装柱后通入糖浆,使麦芽三糖以上的低聚糖吸附于柱上,这样得到的麦芽糖纯度可大于 98.5%。

(2)离子交换法。阴离子交换树脂可吸附糖液中的麦芽糖和麦芽三糖,用水和 2%的盐酸洗出麦芽糖,其得率可达到 100 g/L(以树脂体积计),纯度达到 97%。

3. 膜分离法

利用超滤、反渗透这两种方法均可以得到纯度在 96%以上的麦芽糖。用膜过滤分离麦芽糖时,糖液的物理状态对分离效果有很大影响。一般糖液浓度控制在 15%~20%,不会影响膜的过滤能力,超滤的处理能力比反渗透高,但反渗透处理得到的麦芽糖纯度更高。

第十章

麦芽糊精加工技术

第一节　熟悉麦芽糊精

一、概述

　　麦芽糊精是指以淀粉为原料，经酸法或酶法低程度水解，得到的 DE 值在 20％ 以下的产品。麦芽糊精介于淀粉和淀粉糖之间，其主要组成为聚合度在 10 以上的糊精和少量聚合度在 10 以下的低聚糖。麦芽糊精具有独特的理化性质、低廉的生产成本及广阔的应用前景，是国内外近年来生产规模发展较快的淀粉深加工产品之一。

　　麦芽糊精以各类淀粉为原料，可以是精制淀粉，如：玉米淀粉、木薯淀粉、小麦淀粉等，也可以是含淀粉质的原料，如：大米、玉米等。当前，国内外很多生产企业致力于以原粮大米和玉米为直接原料生产麦芽糊精系列产品的新技术研究与开发。

二、性质与应用

　　麦芽糊精具有流动性、溶解性良好，无异味，甜度低，黏度适中，耐热性强，不易褐变，吸湿性小，不易结团等特性。即使在浓厚状态下使用，也不会掩盖其他产品的原有风味或香味，有很好的载体作用，是各种甜味剂、香味剂、填充剂等添加剂的优良载体，且有良好的乳化性、成膜性和增稠效果，能促进产品成型，防止产品变形,达到改善产品外观的目的。麦芽糊精极易被人体消化吸收,特别适宜作为病人和婴幼儿食品的基础原料。

在糖果工业中,麦芽糊精能有效降低糖果的甜度,增加糖果韧性,防止糖果"返砂"和"烊化",改善糖果口感和组织结构,提高糖果质量,延长糖果货架期。利用麦芽糊精代替蔗糖制作糖果,可减轻或减少龋齿、肥胖症、高血压、糖尿病等疾病的发生。在饮料工业中,以麦芽糊精为基础原料,加上合理调配,大大突出原有的天然风味,减少营养损失,提高溶解性能,增强稠度,改善口感,降低甜度,提高饮料品质和经济效益。以麦芽糊精为辅料制作冰激凌,制品风味纯正,口感细腻、爽净。低 DE 值麦芽糊精遇水易生成凝胶,口感和油脂类似,可用于油脂含量较高的食品中,如冰激凌、鲜乳蛋糕等。这样,麦芽糊精代替部分油脂,可以降低食品热量,同时又不会影响口感。使用麦芽糊精为载体制作固体酒、速溶茶和速溶咖啡,不仅可以保持制品的口感、改善风味,而且可以增加溶解速度和制品稠度,并可以降低成本。

在造纸工业中,因麦芽糊精具有较高的流动性及较强的黏合力,可作为表面施胶剂和涂布涂料的黏合剂。目前,国内的造纸企业已将其应用于铜版纸的生产上。应用结果表明:麦芽糊精对浆种没有选择性,流动性能好,透明度强,用于表面施胶时,不但可以吸附在纸面的纤维上,同时也可以向纸内渗透,提高纤维间的黏合力,改善外观和物理性质。

麦芽糊精具有多种独特功能,应用范围广泛。因麦芽糊精相对分子质量低,乳化性能稳定,可在粉末状化妆品中作为遮盖剂和吸附剂,对增加皮肤的光泽和弹性有良好功效。在各种溶剂和粉剂的农药生产上,可利用其较好的分散性和适宜的乳化稳定性。利用其较高的溶解度和一定的黏合度在制药行业上可作为片剂或冲剂的赋形剂和填充剂。在牙膏生产上,麦芽糊精可部分代替 CMC(羧甲基纤维素),作为增稠剂和稳定剂。

第二节　麦芽糊精的生产

麦芽糊精的生产工艺大致可分为三种:酸法工艺、酶法工艺、酸酶法工艺。酸法工艺和酸酶法工艺在生产中均需要精制淀粉作为原料,生产成本偏高,且这两种工艺水解反应速度太快,生产过程难以控制。选用酸法工艺所生产的产品聚合度在 1~6,糖的比例偏低,易发生混浊或凝结,产品溶解性能不好,透明度低,难以过滤,因此现在采用这种工艺方法生产麦芽糊精的企业不多。本书主要介绍国内外生产麦芽糊精所普遍采用的酶法工艺。

酶法工艺主要用α-淀粉酶水解淀粉,利用其对淀粉催化水解的高度专一性、高效性和水解条件温和等特点,进行麦芽糊精的工业化生产。麦芽糊精是以玉米、大米等为原料,采用酶法控制部分水解,通过原料预处理、液化、脱色过滤、真空浓缩、喷雾干燥、包装 6 个主要工序加工而成。

一、工艺流程

下面介绍以大米为原料,进行麦芽糊精酶法生产的工艺流程,见图 10-1。

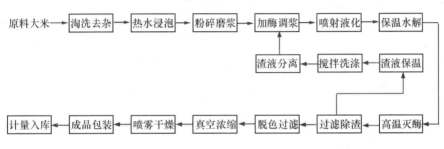

图 10-1　酶法生产麦芽糊精生产工艺流程

二、操作要点

1. 原料预处理

以大米为原料生产麦芽糊精,大米的理化性质(密度、硬度、黏性、膨胀性;水分、淀粉、纤维素、蛋白质、脂肪、灰分含量等)对产品的数量和质量都有一定影响。一般来说,糯米、粳米、新米要优于籼米和陈米。

原料预处理包括原料筛选、计量投料、淘洗去杂、热水浸泡、粉碎磨浆等多道工序。其中,计量投料是为了保证投料准确,便于操作和管理。淘洗去杂是为了除去米糠和其他杂质。热水浸泡则可以使水分渗透到大米的内部组织,促进米粒组织膨胀软化,以便于粉碎。粉碎磨浆是为了保证淀粉粒的细度和粉浆的流动性能,使淀粉易于糊化,并为酶能均匀水解淀粉创造良好的条件。

(1)淘洗去杂。一般采用机械淘洗,通常采用压缩空气来翻动淘洗,在特制的洗米罐中进行。淘洗操作过程中,将大米按规定量送入洗米罐,放入清水,待水浸没米层后,通入压缩空气。利用空气的冲击力使米粒在水中翻动和互相摩擦,把附着在米粒上的米糠和杂质洗掉,杂质悬浮物从溢流口溢出。如此反复洗米 2～3

次,可将米粒清洗干净。

(2)热水浸泡。热水浸泡要注意控制热水温度和浸泡时间。一般浸泡时间不能少于 2 h,否则米粒中心部分的水分浸入不足,不利于米的粉碎和糊化。浸泡时间也不能过长,否则米粒容易发酵,既影响水解也不利于产品的卫生安全,粉浆不发酵,则 pH 不能低于 5.2。浸泡水温不宜高于 45℃,水温过高会导致米粒表面糊化,淀粉流失,影响酶解。浸洗后的米应该呈白色,无米糠,无酸败味,且米粒用手指轻捏即可成粉末状。

(3)粉碎磨浆。将米粒粉碎磨成粉浆,要注意两个质量要求——细度和浓度。粉浆细度会影响液化程度和过滤速度。从糊化的角度考虑,粒度细的粉浆溶解性更好,易于糊化。从过滤性考虑,粉浆过细则黏度增大,不利于过滤。因此,粉碎细度要适中,一般要求介于 50～80 目,以 70 目为宜。粉碎后粉浆细度达到 60 目以上的粉粒应占 80% 以上,手感无粗粒,不允许混有米粒。粉浆的浓度关系到粉浆的流动性和糊精蒸发处理的难易程度。粉浆浓度低则黏度小,流动性好,容易糊化,有利于加热和过滤。但降低浓度会增强蒸发负荷,增加热能成本。鉴于以上考虑,通常将粉浆的浓度控制在 22～24°Bé。

2. 液化

液化的目的就是通过 α-淀粉酶的作用,将大米中的淀粉水解为糊精。麦芽糊精液化的方法一般有三种:间歇法、连续法和喷射法。目前,国内大多数生产麦芽糊精的企业采用的是喷射液化法,也就是利用蒸汽进行喷射液化。喷射液化操作有两个重要环节,分别是调浆和液化。

(1)调浆。先将粉碎好的粉浆通过泵送至调浆罐。调整米浆浓度至 23°Bé,pH 为 6.0 左右,钙离子浓度为 300～500 mg/L,耐高温 α-淀粉酶用量 6～8 U/L,搅拌均匀后备用。

(2)液化。采用喷射液化器进行液化,大米中的淀粉是否能彻底液化,蛋白质凝聚效果是否良好,蛋白质分离效果如何,关键取决于料液在喷射器内能否形成高强度的微湍流。喷射器开始使用前,应先将喷射器针阀上调 5～6 圈,再打开蒸汽阀门。将喷射器及层流罐预热至 100℃ 以后,启动进料泵,同时关闭进料阀门,打开回流阀。稳定维持进料泵回流约 10 min 后,打开进料阀,逐步关小回流阀,使进入喷射器的料液压力大于进入喷射器的蒸汽压力。调整进料阀和针阀,控制流量,使米浆形成空心圆柱状薄膜从喷嘴射出。在此过程中,要随时调整蒸汽和米浆的流量,严格控制喷射器出口的料液温度在 103～105℃,并于层流罐中保温 30 min。若采用二次喷射液化处理,则一次喷射入口温度控制在 105℃,二次喷射出口温度控制在 130～150℃。

要求液化最终 DE 值控制在 10％～20％,液化液不黏稠,表面不结皮,具有良好的流动性和过滤性,且用碘液检查不应有蓝色反应。

3. 过滤

大米经过淀粉酶作用,在完成液化操作之后,淀粉水解成可溶性糊精。大米的其他成分,如纤维素、蛋白质、脂肪、灰分等未被分解,成为不溶性物质,必须过滤除去。滤渣称为米糟或滤糟,占大米质量的 40％～45％。米糟为副产物,富含蛋白质,是乳牛、猪、鱼类等的优良饲料。过滤后所得的滤液应该澄清、透明,且滤液要及时浓缩,一方面可以减少米糟内的残液量,提高产品的收得率,还可以防止米糟发酵变质。通常将米糟滤干后压缩成饼状,回收的滤液则要及时用于磨米或调浆。

过滤所使用的设备为板框式压滤机或真空转鼓过滤机。目前,在我国大多数企业采用的是板框式压滤机。使用时加压过滤的工作压力以不超过 200 kPa 为宜。过高的压力容易使滤布穿孔,造成滤液浑浊。

4. 脱色

麦芽糊精的脱色常使用活性炭,颗粒状或粉末状均可。活性炭脱色原理是利用物理吸附作用。活性炭除吸附有色物质外,还能吸附无机盐,降低麦芽糊精中的灰分含量。在工业生产中,影响脱色效果的重要因素是温度和时间。活性炭脱色温度一般保持在 75～80℃,在较高温度下,糊精的黏度较低,易于渗入活性炭的多孔组织内部,能够较快地达到吸附的平衡状态,脱色吸附过程一般达到 30 min 即可。活性炭的用量和达到吸附平衡的时间成反比,用量大时间可以缩短;但如果用量过大,单位质量活性炭的脱色效率会降低。在实际生产中,活性炭的用量为待脱色液质量的 1％～5％。使用过程中先用活性炭脱色颜色较浅的物料,再脱色颜色较深的物料,最后脱色颜色更深的物料。这样可以充分发挥活性炭的吸附能力,减少活性炭的使用量,降低生产成本。

5. 真空浓缩

过滤脱色后得到的麦芽糊精,固形物含量为 30％左右,长时间放置会发生变质。如果想实现长期存放,必须将固形物含量提高到 75％,高浓度的麦芽糊精才能抑制微生物的生长。这样就需要对麦芽糊精进行蒸发浓缩,以除去多余的水分。这样既便于麦芽糊精的保存和运输,也方便下一步进行干燥处理。蒸发浓缩过程一般在减压条件下进行,减压浓缩可以使液体沸点温度降低,实现较低温度下的糖液蒸发,避免糊精在高温下焦化,保持糊精色泽,还可以缩短蒸发时间。生产中要求真空度不低于 80 kPa,加热蒸汽压力则以 200～400 kPa 为宜。

6. 喷雾干燥

由于麦芽糊精产品一般以固体粉末形式应用,因此必须具备较好的溶解性。在生产中,通常采用喷雾干燥的方式进行干燥。喷雾干燥的基本原理是向干燥塔内引入温度较高而相对湿度很低的干空气,物料经高压泵或高速离心机分散成雾滴,与热风接触而产生热交换。形成雾滴可以增加热蒸汽与料液的接触面积,提高了水分的蒸发速度,在短时间内就能实现干燥效果。喷雾干燥一般分为四个阶段:料液雾化为雾滴、雾滴与空气混合和流动、雾滴水分蒸发、干燥产品与空气分离。

(1)料液雾化为雾滴。料液分散为微细的雾滴,雾滴的平均直径为 20～60 μm。雾滴的大小和均匀程度对产品质量和技术经济指标影响很大。如果喷出的雾滴大小不均匀,就会出现大颗粒还没达到干燥要求,而小颗粒却干燥过度,品质下降。

(2)雾滴与空气混合和流动。雾滴和空气的接触方式不同,对于干燥室内的温度分布,雾滴、颗粒的运动轨迹,物料在空气中的停留时间以及产品性质有很大的影响。在干燥室内,雾滴和空气的接触方式有并流式、逆流式和混流式三种。其中,采用混流方式效果最佳。

(3)雾滴水分蒸发。雾滴水分蒸发经历恒速阶段和降速阶段。雾滴与空气接触,热量由空气经过雾滴四周的界面层传递给雾滴,使雾滴中的水分汽化。整个过程既包含热量传递,也包含质量传递。

(4)干燥产品与空气的分离。经雾滴干燥后的产品通过喷雾干燥器中的排粉装置排出,少量粉末随空气流入分离器中进一步分离。然后将两部分成品混合,直接包装入库。

喷雾干燥工艺的主要参数有:进料浓度 40%～50%;进料温度 60～80℃;进风温度 130～160℃;排风温度 70～80℃;产品水分含量不高于 5%。

第十一章

果葡糖浆加工技术

第一节 熟悉果葡糖浆

一、概述

果葡糖浆是淀粉先经酶法水解为葡萄糖浆（DE≥94％），再经过葡萄糖异构酶转化得到的一种果糖和葡萄糖的混合糖浆。生产果葡糖浆的主要原料是玉米，由玉米淀粉得来的果葡糖浆称高果玉米糖浆（HFCS），而以其他淀粉（如：大米、马铃薯、小麦、木薯等为原料）制得的果葡糖浆称为高果糖浆（HFS）。

二、性质与应用

果葡糖浆是无色无味的液体，常温条件下流动性好，使用方便。因果葡糖浆是淀粉糖中甜度最高的糖品，且具有许多优良的特性（如：味道纯净、清爽，渗透性强，不易结晶等），在糖果、糕点、饮料、罐头、焙烤类食品的加工中可以部分甚至全部取代蔗糖。果葡糖浆的主要特性和应用如下。

1. 甜味特性

蔗糖的甜度为 100，果糖的甜度为 150。果葡糖浆含有 42％～90％的果糖，在甜味特性上具有优越的协同增效作用，可与其他甜味剂共同使用，改善食品或饮料的口感，减少苦味和怪味。果葡糖浆与蔗糖结合使用，可使甜度增加 20％～30％，而且甜味丰满、风味更佳。结晶果糖的甜度为蔗糖的 175％～180％。

2. 冷甜特性

果糖的甜度与温度有很大的关系,40℃以下时温度越低,果糖的甜度越高,最高可达蔗糖的 1.73 倍。由于这一特性,果葡糖浆可用于清凉饮料和其他冷饮食品的生产,如:碳酸饮料、果汁饮料、运动饮料、冰棒、冰激凌等。美国的可口可乐、百事可乐就是采用果葡糖浆作为甜味剂,配制的饮料入口后甜味清爽,受到广大消费者的青睐。

3. 溶解度高

果糖溶解度在糖类中最高,当温度为 20℃,30℃,40℃,50℃时,果糖的溶解度分别为蔗糖的 1.88 倍、2.0 倍、2.3 倍、3.1 倍。葡萄糖溶解度比蔗糖低,果糖和葡萄糖的溶解度随温度上升的速度比蔗糖快。果酱、蜜饯类食品正是利用糖的保存性质来实现抑菌的,要求所使用的糖具有较高的溶解度,只有糖浓度在 70% 以上时才能有效抑制酵母菌和霉菌的生长,而单独使用蔗糖则达不到这种要求。

4. 抗结晶特性

果糖较蔗糖难以结晶,部分或全部取代蔗糖可以使食品具有抗结晶特性。

5. 保湿性

果糖吸湿性强,容易从空气中吸收水分,具有良好的保持水分和耐干燥的能力。利用果葡糖浆作为糕点类食品的甜味剂,可以使糕点质地松软,贮存过程中不易变干并保持新鲜。与蔗糖相比,可明显提高产品的档次,并延长产品的货架期。

6. 高渗透压性

糖的渗透压与糖的分子大小有关系,即与分子质量有关系,分子质量小的物质渗透压大于分子质量大的物质。果葡糖浆的主要成分是单糖,分子质量小,渗透压高于双糖(如蔗糖),用于蜜饯、果脯生产时可以缩短糖渍时间。同时,高渗透压还可以抑制微生物生长,具有防腐保鲜的作用,所以果葡糖浆用于食品保藏效果要好于蔗糖。

7. 高发酵性

果葡糖浆在利用酵母菌进行发酵的食品加工方面要优于蔗糖。酵母菌能利用葡萄糖、果糖、蔗糖和麦芽糖进行发酵。其中,葡萄糖和果糖属于单糖,可被酵母菌直接利用,发酵速度快,在面包和利用酵母菌的糕点生产中,产气更为迅速,产品也更加疏松。

8. 冰点温度低

果葡糖浆的冰点温度比蔗糖、麦芽糖浆都低,应用于冰激凌及雪糕夹心加工时,可以克服经常出现冰晶的缺陷,使产品的质地更为柔软、细腻、可口。

9. 抗龋齿性

果糖不是口腔微生物的适宜底物,口腔中的细菌对果糖的发酵性差,有利于保护牙齿的珐琅质,不容易引起龋齿。

10. 改善色泽和风味特性

果糖和葡萄糖属于单糖,具有还原性,化学稳定性较蔗糖差。果糖比葡萄糖更容易受热分解,发生美拉德反应(褐变反应)。这种反应产生的有色物质具有特殊风味,生产面包、饼干等焙烤类食品时,还可以产生诱人的焦黄色和焦糖风味。

11. 酸性条件下稳定

蔗糖在酸性条件下会发生水解反应,转化为果糖和葡萄糖。碳酸饮料的酸度在 pH 2.5～5,加进去的蔗糖在 25℃贮存条件下,2～3 个月会全部转化为果糖和葡萄糖,影响饮料的稳定性。而果糖和葡萄糖都有一个最稳定的 pH(葡萄糖为3.0,果糖为3.3)。因此,果葡糖浆可在碳酸饮料、水果罐头等酸性食品中保持稳定。

12. 代谢易吸收性

糖类物质被人体吸收的形式是葡萄糖。蔗糖为双糖,食用后需要经转化成果糖和葡萄糖以后才能被吸收。果葡糖浆中的果糖、葡萄糖可直接被吸收,这对病、弱、孕、婴等消化能力差的特殊人群很有利。

果葡糖浆除了因以上特性而在食品工业中广泛应用以外,还在卷烟、医药、保健品生产中有着特殊的作用。在卷烟生产过程中添加果葡糖浆,无须再进行糖的转化,可简化生产工艺环节。使用果葡糖浆生产的烟叶保润能力强,柔软程度有所增加,可减少制作过程中的烟叶损耗,而且制成的烟丝色泽好,油润程度高,能提高卷烟产品的内在质量。在医药、保健品中的应用主要体现在以下几个方面:①可用作药用糖浆,果葡糖浆可直接被吸收,用来加工药用糖浆对病人有利;②可用作药酒,果葡糖浆溶解度高,操作方便,且风味较好;③可用作保健食品,用以加工病、弱、孕、婴等特殊人群的保健食品;④解毒作用,可用作许多中毒症的解毒剂,减轻肝脏负担;⑤抑制蛋白质的消耗,抑制人体内蛋白质的消耗,可作为运动员和体力劳动者的营养补给;⑥解酒作用,果葡糖浆中的果糖能促进乙醇的分解,具有防醉作用;⑦其他疗效,对肝炎、肝硬化、冠心病、心血管、胃炎、胃溃疡、皮肤病、小儿发育不良等疾病有一定的疗效。

三、果葡糖浆的生产工艺流程

果葡糖浆的生产工艺流程可分为四步:淀粉的液化与糖化(DE＞94％的葡萄糖浆);酶法异构葡萄糖为果糖(制取90％的果糖);葡萄糖浆分离;混合果糖,制取果葡糖浆。果葡糖浆的生产工艺流程见图11-1。

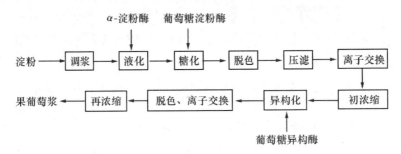

图 11-1 果葡糖浆生产工艺流程

第二节 淀粉液化和糖化

一、调浆与液化

淀粉用水调制成干物质含量为30％～35％的淀粉乳,用盐酸调整 pH 至6.0～6.5,每吨淀粉原料加入 α-淀粉酶 0.25 L,淀粉乳泵入喷射液化器会瞬时升温至105～110℃,在管道内液化反应10～15 min,料液再输送至液化罐,在95～97℃的温度下,两次加入 α-淀粉酶 0.5 L,继续液化反应 40～60 min,碘液显色反应合格即可。

二、糖化

液化液调节 pH 至4.0～4.5,加入葡萄糖淀粉酶80～100 U/g(以淀粉量计),控制温度为60℃,糖化48～72 h,DE 达到96％～98％时,加热至90℃,耗时10 min,使糖化酶活力被破坏,糖化反应终止。

三、糖化液精制

采用硅藻土预涂转鼓过滤机进行连续过滤,清除糖化液中的杂质和絮状物。之后再用活性炭进行脱色,用离子交换除去杂质,使糖化液的纯度达到电导率不高于50 mS/cm。最后通过真空蒸发浓缩至固形物为40％～45％(质量分数)。

第十二章

低聚糖加工技术

第一节　低聚麦芽糖的生产

一、低聚麦芽糖概述

低聚糖也称寡糖,是由 2～10 个单糖通过糖苷键连接形成的直链或支链的低度聚合糖。低聚糖按其组成单糖的不同可以划分为低聚木糖、低聚异麦芽糖、大豆低聚糖、巴拉金糖、低聚果糖以及低聚半乳糖等。人体肠道内缺少分解以上低聚糖的酶系统,因此它们不能被消化吸收而直接进入大肠内,优先被双歧杆菌所利用,可作为双歧杆菌的增殖因子。低聚糖近十几年来作为功能食品的基料,广泛应用到各种保健营养补品和食品工业中。低聚糖在美国、日本以及我国都有生产,尤其在日本发展迅速。其中,产量最大、应用范围最广的低聚糖是以淀粉为原料生产的低聚糖,通常称为低聚麦芽糖,包括仅含有 α-1,4 糖苷键的直链低聚麦芽糖和含有 α-1,6 糖苷键的支链低聚麦芽糖,后者又称为低聚异麦芽糖。

二、性质与应用

1. 低聚麦芽糖的性质

以 α-1,4 糖苷键结合的低聚麦芽糖有麦芽糖(G_2)、麦芽三糖(G_3)、麦芽四糖(G_4)、麦芽五糖(G_5)、麦芽六糖(G_6)、麦芽七糖(G_7)、麦芽八糖 (G_8)、麦芽九糖

（G_9）、麦芽十糖（G_{10}）。

（1）甜度。若蔗糖的甜度为100,则各种低聚麦芽糖的甜度分别为：G_2 44，G_3 32，G_4 20，G_5 17，G_6 10，G_7 5。随着聚合度的增加,甜度逐渐降低,G_4 以上的低聚麦芽糖只能隐约感觉到甜味。

（2）黏度。G_3 以上和 G_2 之间有显著差异,G_2 与蔗糖相同,G_3 以上则随着聚合度的增加,黏度逐渐增加,且大于蔗糖的黏度。G_5 以下仍有较好的流动性,G_7 则会使食品有浓稠感。

（3）保湿性。G_3 的吸湿性最高,G_2 的吸湿性最低,$G_4 \sim G_7$ 的吸湿性总是小于 G_3。

（4）渗透性。低聚麦芽糖的渗透压随聚合度的增加而逐渐减小。

（5）功能性。低聚麦芽糖具有滋补营养性,是一种能延长供能、强化机体耐力、易消化吸收、低甜度、低渗透压的新糖源。可提高人体对钙离子的吸收能力,吸收时可不经胃消化而直接经肠吸收,可作为婴儿食品的能量来源。

（6）颜色稳定性。低聚麦芽糖颜色的稳定性比葡萄糖、麦芽糖浆、玉米高果糖浆等要好,不易发生褐变。

2. 低聚麦芽糖的应用

低聚麦芽糖的商品化产品为 $G_3 \sim G_6$,由于还没有发现可生成 G_7 以上的酶。目前,很难生产 $G_7 \sim G_{10}$ 的低聚麦芽糖。现有的低聚麦芽糖产品主要应用于饮料、糖果、糕点、乳制品、果酱、冷冻食品、保健食品的制作和生产。

三、低聚麦芽糖生成酶

工业上生产麦芽糖,主要使用来源于植物的 β-淀粉酶。生产麦芽三糖和麦芽二糖以上种类的低聚麦芽糖则需要另外一些新酶。

其中,麦芽三糖酶中活性最高的是灰色链霉菌 NA 468 菌株,能分泌水解淀粉生成麦芽三糖的酶。该酶适宜的 pH 为 5.6～6.0,最适温度为 45℃,可转化淀粉生成 50% 的麦芽三糖。此酶与普鲁兰酶协同作用,可将 90% 的淀粉转化为麦芽三糖。

从施氏假单胞菌培养液中提取的麦芽四糖酶,能使 G_6 分解为 $G_4 + G_2$,G_7 分解为 $G_4 + G_3$,G_8 分解为 $2G_4$,直链淀粉和糖原分解为 $G_4 +$ 高分子糊精。嗜糖假单胞菌 IAM 504 也可产生麦芽四糖酶,能使 G_5 分解为 $G_4 + G_1$,G_6 分解为 $G_4 + G_2$,G_7 分解为 $G_4 + G_3$,G_8 分解为 $2G_4$,G_9 分解为 $2G_4 + G_1$。该酶对 $G_1 \sim G_4$ 完全不发生作用,从 G_5 以上者由非还原性末端以 4 个葡萄糖单位进行切断。

假单胞菌 KO-8940 产生的麦芽五糖生成酶,在反应初期该酶只生成 G_5。随着反应的进行,G_5 也可分解为 G_2 和 G_3。因此,要利用膜反应器将生成的 G_5 不断地提出而进行高纯度制品的生产。

四、低聚麦芽糖的生产方法

以精制玉米淀粉为原料,调成淀粉乳,用盐酸调节 pH,然后加入专门的低聚麦芽糖生成酶和淀粉分支酶,保温 60～72 h 进行糖化,然后用活性炭脱色、过滤、离子交换、真空浓缩,最后可获得固形物含量在 74% 以上的低聚麦芽糖。由于得到的低聚麦芽糖混合液中含有各种糖分,可以用凝胶过滤色谱法进一步分离。这种方法虽然分离量小,但纯度高,因此价格昂贵,只适于制备医药试剂用。

以玉米淀粉为原料,淀粉乳浓度 15%,麦芽四糖酶用量为 300 U/g,pH 6.8～7.0,温度 52～54℃,时间 8～10 h,可制得麦芽四糖占总糖比例达 80% 以上的糖浆,麦芽四糖的转化率高达 55%。

第二节　低聚异麦芽糖的生产

一、低聚异麦芽糖概述

低聚异麦芽糖又称低聚分支糖,是指葡萄糖基之间至少有一个以 α-1,6 糖苷键结合而成的,单糖数在 2～5 个的一类低聚糖,由于分子构象不同,所以区别于麦芽糖而被称为低聚异麦芽糖。各葡萄糖基之间还存在 α-1,2 糖苷键、α-1,3 糖苷键和 α-1,4 糖苷键等结合方式。

低聚异麦芽糖由淀粉经 α-淀粉酶和葡萄糖苷转移酶作用生成,主要由异麦芽糖、潘糖、异麦芽三糖和四糖以上的低聚糖及残留下的麦芽糖、葡萄糖组成。自然界中低聚异麦芽糖极少以游离状态存在,但作为支链淀粉或多糖的组成部分在蜂蜜和某些发酵食品中(如:酱油、黄酒等)或酶法制备的葡萄糖浆中都有少量存在。低聚异麦芽糖因具有独特的生理功能而成为一种重要的功能性食品基料,可广泛应用到各种保健营养补品和食品工业中。因其保健效果明显,各种化学结构、功能和含量都可以检测,现已成为市场销售量最多的低聚糖品种。

二、性质与应用

1. 低聚异麦芽糖的性质

麦芽糖是两个葡萄糖分子以 α-1,4 糖苷键连接起来的双糖,异麦芽糖则是两个葡萄糖分子以 α-1,6 糖苷键连接起来的双糖。由于两者分子构象不同,麦芽糖容易被酵母菌发酵利用,异麦芽糖则不易被酵母菌所发酵,属于非发酵性低聚糖。

(1)甜度。低聚异麦芽糖的甜度为蔗糖的 45%~50%,可用来代替部分蔗糖。甜味醇美、柔和,对味觉刺激性小,甜度随聚合度的增加而逐渐降低。

(2)黏度。低聚异麦芽糖的黏度较低,所以具有较好的流动性和操作性。尽管低聚异麦芽糖属于低聚糖类,但由于它是通过切枝再接枝的糖苷键转移反应来完成的,因此,转化程度远比生产低聚麦芽糖强烈。其黏度与相同浓度的蔗糖溶液接近,适合用于食品的成型。加工时操作简单,对糖果、糕点等食品的组织和物理性质无不良影响。

(3)耐热及耐酸特性。低聚异麦芽糖的耐热、耐酸性能较好。在较高温度(120℃以上)、pH 为 3 的酸性溶液中加热一段时间,分子仅出现很轻微的分解。因此,在饮料、罐头及高温处理或低 pH 的乳品等食品中仍可保持其特性和功能而被广泛使用。

(4)保湿、防止结晶和淀粉老化。低聚异麦芽糖具有良好的保湿性。这是由于低聚异麦芽糖结构上具有多个羟基,与水分子有较强的结合能力。因此,用作食品配料时,可在一定程度上维持食品的水分活度,抑制淀粉老化,防止蛋白质变性,保持速冻食品的新鲜度。

(5)着色性。低聚异麦芽糖与反应物中的氨基酸、蛋白质一起被加热会发生美拉德反应(褐变反应),使产品着色,而葡萄糖及异构糖发生着色反应的稳定性不及低聚异麦芽糖。

(6)水分活度和抑菌性。水分活度是表示食品中微生物可以利用的水量的值,若水分活度小,则微生物能利用的水分少,微生物的生长发育将受到抑制。低聚异麦芽糖抑制各种微生物发育的效果比蔗糖强。蔗糖对枯草芽孢杆菌、黑曲霉、耐渗透压酵母的抑制效果较差。

(7)发酵性。低聚异麦芽糖是一种酵母菌和乳酸菌难以利用的糖类,在用于面包、酸奶等发酵食品加工时,不能被酵母菌、乳酸菌发酵利用掉而残留在食品中,仍然发挥其各种功能特性,同时也可以促进肠道内双歧杆菌的发育与增殖,而且在发酵乳品中不会妨碍正常的乳酸菌发酵。

(8)功能特性。低聚异麦芽糖和一般低聚糖的最大差别在于它不被人的消化液消化,但可被肠道有益菌,如双歧杆菌等利用,因而会产生特殊的生理作用。它可以促进肠道原有有益菌的增殖,抑制腐败菌的生长,减少有毒物质的形成,有益于人体健康。低聚异麦芽糖对嗜酸乳杆菌也有较好的增殖效果。

(9)高渗透压。低聚异麦芽糖可产生比蔗糖更高的渗透压,在各种商品中应用时,在组织的渗透性、防腐性等方面,会出现与蔗糖同等或以上的效果。

(10)冰点下降。低聚异麦芽糖的冰点下降与蔗糖相接近,冻结温度高于果糖,且冻结速度快,常用于冷饮的制作。一般来说,分子质量越小,冻结温度越低。在制作冷冻食品时,由于结冰较早,可使生产效率提高。

2. 低聚异麦芽糖的应用

低聚异麦芽糖具有低甜度、难发酵、耐高温、不受 pH 影响、保湿性高、风味优良等特性,因而能广泛应用于医药、食品、饲料、酿酒等行业,成为国内外用量大,应用面广的产品。近年来,英国、日本、美国、俄罗斯、法国等国家都相应研制生产出低聚异麦芽糖相关产品,尤其是在日本,现已先后开发出十余种产品。目前,低聚异麦芽糖是世界上生产量最大、价格最便宜的一种新型低聚糖。我国现已开发出含低聚异麦芽糖的乳酸饮料、糖果、保健酒等系列产品。

(1)食品工业中的应用。

①饮料:碳酸饮料、豆奶饮料、果汁饮料、蔬菜汁饮料、茶饮料、营养强化饮料、酒精饮料、咖啡、可可粉饮料等。

②乳制品:牛乳、调味乳、发酵乳、乳酸菌饮料及各种乳粉。

③糖果:高粱饴、牛皮糖、巧克力及各种硬糖。

④各种糕饼:面包、饼干、蛋糕、西点、羊羹、月饼、汤圆馅料等。

⑤冷饮:雪糕、冰棒、冰激凌。

其他畜肉加工品、水产制品、果酱、蜂蜜等。

(2)医药领域中的应用。由于低聚异麦芽糖是双歧杆菌的增殖因子,可以作为肠道功能调理、抗肿瘤药物及钙的吸收促进剂。

(3)饲料工业中的应用。将低聚异麦芽糖添加到饲料中,可以使畜禽肠道内的有益菌增殖,抑制或减少腐败菌,提高动物的抗疾病能力,并缩短疾病恢复期,是饲料添加剂研究开发的新型代表。通常低聚异麦芽糖的添加量为 0.1%～1.0% 时即可有显著效果,若添加量超过 5% 则会引起腹泻。

(4)其他领域中的应用。低聚异麦芽糖和增产菌制成的合剂可应用于植保领域,能使农作物增产。低聚异麦芽糖的高纯度(98%以上)产品可应用到一些特殊的治疗场合(如危重病人的流体食品),治疗痔疮、皮肤感染,抗病毒和抗真菌等均有很好的临床疗效。利用低聚异麦芽糖的保湿、吸湿性强的特性,又可以将其加入化妆品中。

三、低聚异麦芽糖的生产方法

低聚异麦芽糖的制备方法主要有两种:一是利用糖化酶的逆合作用,糖化酶在高浓度的葡萄糖溶液中发生逆合作用,将葡萄糖缩合生成异麦芽糖、麦芽糖等低聚糖,但异麦芽糖含量不高;二是利用麦芽糖在 α-葡萄糖苷酶的作用下水解,生成两分子的葡萄糖;游离出的葡萄糖基再被 α-葡萄糖苷酶转移到另一葡萄糖分子上,通过 β-1,6 糖苷键链接而成异麦芽糖,若受体为麦芽糖则生成潘糖。

低聚异麦芽糖生产中最关键的技术是 α-葡萄糖苷酶。工业化生产低聚异麦芽糖,是以淀粉制得的高浓度葡萄糖浆为底物,通过 α-葡萄糖苷酶催化 α-葡萄糖基转移反应进行制备。黑曲霉和米曲霉等菌种均可产生 α-葡萄糖苷酶,由其催化产生低聚异麦芽糖的转化率超过 60%。

低聚异麦芽糖现有低聚异麦芽糖 500(IMO-500)和低聚异麦芽糖 900(IMO-900)两种规格。另外,低聚异麦芽糖产品按形态可分为:糖浆状(L)和粉末状(P)两种。

1. 低聚异麦芽糖的生产工艺流程

低聚异麦芽糖的生产工艺流程见图 12-1。

图 12-1 低聚异麦芽糖生产工艺流程

2. 工艺要点

(1)调浆。在配料罐内,把粉浆乳调到 17°Bé,用 Na_2CO_3 调至 pH 5.0～7.0,并加 0.15% 氯化钙作为淀粉酶的保护剂和激活剂,最后加入耐高温 α-淀粉酶。

(2)连续喷射。液化料液搅拌均匀后,用泵把粉浆泵入喷射液化器,在喷射器中粉浆和蒸汽直接相遇,出料温度控制在 100～105℃。从喷射器中出来的料液进入层流罐保温 60～90 min,温度维持在 95～97℃,然后进行二次喷射。在第二只喷射器内料液和蒸汽直接相遇,温度升至 120～145℃以上,并在高温维持罐内维持3～5 min,把耐高温 α-淀粉酶彻底杀死。同时淀粉会进一步分散,蛋白质会进一步凝固。

(3)糖化。料液进入真空闪急冷却系统降低到 60℃保温,同时将 pH 降至 4.5～6.5,加入糖化酶糖化至终点后,将料液加热至 80℃,保温 20 min,然后将料液温度降低到 60～70℃。

(4)精制、浓缩。除渣过滤进入一次性脱色罐,80℃左右加入旧活性炭脱色 30 min,进行脱色过滤,滤液进入二效四段膜式蒸发器进行初蒸,将浓度升至 45% 左右,然后将糖进行二次脱色及糖离交。离交后将糖用刮板式薄膜蒸发器浓缩到 75%,达到产品要求。

若生产粉状产品,需将 45%左右糖浆喷雾干燥。

第三篇

变性淀粉的生产及深加工技术

第十三章

预糊化淀粉加工技术

第一节　熟悉预糊化淀粉

一、预糊化淀粉的概念

淀粉一般是先经加热糊化再使用。为了避免这种加热糊化的麻烦,工业上生产预先糊化再干燥的淀粉产品,用户使用时只要用冷水调成糊就可以了。这种经事先糊化并经干燥、粉碎的产品,称为预糊化淀粉,又称 α-淀粉。

原淀粉具有微结晶结构,冷水中不溶解膨胀,对淀粉酶不敏感,这种状态的淀粉称为 β-淀粉。将 β-淀粉在一定量的水存在下加热,使之糊化,规律排列的胶束结构被破坏,分子间氢键断开,水分子进入其间。这时在偏光显微镜下观察失去双折射现象,结晶构造消失,并且易接受酶的作用,这种结构称为 α-结构。这一过程就是淀粉糊化的机理。完全糊化的淀粉如在高温下迅速干燥,蒸发掉挤入淀粉颗粒中使氢键断开的水分子,将得到氢键仍然断开的、多孔状的、无明显结晶现象的淀粉颗粒,即为预糊化淀粉。由于预糊化淀粉具有多孔的、氢键断裂的结构,能重新快速地溶于冷水而形成高黏度、高膨胀性的淀粉糊,可方便地使用于许多工业部门。

二、预糊化淀粉的性质与作用

1. 性质

预糊化淀粉经磨细、过筛后呈细颗粒状,因工艺不同,颗粒形状存在差别。将样品悬于甘油中,用显微镜(放大 100~200 倍)观察、滚筒干燥法的产品为透明薄片状,有如破碎的玻璃片;喷雾干燥法产品为空心球状。

预糊化淀粉的复水性是影响应用的重要性质。预糊化淀粉的复水性受粒度的影响。粒度细的产品溶于水生成的糊,具有较高冷黏度,较低热黏度,表面光泽也好,但是复水太快,易凝块,中间颗粒不易与水接触,分散困难。粒度粗的产品溶于冷水速度较慢,没有这种凝块困难,生成的糊冷黏度较低,热黏度较高。

预糊化淀粉溶于冷水成糊,其性质与新加热原淀粉而得的糊比较,增稠性和凝胶性有所降低。这是由于湿糊薄层在干燥过程中发生凝沉的缘故。

2. 应用

预糊化淀粉广泛应用于各种方便食品中,使用时省去蒸煮操作,起到增稠、改进口感和其他好的作用。例如,用预糊化淀粉配制的布丁粉,用冷牛乳搅匀即可食用。蛋糕粉中加用预糊化淀粉,制蛋糕时加水易混成面团,包含水分和空气多,体积较大。食品中加预糊化淀粉有抑制蔗糖结晶效果。鱼、虾饲料用预糊化淀粉为黏合剂。

预糊化淀粉在非食品工业中的应用也很广泛,石油工业应用预糊化淀粉于油井钻泥中,增加蓄水性和稠度。加用少量氯化钙或尿素对预糊化有促进作用,并使所得产品具有更优良性质,适于钻泥应用。

铸造工业应用预糊化淀粉为铸模砂芯胶黏剂,冷水溶解容易,胶黏力强,倒入熔化金属时燃烧完全,不产生气泡,制品不致含"沙眼",表面光滑。

纺织工业应用预糊化淀粉于织物整理,家庭用衣物浆料也用预糊化淀粉配制。造纸工业用预糊化淀粉为施胶料。预糊化淀粉用作细煤粉、矿砂和饲料等压块的胶黏剂。

第二节　预糊化淀粉的生产

预糊化淀粉的生产工艺包括加热原淀粉乳使淀粉颗粒糊化,干燥,磨细,过筛,包装等工序。根据所用设备的不同,其生产方法可分为滚筒法、喷雾法、挤压膨化法、微波法和脉冲喷气法等数种。其中最常用的是滚筒干燥法。

一、滚筒干燥法及原理

滚筒干燥法又称热滚法,是利用滚筒式干燥机来进行生产的。滚筒式干燥机有单滚筒和双滚筒(图 13-1),双滚筒干燥机剪力大,能耗也大,但容易操作。单滚筒干燥机剪力、能耗均较双滚筒低,但不易控制。目前在大规模的工业生产中,双滚筒正在渐渐地被单滚筒所代替。

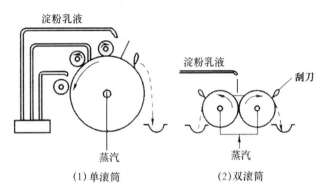

图 13-1　单滚筒和双滚筒干燥机示意图

其生产工艺分为配浆、糊化干燥、粉碎、包装等四步。

首先将淀粉与去离子水混合搅拌,淀粉浆浓度一般控制在 20%～40%,最高可达 44%,淀粉乳可先经化学法或酶法处理变性,或添加其他物料,如盐和碱性物为糊化助剂,表面活性剂以防止粘滚,以改进产品的复水性。滚筒温度控制在 150～180℃。淀粉浆均匀地分布于滚筒表面,形成薄层,受热糊化,干燥到水分约 5%,被刮刀刮下,经粗碎、细碎、包装。操作似乎很简单,但保持淀粉乳进料均匀地分布于滚筒表面上,糊化,干燥,刮下,需要严格地控制操作,有时还遇到困难。滚筒表面上的膜厚要适当,过薄则生产能力低,产品密度低,过厚则较难干燥,可能局部未干燥好,粘住刮刀。进料量、鼓旋转速度、温度等重要因素要配合适当。

滚筒法具有生产连续、操作简便、能耗低、热效率高、产品干燥质量稳定、适应范围广、供热介质简便等特点。但此种加工方法使得淀粉粒会突然膨胀到原来体积的数百倍,同时具有强烈的剪切力作用,使淀粉颗粒破裂,产品有很大的缺陷,包括窄的峰值黏度范围,非完整性颗粒,不能承受使用过程中的剪切力及酸和碱的影响。弹性、流动性和稳定性较差等,这种方法使淀粉糊液只有 80%左右糊化。

本工艺的主要工艺参数为:浆液浓度、进料量、转速和温度。欲得到理想的产品,这几个参数必须调整适当。

二、喷雾干燥法及原理

喷雾法生产预糊化淀粉是淀粉乳预先经蒸煮为热糊液,然后利用喷雾干燥原理,将所得糊喷入干燥塔,淀粉乳浓度控制在 10% 以下,一般为 6%～10%,糊黏度在 0.2 Pa·s 以下。雾化过程由高压单流体喷嘴和双流体喷嘴完成。雾化媒介为压缩空气和蒸汽。喷雾法的特点是无须单独的粉碎过程即得到呈空心球状的颗粒成品。浓度过高,糊黏度太高,会引起泵输送和喷雾操作困难。应用这种低浓度淀粉乳,水分蒸发量高,能耗随之增加,故而生产成本高。采用高温和高压喷雾工艺能将淀粉乳浓度提高到 10%～40%,最好 20%～35%。例如,玉米淀粉乳浓度31%,加热到 55℃,用离心泵送入高压体系,增加压力到约 135×10^5 Pa,进入管式热交换器,加热到 210～220℃,淀粉在热交换器时间 1～2 min,经雾化喷嘴喷入干燥塔,一直保持在高压高温条件下,淀粉糊化溶解完全,黏度低,喷雾无困难。进入干燥塔热风温度 155℃,卸出时温度 135℃。所得产品水分 11%,溶解度约 87%。普通喷雾干燥工艺所得产品的溶解度较低,在 30% 以下,密度在 0.5 g/mL 以下。

三、挤压法及原理

螺旋式挤压机是生产挤压食品通用设备。挤压法是利用螺旋挤出机的原理,通过挤压摩擦产生热量使淀粉糊化,然后由顶端小孔以爆发形式喷出,通过瞬间减压而得到膨胀、干燥。首先将淀粉调成含水量约为 20% 的乳液,再将此乳液加入挤压机腔内,经螺旋挤压摩擦产生 120～200℃,高压达(30～100)$\times 10^5$ Pa 而糊化,然后通过孔径为 1 至几毫米的小孔高压挤出,由于压力急速降低立即膨胀,使水分蒸发而干燥,最后碾磨筛分即得产品。

本工艺的主要工艺参数为:进料水分含量,挤压温度,螺旋转速,压力等。欲得到理想的产品,这几个参数必须调整适当。

此工艺具有动力消耗小的特点。但本工艺的优点是进料含水分少(一般淀粉含水分约 20%),耗能低,设备投资少,生产成本低,但生产的预糊化淀粉由于受高强度剪切力作用,产品黏度较滚筒干燥法的产品黏度低很多,几乎没有弹性。

第十四章

热解糊精的加工技术

第一节　熟悉热解糊精

一、概述

淀粉经不同方法降解的产物(不包括单糖和低聚糖)统称为糊精。工业上生产的糊精产物有麦芽糊精、环糊精和热解糊精三大类。本节主要讨论利用干热法使淀粉降解所得到热解糊精,通常有白糊精、黄糊精和英国胶(或称"不列颠胶")三类。

白糊精和黄糊精是加酸于淀粉中加热制得的,前者温度较低,颜色为白色,后者温度较高,颜色为黄色。英国胶是不加酸,加热到更高温度制得的,颜色为棕色。热解糊精是最早生产的一种变性淀粉,产量较大,应用广。一般我们所说的"糊精"就是指这一类糊精,其他类糊精需要加"麦芽"或"环"来区别。

二、热解糊精的性质与作用

1. 性质

热解糊精在物理性质和化学性质方面与原淀粉有很大的差异,这些差异随转化度不同而变化。

(1)颗粒结构。在显微镜下放在甘油中检验时,颗粒外形与制造它的原淀粉相似。但在水与甘油混合物中用显微镜观察时,对较高转化度的热解糊精有明显的结构削弱及外层剥落现象。

(2)水分。在干燥及热转化阶段,糊精的含水量是逐渐降低的。如果不经吸湿,最后的水分:白糊精是2%～5%,黄糊精及英国胶都少于2%。但糊精有较强的吸水性,其平衡含水量为8%～12%。

(3)色泽。糊精的色泽受转化温度、pH及时间的影响。一般转化温度越高且转化时间越长,色泽越深。pH高时较pH低时色泽加深速度快。对黄糊精来说,溶解度达到100%之后颜色变深的速率增大。

(4)溶解度。随着转化作用的进行,糊精在冷水中的溶解度逐渐增加。白糊精溶解度范围从高黏度类型的最小溶解度到最高转化率的低黏度类型的溶解度为60%～95%。英国胶溶解度范围为70%～100%,相同转化度时,英国胶的溶解度大于白糊精。几乎所有的黄糊精都是100%可溶解的。

(5)还原糖含量。随着转化作用的进行,还原糖稳定地上升到最高值。除高转化度类型外,所有白糊精的这个值是不断上升的。但是,在转化作用的后期,还原糖增加的速度较缓慢。还原糖含量主要取决于品种,白糊精在10%～12%,黄糊精接近1%～4%,而英国胶更低。

(6)碱值。与还原糖或葡萄糖值相似,这是转化作用过程中形成醛基的一个指标。随着分子链变短,醛基量增加,碱值达到峰值后,随着继续加热,碱值开始下降。这是由于苷键转移及可能再聚作用形成了分支链结构所致。

(7)糊精含量。糊精含量是指用半饱和氢氧化钡溶液配制的1%溶液中可溶部分的量。淀粉、水化淀粉及低转化度糊精会被半饱和氢氧化钡沉淀。糊精含量一般是用经验试验方法来测定的。糊精含量都随转化程度而升高。

(8)黏度。糊精黏度通常用热黏度和冷黏度来表示。只要糊精化作用中主要反应是苷键断裂,则糊精在热水中的黏度是下降的。白糊精有一个很宽的黏度范围,它取决于转化程度。具有最低黏度的黄糊精,当转化作用使溶解度达到100%时,黏度降低速率减慢,最后降到一定值。黄糊精在70%浓度时仍可分散及使用。

(9)溶液稳定性。糊精水溶液的稳定性有很大的差异,取决于转化度、糊精种类、原淀粉的特性及添加剂的影响。除了很大的直链淀粉分子外,直链淀粉的分子越小溶液越稳定。支链淀粉溶液比直链淀粉更稳定,但直链淀粉分子在糊精化作用时,受到分解及通过苷键转移或再聚作用转化成分支型结构,这种产品的水溶液稳定性更高。转化作用过程中所产生的淀粉分子结构的性质与转化类型有关;一般来说,在白糊精生产中除了高转化度品级外,都是水解反应占优势;玉米白糊精的支化度为 2%～3%,因此,白糊精溶液的稳定性一般是较差的,冷却及放置时会形成不透明的浆液。英国胶是在含酸量最少情况下转化的,水解反应最小;加热温度和时间是转化作用的主要因素,结果使分子重排形成 20%～25% 的糊精支化度,因此对相同转化度来说,英国胶的水溶液稳定性比白糊精高。在黄糊精制取中,水解作用最初占主导地位。但高转化温度有利于广泛的苷键转移及再聚作用,也由于它们有较高转化度,因此黄糊精溶液比英国胶胶液稳定。

制取糊精的原淀粉的性质也是一个重要因素,糯玉米淀粉比普通玉米淀粉转化成的糊精溶液稳定性好得多。

添加剂也常用于增加糊精溶液的稳定性,最常用的添加剂是硼砂或硼砂与碱。硼酸或四硼酸钠的添加量可达到糊精重量的 20%;它与羟基形成络合物,增加了溶液的黏度,稳定了溶液,促进清澈度,并可增加它的内聚性和黏着性。硼砂的影响在其含量为 15% 以下时十分显著。这种效应可用添加碱通过硼砂转化成偏硼酸得到加强,硼砂与偏硼酸在糊精的黏着性方面起主要作用。

(10)薄膜的性能。高温转化淀粉溶液形成薄膜的特性是作为黏合剂使用的重要因素。一般来说,用原淀粉溶液制取的薄膜比由热转化淀粉溶液制取的薄膜其拉伸强度要高得多。用同一类型的转化产品,其薄膜拉伸强度随转化程度增加或黏度降低而逐渐降低。但是,黏度较低的糊精分散在水中的固体量较多,因而形成高固体含量的薄膜。这种薄膜干燥速度更快,有较强的黏着性,并能迅速与表面黏结。

对同一类型的热转化作用来说,黏度越低或转化度越高,薄膜越容易溶解。黄糊精制得的薄膜可溶性最大,白糊精薄膜溶解性最差。糊精薄膜有结晶化特征,使薄膜变脆及剥成碎片的倾向,薄膜结晶化作用与转化度有关,添加增塑剂或吸湿剂可克服这个缺点。

2. 作用

热转化糊精广泛用作医药、食品、造纸、铸造、壁纸、标签、邮票、胶带纸等的黏合剂。如造纸行业可用作表面施胶剂和涂布胶黏剂,能提高表面强度、平滑度及印刷性,在做标签、邮票黏合剂时,需要黏度高,形成的薄膜具有强韧性,适宜用白糊精或英国胶;纺织业中用于织物整理、上浆,糊精在纺织印染中可作为印花糊料;食品行业可用作香料、色素的载体;医药行业用作片剂胶黏剂,在作药片黏合剂时,需要快速干燥,快速散开,快速黏合及再湿可溶性,可选择白糊精或低黏度黄糊精产品。铸造行业作铸模砂芯胶黏剂等。

第二节 热解糊精的生产

一、糊精转化过程中的化学反应

糊精干法转化过程中,淀粉发生的化学反应是很复杂的,至今尚未完全搞清楚。但其主要反应可能包含水解反应、苷键转移作用、再聚作用。每种反应发生的相对程度随所生产的糊精转化条件而异。

1. 水解反应

在干燥和转化初阶段,酸可催化断裂淀粉中 α-1,4 糖苷键,也可能水解 α-1,6 糖苷键,淀粉分子质量不断降低。反映在淀粉的水分散液黏度不断降低,也反映在由于苷键水解形成还原性端基增加。在生产低转化度的白糊精过程中,低 pH 及水分促使了水解反应。

2. 苷键转移作用

在这类反应中,α-1,4 苷键水解,接着与邻近分子的游离羟基再结合,形成分支结构。可能是由于结晶区在受热之下苷键会断裂,邻近的羟基会抓住这些游离羟基。

3. 再聚合作用

葡萄糖在酸存在下,在高温时具有聚合作用的能力。例如在黄糊精的转化过程中,出现明显的葡萄糖或新生态糖的再聚作用,生成较大的分子。这也反映在还原糖量降低,黏度略有升高,以及能溶解于混合溶剂(90%乙醇/10%水)中的糊精百分率降低。虽没有确实证据,但至少黄糊精可能发生再聚合作用。

二、糊精的生产工艺流程

糊精之间的差异在于对淀粉的预处理方法及热处理条件不同。白糊精和黄糊精是加酸于淀粉之中加热而得的,前者温度较低,颜色为白色,后者温度较高,颜色为棕色。英国胶是不加酸,加热到更高温度而得的,颜色为棕色。生产热解糊精的工艺流程见图 14-1。

淀粉 ──→ 预处理 ──→ 预干燥 ──→ 热转化 ──→ 冷却 ──→ 热解糊精

图 14-1　生产热解糊精的工艺流程

热解糊精的生产过程包括预处理(酸化)、预干燥、热转化和冷却等工序。

(1)预处理。通常这个阶段将酸性催化剂稀溶液喷洒到含水 5％以上的淀粉上,在制取白糊精和黄糊精时,通常使用盐酸,将其以很细的雾滴均匀地喷洒在混合器中不断搅拌的淀粉中。对于英国胶,可加微量的酸,或不加酸,或加磷酸三钠或二钠、碳酸氢钠、三乙醇胺等这类缓冲剂。

(2)预干燥。根据不同种类糊精的要求,用于转化的淀粉开始时的水分含量范围应在 1％～5％。淀粉中含水量过高是不利的,因为它将加剧淀粉的水解作用并抑制缩合反应。除非淀粉的水分等于或小于 3％,否则缩合反应是难以进行的。

预干燥能否成为一个独立阶段,取决于制取的糊精种类及设备。淀粉中水分会引起水解,尤其是在低 pH 及加热时。在转化过程中,这种水解作用应该是最小的。例如黄糊精,在糊精化或热转化之前干燥预处理过的淀粉常常是必要的,例如用气流干燥快速除去水分。在许多白糊精生产中,并不需要严格的预干燥,因为有些水解作用有助于获得所需的性能。

(3)热转化。热转化作用通常是在混合器中完成的,可以用蒸汽或油浴加热。欲制得高质量的均匀产品,整个转化过程中应保证有良好的搅拌作用及均匀的热量分布。

在转化过程中,应该有充足的并能控制的空气流,以使水分在初始阶段就能快速除去及蒸发掉,并使温度达到所需值。

转化温度与时间可有很大的差异,取决于所制产品种类及设备类型。温度范围一般在 100～200℃,加热时间从几分钟到数小时。一般,白糊精倾向于在低温及较短的时间中制备,而黄糊精和英国胶需要长反应时间。

(4)冷却。转化阶段结束时,温度可能在 100～200℃,甚至更高。通常是根据色泽、黏度或溶解性来确定重点的,这时糊精正处于转化的活性状态,急需使用快速冷却方法使它尽快停止转化作用。为此,通常将热解糊精倾入冷却混合器中或冷却水冷却。若转化作用的 pH 非常低,需将酸中和,以防止冷却期间及随后贮存时的进一步转化。中和作用可以用碱性试剂在干态时混合。

由于最后的糊精产品只有很少的水分,与水混合时会发生结块及起泡现象。因此可将糊精放在湿空气中,使糊精吸收水分,含水量升高到 5％～12％或更高。

第十五章

酸变性淀粉的加工技术

第一节 熟悉酸变性淀粉

一、概述

在糊化温度以下,用无机酸处理淀粉,改变其性质的产品称为酸变性淀粉。用酸处理淀粉的目的是为了得到一种可以形成低黏度淀粉糊的产品。

用酸处理后的淀粉,凝胶性增强,凝胶强度增高(酸变性玉米淀粉为最),冷黏度与热黏度的比值增大。在纺织工业中用作上浆剂、织物整理剂,造纸工业中用于压光和施胶,改进纸的抗磨性和印刷性。酸变性玉米适用于软糖果制造。

二、酸变性淀粉的性质与应用

1. 性质

(1)流度。由于酸变性作用的主要目的是降低淀粉浆黏度,因此转化过程中常用测定热浆流度的方法来控制。流度是黏度的倒数,黏度越低,流度越高。

(2)溶解度。酸转化期间,随着流度增加,热水中可溶解的淀粉量也增加,欲得到颗粒形态的淀粉制品,在通常的酸处理下,可能转化的淀粉量是受到限制的。

(3)颗粒特性。室温下用显微镜观察酸变性淀粉颗粒,与未变性淀粉十分相似。但在水中加热时,它们的特性十分不同,它们不像原淀粉那样会膨胀许多倍,而是扩展径向裂痕并分成碎片,其数量随淀粉的流度升高而增加。

(4)热糊及冷糊。酸变性淀粉热糊的黏度远低于原淀粉,差异取决于转化的流度。酸变性玉米淀粉热糊的流变学性能也不同于玉米原淀粉,已膨胀的原淀粉颗粒在显现酸变性方面有突出的作用。但在酸变性淀粉中,颗粒已破坏成碎片,而不是膨胀。因此,酸变性淀粉糊的触变性是低的,能与牛顿流体相接近。酸转化淀粉热糊是较透明的流体,然而冷却时,由玉米、小麦制成的酸变性淀粉将会老化,失去透明度,形成浑浊的坚实的凝胶。

酸转化糯玉米淀粉与酸转化玉米淀粉有不同的性质,这主要是因为糯玉米淀粉几乎都是支链淀粉,它不像玉米淀粉易于老化,冷却是不会形成凝胶的。酸变性木薯淀粉流度为 0～40 mL 时,淀粉糊的稳定性和透明度方面可达到酸变性糯玉米淀粉的水平,然而,流度接近 50 mL 或更高一些的产品,其热糊是透明的,但冷却时即老化。酸变性马铃薯淀粉可得到透明及流动性好的热糊,但很快变稠(老化),冷却时形成透明的凝胶。流度为 0～40 mL 范围的酸变性木薯淀粉,在稳定性和透明度方面也可达到酸变性糯玉米淀粉的水平。然而,流度接近 50 mL 或更高一些的产品,其热糊是透明的,但冷却后却变稠(老化)。

(5)薄膜强度。酸变性淀粉特别适合应用于淀粉成膜性的工业。由于它们的黏度比原淀粉低得多,可在更高的浓度下烧煮和成糊,极少的水分吸收或蒸发,使它们的薄膜可更快干燥从而可供快速黏合之用。此外,酸变性淀粉的薄膜比原淀粉厚。酸变性淀粉的这种低热糊黏度以及较高的浓度和较高的薄膜强度,使得酸变性淀粉特别适合应用于需要成膜性及黏附性的工业,如经纱上浆、纸袋黏合等。

2. 应用

(1)食品工业。主要用来制造糖果,如软糖、胶姆糖,制作淀粉果冻、胶冻婴儿食品。高流度的酸变性淀粉制作的糖果,质地紧凑,外形柔软,富有弹性,耐口嚼,不粘纸,在高温下处理不收缩,不起砂,能在较长时间内保持产品质量的稳定性。

(2)造纸工业。利用酸变性淀粉成膜好,膜强度大,黏度低等特性,主要作为特种纸张表面涂胶剂,以改善纸张的耐磨性,耐油墨,提高印刷的性能。

(3)纺织工业。用来作为棉织品和棉-合成纤维混纺织品的上浆和整理处理,较高流度的酸变性淀粉有良好的渗透性和较强的凝聚性,能将纤维紧紧地黏聚,从而提高纺织品表面光洁度和耐磨性。在布料和衣物洗涤后的整理时,能显示出良好的坚挺效果和润滑感。

第二节　酸变性淀粉的生产

一、酸变性淀粉的生产原理

在用酸处理淀粉的过程中,酸作用于糖苷键使淀粉分子水解,淀粉分子变小。淀粉颗粒是由直链淀粉和支链淀粉组成的,前者具有 α-1,4 键,后者除 α-1,4 键,还有少量的 α-1,6 键,这两种糖苷键被酸水解的难易存在差别。由于淀粉颗粒结晶结构的影响,直链淀粉分子间经由氢键结合成晶态结构,酸渗入困难,其 α-1,4 键不易被酸水解。而颗粒中无定形区域的支链淀粉分子的 α-1,4 键和 α-1,6 键较易被酸渗入,发生水解。

用酸水解玉米淀粉研究直链淀粉和支链淀粉含量变化情况,在反应初阶段直链淀粉含量增高,表明酸催化优先水解支链淀粉。用 0.2 mol/L 盐酸,45℃处理马铃薯淀粉,颗粒没有发生膨胀,仍有偏光十字,表明酸水解是发生在颗粒无定形区,没有影响原来的结晶结构。在反应初阶段,直链淀粉含量有所提高,支链淀粉首先被水解。这些结果表明,酸水解分为两步,第一步是快速水解无定形区域的支链淀粉;第二步是水解结晶区域的直链淀粉和支链淀粉,速度较慢。最后从显微镜观察发现被作用的淀粉粒中有许多小孔,原淀粉的特性因而亦发生了变化。

二、酸变性淀粉的生产工艺及反应条件

通常制备酸变性淀粉的工艺流程如图 15-1 所示。

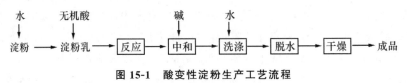

图 15-1　酸变性淀粉生产工艺流程

1. 淀粉乳的浓度

淀粉乳的浓度一般为 36%～40%。

2. 酸的种类及用量

酸作为催化剂而不参与反应。不同的酸催化作用不同,盐酸最强,其次为硫酸

和硝酸。酸的催化作用与酸的用量有关,酸用量大,则反应激烈。

淀粉中的杂质(如蛋白质、脂肪、灰分、磷酸盐等)能与酸作用,因而会影响酸的有效浓度及酸的催化作用。

3. 温度

当温度在 40~55℃时,黏度变化趋于稳定,温度升至 70℃时已经糊化,因此反应温度一般选在 40~55℃范围。

4. 反应时间

要制得质量稳定的酸变性淀粉,必须控制淀粉浓度,酸的种类及酸浓度一致,并在相同的温度下进行反应。即使细心控制,生产相同酸变性淀粉的反应时间也是有变化的。可通过测定流度的变化,对时间作图,用外插法预测反应完成的时间。达到这一时间后立即中和,终止反应。

5. 添加剂

加入少量水溶性六价铬盐于酸性淀粉乳中能促进反应速度,降低水溶物的生成量,有利于生产高流度产品。

第十六章

氧化淀粉的加工技术

第一节　熟悉氧化淀粉

　　氧化淀粉是早期使用和研究的变性淀粉之一。早在 18 世纪,实际生产中就已采用次氯酸氧化法。氯对淀粉的氧化作用要追溯到 1829 年,当时利比格（Liebig）报道淀粉在氯气或亚氯酸中暴露时的变化。1875 年利本及理查德（Lieben and Reichart）研究其他试剂——溴对淀粉的氧化作用。1892 年赫本特（Hermite）获得淀粉溶解在含氯离子的电解质中的专利,溶液受到电流作用后,可降低淀粉的黏度。1896 年施默伯（Schmeber）报道淀粉用次氯酸盐处理,得到一种具有独特的新性能的变性淀粉。1902 年由金德谢勒（Kindscher）报道使用氧气对淀粉氧化。哈特维希（Hartwig）也曾报道过,并在 1895 年获得德国专利及 1905 年获得美国专利。

　　淀粉在酸、碱、中性介质中与氧化剂作用,氧化所得的产品称为氧化淀粉。少量的高锰酸钾（$KMnO_4$）、过氧醋酸（CH_3COOOH）、亚氯酸盐（$NaClO_2$）对淀粉作用,可得到轻度氧化的淀粉。其分子结构没有明显变化,常称漂白淀粉,不视为氧化淀粉。采用不同的氧化工艺、氧化剂和原淀粉可以制成性能各异的氧化淀粉。氧化淀粉的原料主要是马铃薯、木薯、甘薯和玉米淀粉。

　　氧化淀粉具有低黏度、高固体分散性、极小的凝胶化作用等特点。反应过程中在淀粉分子链上引入了羰基和羧基,使直链淀粉的凝沉作用降到最低,大大提高了糊液的稳定性、成膜性、黏合性和透明度。氧化程度主要取决于氧化剂的种类和介质的 pH。氧化剂的种类很多,一般按氧化反应所要求的介质,将氧化剂分为三类:

①酸性介质氧化剂。如硝酸等。

②碱性介质氧化剂。如碱性过硫酸盐等。

③中性介质氧化剂。如溴、碘等。

氧化剂的主要作用是漂白作用和氧化作用。工业上也应用过氧化氢、高锰酸钾、高乙酸盐和高硫酸盐等处理淀粉，但用量很低，主要是漂白和消毒，除去霉菌、杂质，淀粉未被氧化，产品不属于变性淀粉。制备氧化淀粉最常用、经济效果又好的氧化剂主要是次氯酸钠、过氧化氢和高锰酸钾。目前，工业生产中最常用的是碱性次氯酸盐。

第二节 次氯酸钠氧化淀粉的生产

应用碱性次氯酸钠氧化淀粉，是工业上生产变性淀粉的重要方法。淀粉经碱性次氯酸钠处理后白度提高，黏度和糊化温度降低，稳定性、透明度、成膜性得到改善，黏着力增强，在造纸、纺织、食品和其他工业上应用效果很好。

一、氧化机理

次氯酸钠属非特殊氧化剂，可按四种方式随机地氧化淀粉。即：

①直链淀粉与支链淀粉的还原性醛端基氧化成羧基：一般说来，醛基比羟基更容易氧化。因此淀粉的醛端基首先氧化成羧基是可能的。天然淀粉的醛端基是非常少的，但由于水解和氧化断裂的发生，会形成附加的醛端基，它们即被氧化成羧基。

②第六碳原子上的伯醇基氧化成羧基，生成糖醛酸链节。

③第二、三及四碳原子上的仲醇基氧化成酮基。

④乙二醇基氧化成醛基，再氧化成羧基。

从最终产品的性能变化方面来说，每类反应都是重要的，但在影响性能方面，C_1羟基与C_4羟基处发生的反应，其作用只能是较次要的，因为这些反应只发生在C_1上的还原性端基及C_4上的非还原性端基，每个大分子中C_1及C_4的羟基量比C_2、C_3及C_6上的羟基量少得多。因此可以推断，在C_2、C_3及C_6位置上羟基的氧化反应对最终的氧化淀粉的性能起着决定性的重要作用。

氧化剂渗入到淀粉颗粒中，主要作用于非结晶区，用偏光显微镜观察仍有双折射性，可以证明这一点。可能在某些淀粉分子中会发生剧烈的局部反应，导致淀粉分子解聚(糖苷键断裂)而产生高度降解的碎片,这些碎片可溶于碱性介质中,当洗涤淀粉时,它们被洗掉(对原料而言大约损失 15％)。

如氧化淀粉颗粒表面发生碎裂或裂纹,就是这种局部过度氧化造成的,扫描电子显微镜观察证明了这一点。

次氯酸钠在不同 pH 是以不同形式存在的,在碱性条件下主要离解成 OCl⁻,接近中性条件下次氯酸钠基本不离解,OCl⁻量少;在酸性条件下,主要是未离解的 HOCl,在更酸性条件下还生成氯(Cl₂)。淀粉在不同 pH 条件下,结构也发生变化。在碱性条件下,淀粉生成淀粉钠(St-O-Na),在酸性条件下发生质子化(H⁺)和(或)水解。淀粉的这种结构变化也影响氧化反应。

在酸性、碱性条件下氧化反应很慢,而在中性或微酸、微碱环境下,反应最快。

在酸性条件下,次氯酸盐很快转变成氯;氯与淀粉的羟基起反应生成次氯酸酯和氯化氢,酯进一步分解生成酮基和氯化氢。在这两步反应中,各有一个质子分别由氧原子和碳原子分离开来。在质子过量的酸性介质中,阻碍质子的分离,酸性越高,氧化反应速度越慢。

$$2NaOCl \xrightarrow{H^+} Cl{-}Cl$$

$$H{-}\overset{|}{\underset{|}{C}}{-}OH + Cl{-}Cl \xrightarrow{快} H{-}\overset{|}{\underset{|}{C}}{-}O{-}Cl + HCl$$

$$H{-}\overset{|}{\underset{|}{C}}{-}O{-}Cl \xrightarrow{慢} \overset{|}{C}{=}O + HCl$$

在碱性条件下,会生成具有负电荷的淀粉钠,数量随 pH 提高而增加。次氯酸主要离解成 OCl⁻,也具有负电荷,相互间的排斥作用影响氧化反应,因此,pH 提高也会限制氧化速度。但在弱碱性条件下,淀粉是中性存在,反应速度还是快的。

$$H{-}\overset{|}{\underset{|}{C}}{-}OH + NaOH \longrightarrow H{-}\overset{|}{\underset{|}{C}}{-}ONa + H_2O$$

$$2H{-}\overset{|}{\underset{|}{C}}{-}O + OCl^- \longrightarrow 2\overset{|}{C}{=}O + H_2O + Cl^-$$

淀粉的负离子、次氯酸盐的负离子在较高的 pH 时,后者占优势。同性相斥,反应难以进行,碱性增加,反应速度下降。

在中性、微酸性或微碱性介质中,次氯酸盐主要呈非离解状态,淀粉呈中性。

非离解的次氯酸盐能产生淀粉次氯酸酯和水,酯分解产生氧化产物和氯化氢。

二、性质与应用

1. 性质

(1)颗粒。一般说来,氧化淀粉颗粒类似于制取它们的原淀粉,仍保持着它们的偏光十字及与碘染色特征。氧化淀粉色泽较原淀粉颗粒白。在径向裂纹方面,氧化淀粉颗粒也不同于原淀粉,可以发现,颗粒中径向裂纹随氧化程度的增加而增加。这些裂纹显然在氧化剂的更强攻击之下会使颗粒形成碎片。当在水中加热时,颗粒也会沿着这些裂纹裂开成碎片,取代了原淀粉颗粒的膨胀。

(2)化学特征。氧化作用过程中,羧基及羰基的进入质量、糖苷键切断量等取决于处理程度,一般说来,随着次氯酸盐处理程度增加,分子质量及特性黏度降低,羧基或羰基含量增加。大多数商品氧化淀粉的羧基量约在1.1%以上。

(3)热糊流度。与酸变性淀粉相似,使用氧化淀粉的目的之一也是降低淀粉黏度或增加流度,从而使它在较高的浓度下,在热水中成糊。氧化淀粉可以有很宽的流度范围,一般随氧化程度增加,流度上升。

(4)热糊与冷糊的特性。淀粉在热水中成糊时,黏度增加的方式随处理条件而变化。在中性条件下,由次氯酸盐氧化作用得到的淀粉,其特征是在成糊或糊化时有高的黏度峰值;但在较高碱性条件下氧化时,得到较低的黏度峰值。在热水中成糊及冷却时,氧化玉米淀粉溶液不会增稠,也不会像玉米原淀粉那么硬,而且能形成较清晰的糊液。

氧化淀粉糊比酸变性淀粉具有更好的清晰度及稳定性,这主要是因为氧化过程中羧基进入淀粉分子中,对直链淀粉的聚集和老化的倾向起了空间位阻作用。

(5)薄膜性能。用次氯酸盐氧化淀粉能形成强韧、清晰、连续的薄膜,它们比酸变性淀粉或原淀粉的薄膜更均匀,收缩及燥裂的可能性更小,薄膜也更易溶于水。

2. 应用

(1)造纸工业。大约80%以上的次氯酸盐氧化淀粉用于造纸工业,主要用作纸张表面施胶,由于其具有成膜性好、不凝胶等优点,经过施胶后,改善纸张表面强度,增加表面光滑度,为书写和印刷提供优良的表面性能。

(2)纺织工业。纺织工业用氧化淀粉作上浆剂,适合棉、合成纤维、混纺纤维。氧化淀粉糊稳定性、流动性、渗透性均较好,并可低温上浆,不仅减少浆斑,而且可提高纤维的耐磨性。由于水溶性好,退浆也容易,且和其他上浆剂(如羧甲基纤维素、聚乙烯醇等)有好的兼容性。在印染织物的精整中,氧化淀粉的透明膜,可避免色泽暗淡。

(3)建筑材料业。氧化淀粉可以用作糊墙纸,绝热材料、墙板材料的黏合剂,并作为瓦楞纸箱工业黏合剂大量使用。可以高浓度使用,胶黏性强,干燥快。

(4)食品工业。氧化淀粉能代替琼脂和阿拉伯胶制造果冻及软糖等。其贮存性较稳定,优于酸变性淀粉。轻度氧化淀粉可用于炸鸡、鱼类食品的敷面料和拌粉中,对食品有良好的黏合力并可得到酥脆的表层。

第三节　双醛淀粉的生产

高碘酸和其钠盐氧化淀粉,反应具有专一性,脱水葡萄糖单位的 C_2 和 C_3 碳原子羟基被氧化成醛基,C_2—C_3 碳键断裂,得双醛淀粉。高碘酸和其钠盐氧化淀粉很早就被用于研究淀粉结构化学,其后发明电解工艺,将反应后生产的碘酸再氧化成高碘酸重复使用,大大降低成本。双醛淀粉在工业上已开始生产,主要用于造纸工业增强纸张湿强度,其他潜在用途也很多。

一、氧化机理

淀粉分子还原末端和非还原末端分别被氧化成甲醛和甲酸。双醛结构具有较高的化学活性,可水解或还原成丁四醇、乙二醇、乙二醛等衍生物。自身也可作为天然或合成高分子的交联剂。

二、性质与应用

1. 性质

双醛淀粉为多聚醛化合物,虽然仍保持有淀粉颗粒的原形状,但在物理和化学性质方面差别大,无偏光十字,遇碘不着色。醛基很少以游离状态存在,反应活性与醛基化合物相同,易与亚硫酸氢盐基起加成反应,与多糖分子中羟基、氨基起交联反应等。造纸工业应用双醛淀粉增强纸张的湿强度,便是由于醛基与纤维素中羟基起的交联作用。

制备双醛淀粉一般是 3% 双醛淀粉与 0.45% 偏亚硫酸氢钠液混合,加热到接近沸点温度 30～40 min，使双醛淀粉降解到相对分子质量 300 000～5 000 000 范围，但含有磺酸盐基，带有负电荷，不利于被纤维吸着，因为纤维也带有负电荷；添加少量阳离子淀粉，使纤维具有阳电荷，能大大提高双醛淀粉吸着率。

利用醛基易于与氨基结合的性质，使约 2％双醛基与（羧甲基）三甲基铵氯酰肼起反应，得阳离子双醛淀粉，分散性和被纤维吸着性都好。

应用这种阳离子双醛淀粉可省去另外加阳离子淀粉，简化操作。这种阳离子双醛很容易分散于热水中，加入纸浆中 0.5％～2.5％能提高纸张湿强度 10 倍以上，干强度也大大提高，效果较相同添加量的热固树脂好，纸张的其他性质也有所改进，如抗油性、伸长性、脆裂性等。还能控制纸张湿强度的寿命，即过一定时间后湿强度减弱，易于破碎，微生物降解性也好，对于卫生纸、面巾纸等应用是优点。

提高纸张温强度，也可使纸张通过约 5％浓度的双醛淀粉水溶液，经双辊压挤去多余溶液、干燥，若再经温和热处理可提高抗水性。

2. 应用

双醛淀粉主要用于造纸工业湿端添加剂，增加卫生纸、面巾纸和其他纸张湿强度。分散双醛淀粉于纸张中，醛基与纤维素羟基经由半缩醛基起交联反应与纤维结合，大大提高湿强度。

双醛淀粉能与淀粉、干酪素和其他天然或人工合成含有羟基、氨基或酰氨基化合物合并用作纸张涂布胶黏剂。

因双醛淀粉能交联棉纤维，纺织工业用作上浆剂或织物整理，能更好地提高纱强度、抗磨性和改进其他性质。

双醛淀粉能与皮革中蛋白质骨胶原的氨基和亚氨基起交联反应，为良好靴革剂。踩革作用与氧化程度有关，双醛含量 90％以上的效果好。

双醛淀粉能与明胶起交联反应变不溶解，照相胶片生产用为明胶硬化剂，用量为明胶的 2％时效果好，操作易于控制。

双醛淀粉能提高聚乙烯醇薄膜的抗水性，效果比乙二醛好。双醛淀粉 25％水溶液与聚乙烯醇 10％水溶液相等重量混合，涂于玻面上，27℃ 干燥 18 h 或 110℃ 干燥 10 min 得薄膜。

双醛淀粉与亚硫酸氢盐加成物能用作树脂乳液的增稠剂，代替淀粉、阿拉伯树胶、右旋糖酐和聚乙烯醇，较低醛基含量产品的效果较好。

双醛淀粉含醛基 90％以上，经热压成半透明硬塑料，具有高硬度、高挠曲强度和抗有机溶剂性。热压温度 100～110℃，物料水分 22％～32％，压力 2～6 kPa，时间 3～7 min。双醛淀粉能与尿素、尿醛树脂和其他许多种物料合用生产塑料和树脂。

胶乳油漆中含有干酪素、大豆蛋白、聚乙烯醇或聚丙烯酸酰胺,加用双醛淀粉能提高抗水性。

双醛淀粉为赤鲜糖和乙二醛的多糖高分子化合物,通过化学反应能制备许多有用的化工产品,例如经酸水解成赤藓糖和乙二醛,前者再经氧化成赤鲜醇。

双醛淀粉的若干衍生物,如尿素、二聚氰酚胺、丙烯酰胺、亚硫酸氢盐等都为造纸工业有用的添加剂。

三、生产工艺

由于高碘酸价格昂贵,商业上制备双醛淀粉时,高碘酸需回收反复使用。回收的方法有电解法和化学法。最初使用一步工艺,即淀粉的氧化和碘酸的氧化在同一个反应器中进行。以后采用两步工艺,即淀粉的氧化和碘酸的氧化分别进行。此两步工艺的优点是操作简单,易于控制,产品的质量较高,氧化剂的损失也少。

第十七章

交联淀粉的加工技术

第一节　熟悉交联淀粉

一、概述

淀粉中含有多个羟基,这些羟基具有醇羟基的化学反应性能,可以与许多化合物反应,当某些化合物含有两个或两个以上能与羟基反应的基团时,就有可能在同一个分子或不同分子上的羟基之间形成交联。淀粉与具有两个或多个官能团的化学试剂起反应,使不同淀粉分子羟基间联结在一起,所得的衍生物称为交联淀粉。交联作用是指在分子之间架桥形成化学键,加强分子间的氢键作用。

在支链淀粉的线链段和直链淀粉之间,由氢链相互连接的微晶区对淀粉颗粒的完整性起着重要作用。加热淀粉的悬浮时,由于连接微晶区的氢链削弱,水分子进入微晶区,颗粒膨胀,最终分裂破碎,使黏度下降。此外,这种溶胶体对酸及机械剪切应力十分敏感,能使它显著变稀。

交联反应主要强化了颗粒中的氢键,交联化学键作用像分子间的桥梁,交联淀粉在水中加热时,氢键可能削弱或破坏,但是这种化学键使颗粒保持着程度不同的完整性。由于交联反应是以颗粒状的淀粉进行处理的,引入淀粉的化学交联键的量和对于淀粉的重量或颗粒中葡萄糖残基的数量来讲是十分小的。

凡具有两个或多个官能团,能与淀粉分子中两个或多个羟基起反应的化学试剂都能用作交联剂。交联剂的种类很多,归纳起来有五大类:①双盐基或三盐基化合物:如三聚磷酸盐、三偏磷酸盐、乙二酸盐、柠檬酸盐、多元羧酸咪唑盐、多羧酸胍基衍生物、丙炔酸酯等;②卤化物:如环氧氯丙烷、磷酰氯、碳酰氯、二氯丁烯、β-二氯二乙醚、脂肪族二卤化物、氰尿酰氯等;③醛类:如甲醛、丙烯醛、琥珀醛、蜜胺甲醛等;④混合酸酐:如碳酸和有机羧酸的混合酸酐等;⑤氨基、亚氨基化合物:如醇二羟甲基脲、二羟甲基乙烯脲、N-亚甲基二丙烯酰胺、尿素甲醛树脂等。

交联剂的种类很多,但是在工业生产中普遍应用的为数并不多,主要为环氧氯丙烷、三偏磷酸钠和三氯氧磷等,前者具有两个官能团,后两者具有三个官能团。这些交联剂没有毒性,本身稳定性不高,在反应过程中分解成无害的产物,所得的交联淀粉适用于食品。

淀粉与其他分子之间也可以交联,如淀粉与纤维交联,可制成抗水交联剂。淀粉交联后,平均分子质量明显增加,淀粉颗粒中的直链淀粉和支链淀粉分子是由氢键作用而形成的颗粒结构,再加上新的交联化学键,可增强保持颗粒结构的氢键,紧密程度进一步加强,颗粒的坚韧,导致受到糊化时颗粒的膨胀受到限制,限制程度与交联量有关,因此交联剂有时又称为抑制剂,交联淀粉又称为抑制淀粉。

淀粉交联的形式有酰化交联、酯化交联、醚化交联等。交联后的淀粉,由于引入了新的化学键,分子间结合的程度进一步加强,颗粒更坚韧,糊化时分子的润胀受到一定的限制。但当交联淀粉在水中加热时,可以使氢键变弱甚至破坏,而这种新化学键使颗粒仍保持着一定的完整性。由于交联反应是以颗粒状淀粉进行处理的,引入淀粉的化学键相对来说十分少,一般是每100~3 000个脱水葡萄糖基含一个交联化学键。

二、性质与应用

1. 性质

(1)颗粒。交联后,在室温下用显微镜检测水中或甘油中的淀粉,发现淀粉颗粒的外形没有改变。只有当颗粒受热或被化学物糊化时,才显出交联作用对颗粒的影响。

(2)糊化特性。交联淀粉特性的改变取决于交联程度。原淀粉在热水中加热时,氢键将被削弱,如果黏度上升到顶峰,则表示已溶胀颗粒达到了最大的水合作用;若继续加热时维持颗粒在一起的氢键遭到破坏,使已溶胀的颗粒崩溃、分裂且黏度下降。交联淀粉颗粒随氢键变弱而溶胀,但是颗粒破裂后,化学键的交联可提供充分的颗粒完整性,使已溶胀的颗粒保持完整,并使黏度损失降低到最小甚至没有。若交联程度是中等,就有足够的交联键阻止颗粒溶胀,所以实际黏度是降低的。在高交联度时,则交联几乎完全阻止颗粒在沸水中膨胀,所以实际黏度是降低的。在高交联度时,则交联键几乎阻止淀粉颗粒在沸水中溶胀。

(3)糊特性。交联作用对淀粉糊特性具有极大的影响,特别是对糯淀粉、块根和块茎淀粉。在水中加热时,颗粒开始溶胀,形成一种短糊油膏状质构。某些淀粉糊可以拉成很长的丝,不易中断,工业上称为"长糊";某些淀粉则只能形成较短的丝,称为"短糊"。然而,由于颗粒崩碎释放出支链淀粉,质构变得黏着而有弹性。通过用在水中加热时不断裂的化学键增强颗粒,淀粉颗粒足以抵抗破碎,并使淀粉糊形成一种具有极好食品增稠作用的短糊油膏状流变学特性。

交联淀粉的糊黏度对于热、酸和剪切力影响具有高稳定性,在食品工业中用作增稠剂、稳定剂有很多优点。应用热交换器连续加热糊化、罐头食品的高温加热、杀菌都要求淀粉具有热稳定性。高温快速杀菌,有的温度高达140℃。有的食品是酸性,需要淀粉具有抗酸稳定性。

(4)抗冻性。交联淀粉具有较高的冷冻稳定性和冻融稳定性,特别适于冷冻食品中应用,在低温下较长时间冷冻或冷冻、融化重复多次,食品仍能保持原来的组织结构,不发生变化。工业上采用不同的交联剂和工艺条件,生产各种交联变性淀粉,适合不同食品和不同加工操作的要求,效果很好。

(5)抗剪切性。烷煮过的交联淀粉的分散液表明其抗剪切性大于原淀粉,原淀粉的溶胀颗粒对剪切是敏感的,经受剪切时,它们迅速破裂,黏度降低。这种对剪切的敏感性可通过交联作用得到克服。

(6)薄膜性质。交联能抑制膨胀度,降低热水溶解度,随交联程度的增高,这种影响越大。原淀粉糊化制成薄膜置于沸水中加热,强度不断降低,但通过交联则能减少水溶性,保持膜强度不变,交联淀粉的抗酸、碱和剪切影响的稳定性随交联化学键的不同存在差别。环氧氯丙烷交联为醚键,化学稳定性高,所得交联淀粉抗酸、碱、剪切和酶作用的稳定性高。三偏磷酸钠和三氯氧磷交联为无机酯键,对酸作用的稳定性高,对碱作用的稳定性较低,中等碱度能被水解。根据不同交联键的性质差别,能进行双重交联,再除去稳定性较低的交联键,控制淀粉黏度性质,更适于应用的要求。

用沸水烷煮一定时间的玉米原淀粉的分散液所制得的薄膜表明:随着烷煮时间的延长,薄膜的抗张强度不断地下降。在溶液烷煮初期,以分子状分散的直链淀粉是淀粉薄膜具有优良抗张强度的主要原因。但在继续烷煮时,颗粒破裂成碎片,释放出支链淀粉,削弱了薄膜的抗张强度。而交联玉米淀粉的薄膜没有原淀粉那种抗张强度下降的情况,这是由于浓直链淀粉液的优点。显然,交联作用提供了一种有价值的手段,可提供最大的薄膜强度,它不仅可以有效地用于改善原淀粉的薄膜强度,也可用来改善转化淀粉的薄膜强度。

2. 应用

在需要一种高黏度而又稳定的淀粉糊,特别是当这种分散系主要经受高温、剪切或者低 pH 时,就要使用交联淀粉。交联作用可以是唯一的改性手段,但常常与其他类型的衍生和改性作用结合起来使用。

食物淀粉特别是蜡性玉米淀粉、马铃薯淀粉和木薯淀粉,常常是用磷酸酯、醋酸酯或羟丙基醚类使它们交联,以起到增稠作用,使在酸性 pH 条件和均化过程产生的高剪切力下仍能保持所需的黏度。在用蒸汽杀菌的罐头食品中,用糊化或溶胀速度缓慢的交联淀粉,使罐头食品开始时黏度低、传热快、增温迅速,利于瞬间杀菌;杀菌之后增稠,以赋予悬浮性和结构组织化等性质。交联淀粉也用于罐装的汤、汁、酱、婴儿食品和奶油玉米等产品中,还用于甜饼果馅、布丁和油炸食品的面施料中。

高程度交联淀粉受热不糊化,颗粒组织紧密,流动性高,适于橡胶制品的防黏剂和滑润剂,能用作外科手术橡胶手套的滑润剂,无刺激性,对身体无害,在高温消毒过程中不糊化,手套不会黏在一起。

交联淀粉对酸、碱和氯化锌作用的稳定性高,适于干电池应用,它作为电解液的增稠剂,能防止黏度降低、变稀、损坏锌皮外壳而发生漏液,并能提高电池保存性和放电性能。交联淀粉在常压下受热,颗粒膨胀但不破裂,用于造纸打浆机施胶效果很好,因为被湿纸页吸附的量多。交联淀粉抗机械剪力稳定性高,在强碱性条件下具有高黏度,为波纹纸板和纸箱类产品很好的胶黏剂。用交联淀粉浆纱,容易附着在纤维面上而增加耐摩擦性,也适用于碱性印花糊,使浆具有高黏度和所要求的不黏着的凝稠淀粉,具有较高的黏度,悬浮颜料的效果好。交联淀粉在铸造砂芯、煤砖、陶瓷时用作胶黏剂,在石油井钻泥中也有应用。

工业上常应用交联与其他化学反应,如氧化、酯化、醚化或酸处理等制造复合变性淀粉,具有更优良性质。例如,应用环氧氯丙烷交联和次氯酸钠氧化淀粉能制得黏度稳定性高的复合变性淀粉产品,热黏度稳定性高,冷却后,冷黏度的稳定性也高,在室温条件下存放一个星期,黏度基本保持不变,也不发生凝沉现象,若再加热仍能恢复原来的热黏度,耐剪切的稳固定性也高。

第二节　交联淀粉的生产

一、交联反应机制

淀粉通过醚化或酯化反应交联的化学反应分别表示如下。甲醛和环氧氯丙烷的反应为醚化,二偏磷酸钠和三氯氧磷为酯化。

（1）基本反应原理。

$$\text{淀粉—OH} + \text{HO—淀粉} \xrightarrow{\text{交联剂X}} \text{淀粉—O—X—O—淀粉}$$

（2）甲醛作为交联剂的反应。甲醛和淀粉的反应历程分两个阶段。第一阶段是和淀粉的醇基形成半缩醛。该反应在酸性条件下有利,因此低浓度的质子（H^+）对甲醛的交联反应有催化作用,可能是由于能降低羰基电子浓度的关系,pH高时,反应被抑制。第二阶段半缩醛进一步生成缩醛。由于反应生成水,应及时脱水,以免水解。

$$2\text{淀粉—OH} + CH_2O \longrightarrow \text{淀粉—O—CH}_2\text{—O—淀粉} + H_2O$$

（3）环氧氯丙烷作为交联剂的反应。

$$2St\text{—OH} + CH_2\overset{O}{\overbrace{}}CH\text{—CH}_2Cl \longrightarrow St\text{—O—CH}_2\text{—}\overset{OH}{\underset{}{CH}}\text{—CH}_2\text{—O—}St + HCl$$

（4）丁氯氧磷作为交联剂的反应。

$$\underset{\underset{Cl}{|}}{\overset{\overset{O}{\|}}{Cl\text{—P—Cl}}} + 2St\text{—OH} \xrightarrow{NaOH} \underset{\underset{ONa}{|}}{\overset{\overset{O}{\|}}{St\text{—O—P—O—}St}} + 2NaCl$$

（5）混合酸酐作为交联剂的反应。

$$StOH + \overset{\overset{O}{\|}}{CH_3COC}(CH_2)_n\overset{\overset{O}{\|}}{COCCH_3} \xrightarrow[pH\ 8]{NaOH} \overset{\overset{O}{\|}}{StOC}(CH_2)_n\overset{\overset{O}{\|}}{COSt} + \overset{\overset{O}{\|}}{NaOCCH_3}$$

（6）三偏磷酸钠作为交联剂的反应。

$$2StOH + Na_3P_3O \xrightarrow{NaOH} St-O-\overset{\overset{\displaystyle O}{\|}}{\underset{\underset{\displaystyle ONa}{|}}{P}}-O-St + Na_2H_2P_2O_7$$

应用不同交联剂，反应速度存在很大差别。三氯氧磷和己二酸与醋酸混合酸酐的反应速度很快，未与淀粉起反应的部分试剂很快被水解。三偏磷酸钠的反应速度较慢，环氧氯丙烷更慢。在较高碱性和较高温度起反应，环氧氯丙烷反应速度加快。曾用偏磷酸钠、三氯氧磷和环氧氯丙烷交联木薯淀粉比较提高糊黏度稳定性的效果，试验结果表明，环氧氯丙烷的效果最好，很少用量（淀粉的 0.01%）即取得很好的效果。

二、生产工艺

制取交联淀粉的反应条件很大程度上取决于使用的双官能团或多官能团试剂。一般情况下，大多数反应是在淀粉悬浮液中进行的，采用湿法生产工艺反应温度从室温到 50℃左右。反应在中性到适当的碱胜条件下进行，通常为了促进反应可用一些碱，但碱性过大，会使淀粉糊化或膨胀。完成交联反应后，应中和淀粉悬浮液，进行过滤、洗涤和干燥，以得到交联淀粉。常用的多功能交联剂有三氯氧磷、三偏磷酸钠、环氧氯丙烷等。

（1）使用甲醛为交联剂的工艺。加甲醛或多聚甲醛于淀粉乳中，甲醛用量为淀粉绝干质量的 0.077%～0.155%，用酸调 pH 到 1.6～2.0，加热到 40℃左右，反应 3～6 h 后，用碳酸钠中和到 pH 7，加氢氧化铵或亚硫酸氢钠与剩余的甲醛起反应，再经过滤、水洗、干燥。

（2）使用环氧氯丙烷为交联剂的工艺。100 g 玉米淀粉（绝干）与 150 mL 碱性硫酸钠溶液（每 100 mL 碱性硫酸钠溶液中含有 0.66 g 氢氧化钠和 16.66 g 无水硫酸钠）搅拌下混合成悬浮液。硫酸钠的作用是抑制淀粉颗粒的膨胀。溶解需要量（20～900 mg）的环氧氯丙烷于 50 mL 碱性硫酸钠溶液中，在 3～5 min 内滴入淀粉乳中，在 25℃保持搅拌反应 18 h，用 3 mol/L H₂SO₄ 稀酸溶液中和，过滤、洗涤、干燥得成品。

环氧氯丙烷交联淀粉的反应效率在较高淀粉浓度、NaOH 与淀粉的摩尔比 0.5～1.0 时最高，温度上升，反应速度快，但在低温下反应均匀，汽化环氧氯丙烷的反应效率高。淀粉颗粒仍保持有偏光十字，表明结晶结构没发生变化，交联反应发生在非结晶区。

(3)使用三偏磷酸钠为交联剂的工艺。玉米淀粉 180 g(水分含量 10%),加入 325 mL 三偏磷酸钠水溶液中(含三偏磷酸钠 3.3 g),用碳酸钠调 pH=10.2,将淀粉乳加热到 50℃进行反应 80 min。不时取样,样品经中和到 pH=6.7、过滤、水洗、干燥,测定黏度。结果表明,随反应进行,黏度逐渐增高,当反应进行到 50 min 时达到最高值,以后逐渐降低,糊变"短",透明度降低。反应进行到 24 h 得到高度交联的产品,此时沸水加热也不糊化、无黏度。

第十八章

酯化淀粉的加工技术

第一节 淀粉醋酸酯的生产

一、概述

淀粉分子中含有丰富的羟基,羟基的存在就可能和酸发生酯化,生成淀粉醋,即酯化淀粉。醋化淀粉是指淀粉羟基被无机酸及有机酸酯化而得到的产品,故酯化淀粉可分为淀粉无机酸酯和淀粉有机酸酯两大类。无机酸酯主要是淀粉磷酸酯、硫酸酯、硝酸酯等;有机酸酯有淀粉醋酸酯、淀粉顺丁烯二酸酯、淀粉乙酸乙烯醋、淀粉琥珀酸酯等。

淀粉醋酸酯是酯化淀粉中出现较早、较普遍的一种,有高取代度醋酸酯和低取代度醋酸酯。最早出现在 1900 年,主要是为了替代纤维素醋酸酯而研究的。淀粉醋酸酯又称为乙酰化淀粉或醋酸酯淀粉,是醋化淀粉中最普通也是最重要的一个品种。它是淀粉与乙酸剂在碱性条件下反应得到的酯化淀粉,常用的乙酰剂有醋酸酐、醋酸乙烯酯和醋酸等,但一般以醋酸酐居多。工业生产主要为取代产品,取代度在 0.2 以下,应用于食品、造纸、纺织和其他工业。高取代度的淀粉醋酸酯(取代度 2~3)的性质与纤维素醋酸酯相似,能制成薄膜、纤维、塑料等,这些产品的性质也相同,但无特别优点,未能继续发展应用。

二、醋化反应机制

1. 以醋酸酐作醋化剂

醋酸酐是常用的乙酰化试剂,可以单独使用,也可以与醋酸、吡啶和二甲基亚砜结合使用。常用的碱试剂有 NaOH、Na_2CO_3、Na_3PO_4 和 $Mg(OH)_2$ 等。

2. 以醋酸乙烯酯作酯化剂

淀粉与醋酸乙烯酯在水介质中通过碱催化的酯基转移作用发生乙酰化反应,同时生成副产品乙醛。

第二节　淀粉磷酸酯的生产

一、概述

天然淀粉中含有少量的磷,马铃薯淀粉的磷含量为 0.07％～0.09％,玉米淀粉的磷含量为 0.015％,黏玉米淀粉的磷含量为 0.014％,小麦淀粉的磷含量为 0.055％。这些原淀粉中天然存在的磷酸酯,虽然取代度很低,但对淀粉糊的性质具有一定的影响。

淀粉易与磷酸盐起反应生成磷酸酯淀粉,即使很低的取代度也能明显地改变原淀粉的性质。磷酸为三价酸,能与淀粉分子中 3 个羟基起反应生成磷酸一酯、二酯和三酯,淀粉磷酸一酯也称为磷酸单酯,是工业上应用最广泛的磷酸酯淀粉,也是本节重点介绍的内容。美国食品与药物管理局允许用正磷酸单钠、三偏磷酸钠及三聚磷酸钠(在淀粉中最大的残磷量为 0.4％)、氯氧磷(在淀粉上的最大处理量是 0.1％)生产磷酸酯淀粉,用于食品中。只许使用 6％(最大值)的磷酸及 20％(最大值)的尿素相结合的方法制得的淀粉衍生物产品,用于食品包装物中。

常用于制备淀粉磷酸单酯的试剂有正磷酸盐(NaH_2PO_4/Na_2HPO_4)、焦磷酸盐($Na_3HP_2O_7$)、偏磷酸盐($Na_4P_2O_7$)、三聚磷酸盐($Na_5P_3O_{10}$,STP)、有机含磷试剂等。下面分别介绍各种淀粉磷酸单酯的反应机理、反应条件及性质与应用。

二、酯化反应机制

1. 淀粉与正磷酸盐反应

用磷酸氢二钠和磷酸二氢钠混合盐为酯化剂,与淀粉在 155℃ 加热反应可生成淀粉磷酸酯。

$$St\!-\!OH + NaH_2PO_4/Na_2HPO_4 \longrightarrow St\!-\!O\!-\!\overset{\overset{\displaystyle O}{\|}}{\underset{\underset{\displaystyle OH}{|}}{P}}\!-\!ONa$$

氢离子对此反应有催化作用,在 pH 6.5 以上反应效率很低。这两种正磷酸盐受热都脱水分解成焦磷酸盐,如酸性较强的磷酸二氢钠比例较高,则磷酸氢二钠的脱水速度加快。

$$2Na_2HPO_4 \longrightarrow Na_2P_2O_7 + H_2O$$

$$2NaH_2PO_4 \longrightarrow Na_2H_2P_2O_7 + H_2O$$

上式表明正磷酸盐的酯化是通过焦磷酸盐为中间体的反应。

磷酸氢二钠和磷酸二氢钠混合盐能方便地制得 DS 为 0.2 以上的淀粉磷酸单酯,但淀粉也发生部分水解,产品具有很宽的流度范围,随反应的 pH、温度及反应时间的改变而改变。

2. 淀粉与焦磷酸盐的反应

$$St\!-\!OH + Na_3HP_2O_7 \longrightarrow St\!-\!O\!-\!\overset{\overset{\displaystyle O}{\|}}{\underset{\underset{\displaystyle OH}{|}}{P}}\!-\!ONa + Na_2HPO_4$$

3. 淀粉与三聚磷酸盐(STP)反应

在低水分存在条件下受热,淀粉分子中的羟基与三聚磷酸钠起水解反应,与水分子反应相似,得淀粉磷酸酯。

$$St\!-\!OH + Na_5P_3O_{10} \longrightarrow St\!-\!O\!-\!\overset{\overset{\displaystyle O}{\|}}{\underset{\underset{\displaystyle OH}{|}}{P}}\!-\!ONa + Na_3HP_2O_7$$

混有三聚磷酸钠的湿淀粉滤饼在低温干燥中生成 $Na_5P_3O_{10} \cdot 6H_2O$,再在

110～120℃受热，易发生下列分解反应：

$$Na_5P_3O_{10} \cdot 6H_2O \longrightarrow Na_5P_3O_{10} + 6H_2O$$

$$Na_5P_3O_{10} \cdot 6H_2O \longrightarrow Na_4P_2O_7 + NaH_2PO_4 + 5H_2O$$

$$2Na_5P_3O_{10} + H_2O \longrightarrow Na_4P_2O_7 + 2Na_3HP_2O_7$$

生成的焦磷酸钠与淀粉起反应得淀粉磷酸单酯。这种方法生产的淀粉酯基本不发生降解，取代度较低（DS 约 0.02）。

淀粉与三聚磷酸盐的反应温度（100～120℃）比淀粉与正磷酸盐的反应温度（140～160℃）要低一些。反应期间，STP-淀粉混合物的 pH 从 8.5～9.0 下降到小于 7.0，副产品焦磷酸盐（也可通过 STP 水解得到）也可以与淀粉起酯化反应。

4. 与有机含磷试剂的反应

在生产低取代度、非交联的淀粉磷酸盐及高取代度淀粉磷酸酯时，有机的含磷试剂比无机磷酸盐有效得多。

有机含磷试剂有邻羧基磷酸盐：

$$
\begin{array}{c}
\text{O} \quad \text{OX} \\
\backslash \quad / \\
\text{P} \\
/ \quad \backslash \\
\text{O} \qquad \text{OX} \\
| \\
\text{R} \\
| \\
\text{C—OX} \\
\| \\
\text{O}
\end{array}
$$

其中 R 为苯基、萘基、烷基代苯基、烷基代萘基（烷基取代基具有 6 个碳原子）、卤代苯基、卤代萘基；X 是 H^+ 或其他阳离子（如 Na^+、K^+、Li^+、NH_4^+ 等）。如水杨基磷酸盐（Ⅰ）、N-苯酰磷酸铵（Ⅱ）、N-磷酰基-N'-甲基咪唑盐（Ⅲ）等。淀粉与有机磷试剂在 30～50℃下进行反应，反应 pH 为 3～8（Ⅰ）和（Ⅱ）或 pH 11～12（Ⅲ）。用这些试剂处理阳离子淀粉或使用两性离子有机磷试剂处理淀粉，可得两性淀粉磷酸酯衍生物，这类产品在造纸工业上有良好的应用价值。

生产取代度大于 1.0 的淀粉磷酸单酯常常是困难的，因为有电荷相斥，而采用有机磷试剂则可避免。如将二甲基甲酰胺中的四聚磷酸及三烷基胺（按摩尔比3∶1）的混合物，在中性到微碱性 pH 条件下，120℃处理淀粉 6 h 就可以制得取代度为 1.75 的产品。

三、生产工艺

制备淀粉磷酸酯方法有湿法和干法两种。干法是把磷酸盐粉末和干淀粉混合,直接加热制得淀粉磷酸酯。湿法是把淀粉分散于磷酸盐水溶液中,在一定的温度、酸碱度条件下反应制得淀粉磷酸酯。

湿法由于在水分散相中进行反应,淀粉分子和磷酸盐混合比较均匀,一方面反应较快,另一方面产品性质均匀稳定。干法中原料混合的均匀程度和反应的均匀度都较差,不论是反应效率还是产品性能都不理想,现在已很少使用,但干法用药量少,无"三废"污染。

两种工艺的具体流程如图 18-1 和图 18-2 所示。

图 18-1　湿法生产淀粉磷酸酯工艺流程

图 18-2　干法生产淀粉磷酸酯工艺流程

第三节　淀粉黄原酸酯的生产

一、概述

淀粉黄原酸酯是在发明了纤维黄原酸化反应后不久研制成功的。淀粉黄原酸化反应比纤维更容易,这是因为淀粉颗粒的结晶性结构强度较纤维弱的缘故。近年来,对淀粉黄原酸酯的研究工作很多,促进了其生产和应用的发展。

二、酯化反应机制

在碱性条件下,二硫化碳(CS_2)与淀粉分子中的羟基起酯化反应得淀粉黄原酸酯。其反应方程式如下:

$$St-OH + CS_2 + NaOH \longrightarrow St-OCSS^-Na^+ + H_2O$$

在空气中的氧化或其他氧化剂存在的条件下,淀粉黄原酸钠氧化反应生成交联淀粉黄原酸双酯,大大提高了它的稳定性。

$$2St—OCSS^-Na^+ + 2H^+ \xrightarrow{氧化剂} St—O—CSS—SSC—O—St + H_2O$$

常用的氧化剂有过氧化氢、次氯酸钠、亚硝酸钠或碘,其中以过氧化氢为最好。因为其原料易得且产物为水。

$$2St—OCSS^-Na^+ + 2H^+ + 2H_2O_2 \longrightarrow St—O—CSS—SSC—O—St + 3H_2O + 2Na^+$$

早期的研究表明,在淀粉黄原酸酯化反应中,淀粉中的葡萄糖残基的 C_6 伯醇羟基被取代的活性最高,其次是 C_2 仲醇羟基,最低是 C_3 仲醇羟基。例如,取代度为 0.12 产物的黄原酸基分布比 $C_6:C_2:C_3$ 为 56:44:0,而 DS 为 0.33 产物的分布比为 67:27:6。显然,在连续反应的条件下,C_6 位的伯羟基最易被黄原酸酯化。

反应中添加硫酸镁可增加产品的稳定性,体系容易过滤或离心机脱水。提高了气流干燥速度,并且用于除去水中重金属时的沉降速度快。所得产品为黄原酸和镁盐的混合物。

三、生产工艺

淀粉黄原酸酯的制作方法很多,最简单的是将氢氧化钠溶液、淀粉和二硫化碳按计量比例混合,加入连续螺旋挤压机中,在高剪切下混合反应,大约 2 min 后排出黏稠物,干燥即得成品。生产工艺流程如图 18-3 所示。

图 18-3　淀粉黄原酸酯的生产工艺流程

1. 工业上挤压法制备淀粉黄原酸酯

工业上挤压法制备淀粉黄原酸酯应用螺旋挤压机。将干淀粉、二硫化碳和氢氧化钠溶液分别连续引入,反应 2 min,产物呈黏稠糊状连续卸出,浓度 53%～61%,取代度 0.07～0.47。试验的物料量比例(摩尔比)淀粉:NaOH:CS_2 为 1:1:1 到 1:(1/4):(1/6)。研究人员对反应温度、物料添加次序、出料孔大小、反应时间、物料反应效率、动力消耗等因素都进行过研究。卸料后 10 min 进行分析,取代度 0.07 和 0.17,得二硫化碳转化成黄原酸酯反应效率分别为 80% 和 87%。卸料后放置 1 h,取代度分别为 0.10 和 0.29,二硫化碳的反应效率达 90% 和 93%。增高反应温度、先加二硫化碳后加氢氧化钠与淀粉、增加 NaOH 和 CS_2、减小出料孔一般能提高二硫化碳的反应效率。

2. 交联淀粉黄原酸酯的制备

应用高程度交联淀粉为原料,进行黄原酸酯化反应,并加硫酸镁得到不溶性淀粉黄原酸钠镁盐,在室温下稳定性较高,适于生产、运输和应用。淀粉黄原酸的不同盐具有不同稳定性,呈下列次序:$Mg^{2+} > Ca^{2+} > Na^+ > NH_4^+$,其中,镁盐最高,大大超过其他种盐。应用市售环氧氯丙烷交联淀粉 100 g(0.56 mol,45 g)为原料,搅拌 30 min。加入二硫化碳 30 mL,盖住烷杯搅拌 1 h。加入 400 mL 硫酸镁溶液(含 $MgSO_4$ 19 g),再搅拌 5 min,过滤,用 1 L 水洗涤。湿滤饼浓度 25%,用丙酮、乙酸洗后,真空干燥 2 h,得到淀粉黄原酸钠镁盐 120 g。

淀粉交联和黄原酸酯化也可合并进行。玉米淀粉 100 g(水分 10%)混于含有 1.5 g 氯化钠和 7.0 mL 环氧氯丙烷的 150 mL 水中,30 min 内缓慢加入氢氧化钠液 40 mL(含 KOH 6 g),保持搅拌 16 h,得到高交联度的交联淀粉乳,直接用于黄原酸酯化,加入 245 mL 水降低浓度,按照前面介绍操作进行。滤液和洗液中含有碱,可重复使用于酯化,不影响产品质量。

四、性质与应用

1. 性质

淀粉黄原酸酯溶液为带有浓重硫味的黏滞性溶液。

水溶性淀粉黄原酸酯不易由水溶液中分离,加酒精能沉淀析出。由于空气的氧化作用及黄原酸酯会转化成多种含硫单体,因此淀粉黄原酸酯溶液是不稳定的。

淀粉黄原酸酯能与重金属子进行离子交换。

通过锌原子,两个黄原酸基联结起来,所以也称为交联反应。利用此性质可用于除去工业废水中的重金属。

在 pH<3 时,淀粉黄原酸钠镁盐具有强还原作用,能将 $Cr_2O_7^-$ 还原成 Cr^{3+},本身被氧化成黄原酸物。

2. 应用

淀粉黄原酸酯的用途很多,有的已进行不同程度的研究,有的在工业上已应用,如除去工业废水中的重金属、增强纸张强度、包埋农药、橡胶增强等。这些应用都是较低取代产品,取代度为 0.05～0.30。

不溶性淀粉黄原酸钠镁盐能与许多重金属离子生成络合结构,用于处理工业废水排除重金属效果好。如电铵工厂和铬盐工厂的废水中含有重铬酸钾,应用淀粉黄原酸钠镁能有效地将其除掉。淀粉黄原酸钠用作造纸添加剂能提高纸的湿强度和干强度,其效果类似于人工合成树脂。淀粉黄原酸钠能取代碳墨作橡胶增强剂,用于生产粉末状橡胶。与块状橡胶对比,这种粉末橡胶具有很大的优点,能应用粉末塑料成型机加工成橡胶制品,操作简单,并大大降低动力消耗。利用淀粉黄原酸钠的交联反应能包埋除草农药,降低其挥发性,使用安全,贮存稳定,避免环境污染,并控制使农药缓慢放出,延长有效期。

第十九章

醚化淀粉的加工技术

第一节　羧甲基淀粉的生产

醚化淀粉是淀粉分子中的羟基与反应活性物质反应生成的淀粉取代基醚，包括羟烷基淀粉、羧甲基淀粉、阳离子淀粉等。由于淀粉的醚化作用提高了黏度稳定性，且在强碱性条件下醚键不易发生水解，因此，醚化淀粉在许多工业领域中得以应用。

淀粉在碱性条件下与一氯乙酸或其钠盐起醚化反应生成羟甲基淀粉，工业生产主要为低取代产品，取代度约在 0.9 以下，应用于食品、纺织、造纸、医药和其他工业。

一、羧甲基淀粉的性质与应用

1. 性质

羧甲基淀粉（CMS）为阴离子型高分子电解质，白色或淡黄色粉末，无色，无臭，具有吸湿性，必须贮存在密闭的容器内。不溶于乙醇、乙醚、丙酮等有机溶剂，与重金属离子、钙离子能生成白色浑浊至沉淀，从而丧失功能。

工业品羧甲基淀粉取代度一般在 0.9 以下，以 0.3 左右居多。取代度 0.1 以上的产品，能溶于冷水，得到澄清透明的黏稠溶液，与原淀粉相比，黏度高、稳定性好，适用作增稠剂和稳定剂。随取代度增加，糊化温度下降，在水中溶解度也随之增加。羧甲基淀粉具有较高黏度，黏度随取代度的提高而增加，但两者并不存在一定的比例关系。黏度受若干因素的影响，与盐类的含量有关，盐类除去越彻底，黏度越高；与温度有关，随温度升高，黏度下降；与 pH 有关，一般情况下受 pH 影响小，但在强酸下能转变成游离酸型，使溶解度降低，甚至析出沉淀。CMS 的峰值黏度升高、热糊稳定性降低。CMS 糊液耐盐、耐剪切能力较低。CMS 在中性至碱性溶液中稳定，在强酸性溶液中，CMS 中的钠被氢取代，溶解度降低，甚至析出沉淀。

CMS 具有羧基所固有的螯合、离子交换、多聚阴离子的絮凝作用及酸功能等性质；也具有大分子溶液的性能，如增稠、糊化、水分吸收、黏附性及成膜性（包括抗脂性及抗水性）。

CMS 能与蛋白质，特别是牛乳和乳清中的蛋白质在酸性条件下生成不溶性的络合物，利用这种性质能回收蛋白质。如乳清 1 L 含 0.577％蛋白质、38.4 g 乳糖，用盐酸调到 pH 3.4，混入 1 L CMS 溶液（含 4 g CMS，取代度 0.42），蛋白质立即沉淀，2 min 完成，产率为 82％，水清洗，干燥，产物含未变性蛋白质 60.4％，易于消化。

羧甲基淀粉有优良的吸水性能，溶于水充分膨胀，其体积为原来的 200～300倍。羧甲基淀粉还具有良好的保水性、渗透性和乳化性。

2. 应用

在食品工业中，羧甲基淀粉可作为增稠剂，比其他增稠剂具有更好增稠效果。加入量一般为 0.2％～0.5％，羧甲基淀粉还可作为稳定剂，加入果汁、乳或乳饮料中，加入量为乳蛋白的 10％～12％，可以保持产品的均匀稳定，防止乳蛋白的凝聚，从而提高乳品饮料的质量，并能长期、稳定地贮存，不腐败变质。用作冰激凌稳定剂，冰晶形成快而小，组织细腻，风味好。羧甲基淀粉可作为食品保鲜剂，将稀羧甲基淀粉水溶液喷洒在肉类制品、蔬菜、水果等食物表面，可以形成一种极薄的膜，能长时间贮存，保持食品的鲜嫩。

在医药工业，可用作药片的黏合剂和崩解剂，能加速药片的崩解而使有效药物成分溶出。石油钻井中，羧甲基淀粉作为泥浆失水剂在油田得到广泛使用，它具有抗盐性、防塌效果和一定的抗钙能力，被公认为优质的降滤失剂。纺织工业用羧甲基淀粉作为上浆剂，成膜胜好，渗透力强，织布效率高，水溶性高，退浆容易，不需要加酶处理。在造纸工业中可作为纸张增强剂及表面施胶剂，并能与 PVC 合用形成抗油性及水不溶性薄膜。在日化工业中作为肥皂、家用洗涤剂的抗污垢再沉淀剂、牙膏的添加剂，化妆品加入羧甲基淀粉可保持皮肤湿润。经交联的羧甲基淀粉可作为面巾、卫生餐巾及生理吸湿剂。农业上可用羧甲基淀粉作为化肥控释剂和种子包衣剂等。羧甲基淀粉可作为絮凝剂、整合剂和胶黏剂用于污水处理和建筑业。

二、羧烷基反应机制

淀粉在碱性条件下,与一氯乙酸或其钠盐起醚化反应,生成羧甲基淀粉。羧甲基淀粉是一种阴离子淀粉醚,为溶于冷水的聚电解质。在碱性条件下,淀粉与一氯乙酸发生双分子亲核取代反应,葡萄糖单位中醇羟基被羧甲基取代,所得产物是羧甲基钠盐,为羧甲基淀粉钠,但习惯上被称为羧甲基淀粉,将钠字省掉。

反应式如下:

$$淀粉—OH + NaOH \longrightarrow 淀粉—ONa + H_2O$$

$$淀粉—ONa + ClCH_2COOH + NaOH \longrightarrow 淀粉—O + CH_2COONa + NaCl + H_2O$$

羧甲基取代反应优先发生在 C_2 和 C_3 碳原子上。C_2 和 C_3 碳原子上的羟基能被高碘酸钠($NaIO_4$)定量地氧化成醛基,被羧甲基取代后则不能被 $NaIO_4$ 氧化,利用高碘酸钠的这一反应能测定羧甲基在 C_2、C_3 和 C_6 碳原子上的取代比例。

除上述反应外,还有下列副反应发生:

$$ClCH_2COOH + NaOH \longrightarrow HOCH_2COONa + NaCl$$

在更高的 NaOH 浓度下,一氯乙酸钠与 NaOH 起反应生成羟基乙酸钠的速度取决于与淀粉的醚化反应,影响反应效率,取代度也降低。同时增高一氯乙酸钠和 NaOH 的浓度可以提高取代度,但降低反应效率。

三、生产工艺

羧甲基淀粉在取代度为 0.1 和 0.1 以下不溶于冷水,用碱性淀粉乳制备。加氢氧化钠溶液(500 g/L)、一氯乙酸于淀粉乳中。在低于糊化温度条件下保持搅拌起反应,过滤、清洗、干燥。一氯乙酸为结晶固体,熔点 63℃,溶于水、乙醇和苯。为了提高醚化取代度,可先用环氧氯丙烷或三氯氧磷处理淀粉,使其发生适度交联,提高其糊化温度,再进行醚化,产物仍能保持颗粒状,不溶于冷水,易于过滤、清洗。

应用能与水混溶的有机溶剂为介质,在少量水分存在的条件下进行醚化,能提高取代度和反应效率,产品仍保持颗粒状态。有机溶剂的作用是保持淀粉不溶解。一氯乙酸和氢氧化钠都是水溶解,还必须有少量水分存在。常用有机溶剂为甲醇、乙醇、丙酮、异丙醇等。于不同条件下比较甲醇、丙酮和异丙醇对取代度、产率、纯度和黏度的关系,试验结果表明,甲醇效果较差,丙酮和异丙醇较好,两者效果相同。异丙醇不挥发,更适用,在30℃反应24 h,反应效率高于90%,在40℃反应只需几小时。反应时间过长,产物变黏,过滤、清洗困难。

制备冷水能溶解的羧甲基淀粉用半干法,使用少量水溶解氢氧化钠和一氯乙酸,喷回淀粉,成均匀混合物,得到的产物仍能保持原淀粉颗粒结构,流动性高,易溶于冷水,不结块。

玉米淀粉100份,含有一般水分,先通氮气,喷24.6份的40%氢氧化钠碱液,23℃、5 min,再喷16份的75%一氯乙酸溶液,34℃、4 h后,温度自行上升到48℃,在此期间保持通入氮气,控制速度使反应物水分降低到约18.5%。再于60~65℃反应1 h,70~75℃反应1 h,80~85℃反应2.5 h,冷却至室温,得到的羧甲基淀粉含水分7%,质量分数8%,pH 9.7。

第二节 羧乙基淀粉的生产

淀粉与环氧烷化合物反应能够生成羟烷基淀粉醚衍生物,工业上生产的羟乙基淀粉和羟丙基淀粉可应用于食品、造纸、纺织和其他工业。

一、羟乙基淀粉的性质与应用

低取代度(MS 0.05~0.1)羟乙基淀粉的颗粒形状与原淀粉相同,但若干重要性质发生很大变化。羟乙基的存在增高亲水性,糊化淀粉分子间氢键的结合,较低的能量使淀粉颗粒膨胀、糊化,生成胶体糊,随取代度的增高,糊化温度降低越大。由于羟乙基的存在,羟乙基淀粉水溶液中淀粉分子链间再经氢键重新结合的趋向被抑制,黏度稳定,透明度高,胶黏力强,凝沉性弱,凝胶性弱,冻融稳定性高,贮存稳定性高。

较高取代度羟乙基淀粉,在MS 0.5或0.5以上,具有冷水溶解性,黏度稳定,对于pH、剪切力、盐和酶影响的抵抗力强。随取代度的增高,冻融稳定性增高,生物分解性降低。

羟乙基淀粉主要用在造纸工业和纺织工业。造纸工业广泛应用羟乙基淀粉为施胶剂和涂料胶黏剂。用于表面施胶,糊化温度低是优点,能保证在纸张完成干燥以前糊化完全,增高纸张强度,并能提高纸机的速度。羟乙基淀粉糊的蓄水性和胶黏性都高,生成均匀的膜,光泽好,柔软,干燥收缩小,纸张具有良好的印刷性和书写性。羟乙基淀粉糊的流动性高,凝沉性弱,黏度稳定,有利于施胶和涂布均匀,效果好。纺织工业广泛将羟乙基淀粉用于经纱上浆,浆膜的强度高,柔软,纱的耐磨性高,织布断头少,效率高。糊黏度稳定,能保证上浆均匀。羟乙基淀粉对于棉纤维和人工合成纤维(如聚酯、丙烯酸和尼龙等)都具有高的黏合力和好的成膜性,适合棉、混纺和人工合成纤维上浆应用。羟乙基淀粉还用于织物整理和印染。较高取代度羟乙基淀粉在医药界用作代血浆和冷冻保存血液的血细胞保护剂。

二、醚化反应机制

常见的羟乙基淀粉通常是摩尔取代度(MS)小于 0.2 的低取代度产品,是由淀粉和环氧乙烷在碱性条件下反应制得的,反应方程式如下:

$$\text{淀粉—OH} + \text{H}_2\text{C} \overset{\text{O}}{\diagup\!\!\!\diagdown} \text{CH}_2 \xrightarrow{\text{OH}^-} \text{淀粉—O—CH}_2\text{—CH}_2\text{—OH}$$

该反应是淀粉的羟乙基化亲核取代反应。首先氢氧根离子从淀粉羟基中夺取一个质子,带有负电荷的淀粉作用于环氧乙烷使环开裂,生成一个烷氧负离子,烷氧负离子再从水分子中吸引一个质子形成羟乙基淀粉,游离的氢氧根离子继续反应。

在这个反应过程中,环氧乙烷能和淀粉脱水葡萄糖基三个羟基中的任何一个羟基反应,还能和已取代的羟乙基进一步反应生成多氧乙基侧链。反应方程式为:

$$\text{St—O—CH}_2\text{CH}_2\text{OH} + n\text{CH}_2\overset{\text{O}}{\diagup\!\!\!\diagdown}\text{CH}_2 \xrightarrow{\text{OH}^-} \text{St—O—(CH}_2\text{CH}_2\text{O)}_n\text{—CH}_2\text{CH}_2\text{OH}$$

因此该反应的反应程度一般不用取代度表示,而是用分子取代度(DS)表示,即每个脱水葡萄糖基和环氧乙烷反应的分子数有可能高于 3。但由于工业上通常生产低取代度产品,即 MS<0.2 的产品,多聚侧链生成量很少,MS 侧链生成量很少,基本与 DS 相当。因此 MS=DS。有机溶剂或干法生产的为较高取代度产品,由于多聚侧链的生成,MS 可能高过 DS 很多。

另外,淀粉与环氧乙烷或氯乙醇反应的同时还有下列副反应发生。

$$CH_2\!-\!CH_2 + H_2O \longrightarrow HOCH_2CH_2OH$$

$$CH_2\!-\!CH_2 + OH^- + H_2O \longrightarrow HOCH_2CH_2OH + OH^-$$

$$CH_2\!-\!CH_2 + HOCH_2CH_2OH \longrightarrow HOCH_2CH_2OCH_2CH_2OH$$

$$CH_2\!-\!CH_2 + SO_4^{2-} + H_2O \longrightarrow {}^-OSO_3CH_2CH_2OH + OH^-$$

淀粉与氯乙醇的副反应为：

$$ClCH_2CH_2OH + OH^- \longrightarrow CH_2\!-\!CH_2 + H_2O + Cl^-$$

$$ClCH_2CH_2OH + OH^- \longrightarrow HOCH_2CH_2OH + Cl^-$$

环氧乙烷水解生成乙二醇的反应和碱的浓度密切相关，一般情况下有 25%～50%的环氧乙烷发生水解。

三、生产工艺

淀粉颗粒和糊化淀粉都易与环氧乙烷起醚化反应生成部分取代的羟乙基淀粉衍生物。羟乙基淀粉的制备方法分为：湿法、干法和有机溶剂法。

工业上生产低取代度产品（MS 0.1 以下）是用湿法，其优点是能在较高质量分数（35%～45%）进行，控制反应容易，产品仍保持颗粒状，易于过滤、水洗和干燥。制备较高取代度产品，不宜用湿法工艺，宜用有机溶剂或干法工艺。

1. 湿法

工业上生产的羟乙基淀粉主要为 MS 0.05～0.1 低取代度产品，羟乙基含量 1.3%～2.6%来自淀粉车间的淀粉乳（质量分数 35%～45%），加入氢氧化钠，其量为干淀粉的 1%～2%。为避免局部过碱可能引起淀粉颗粒糊化，还须加硫酸钠或氯化钠盐，才能加较高量的氢氧化钠碱以提高反应效率。硫酸钠或氯化钠可先加入淀粉乳，再加入碱，也可与碱同时加入。先配制成含 30%氢氧化钠和 26%氯化钠盐的混合溶液，加入淀粉乳中，有利于混合均匀。环氧乙烷的沸点低（10.7℃），易于挥发，与空气混合又可能引起爆炸，所以用密闭反应器，以避免损失和危险。加环氧乙烷用管引入淀粉乳中,有利于促进溶解,加入环氧乙烷之前先通氮气于淀粉乳,排除空气,防止在反应器顶部形成爆炸性混合气体,有利于保障安全。反应在低于糊化温度(25~50℃)进行,温度过高可能引起淀粉颗粒膨胀,反应完成后过滤困难,温度过低则反应速度慢,时间太长。反应完成后,中和、过滤、水洗、干燥。反应效率70%~90%,因反应条件存在差别,应用此淀粉乳湿法工艺时,增加盐用量,也能获得较高取代度的羟乙基淀粉。取代度MS 0.6产品还易过滤,但难水洗,因为盐被洗掉后滤饼易膨胀,再水洗、干燥都困难,若滤饼中盐不被洗掉,也能低温干燥,不致糊化。

2. 有机溶剂法

制备较高取代度羟乙基淀粉能在醇液中进行。醇分子虽然也有羟基,但因为淀粉吸收碱,羟基反应活性高,环氧乙烷优先与淀粉发生醚化反应。有一种实验室制备MS 0.5羟乙基淀粉方法,于密闭反应器中搅拌,混合玉米淀粉(含水分10%)100 g,氢氧化钠3 g,水7.7 g,异丙醇100 g,环氧乙烷15 g,44℃反应24 h。用乙酸中和,真空抽滤,用80%乙醇洗涤到不含乙酸钠和其他有机副产物为止。分散滤饼,室温干燥。环氧乙烷的反应效率80%~90%。提高环氧乙烷的用量比例,能得到取代度更高的产品。因为取代度增高,产品在低脂肪醇中的溶解度也增高,并且具有热塑性和水溶性,应当用较高脂肪醇或在混合有机溶液中制备。

制备较高取代度的羟乙基淀粉能在脂肪酮液中进行,如丙酮或甲基乙基酮。玉米淀粉(含水分5%)混于丙酮中,浓度40%,保持搅拌,加入15%氢氧化钠液,到氢氧化钠溶液添加量达淀粉量的2.5%为止。陆续加入环氧乙烷,在50℃反应,在反应过程中,添加丙酮保持流动性,易于搅拌。用酸中和,过滤除去丙酮,干燥。产品含羟乙基可达38%,MS 2.2,仍保持颗粒状,但遇冷水立即糊化。

3. 干法

用环氧乙烷气体压力下作用于含有少量碱性催化剂的干淀粉是常用制备较高取代度羟乙基淀粉的方法,称为干法工艺。工业干淀粉含有10%~13%水分,催化剂易于渗透到颗粒内部。催化剂用氢氧化钠与氯化钠,也能单独使用氯化钠,起到"潜在"碱催化剂作用。氯化钠与环氧乙烷和水分发生反应生成氯乙醇和氢氧化钠,后者起碱性催化作用。反应完成后用有机溶剂清洗,产品仍保持颗粒状,甚至取代度高到冷水能溶解程度也是如此。也能用叔胺或季铵碱作为催化剂。叔胺与环氧乙烷起反应生成季铵碱,具有强催化作用。

也能应用干法工艺制备低取代度羟乙基淀粉或谷物粉。配制浓碱液,喷入干淀粉或谷物粉,也可搅拌混合,再进行羟乙基化,也可混合干氢氧化钠粉与淀粉或谷物粉,放置一定时间后,进行羟乙基化,这种羟乙基谷物粉的成本便宜,适于造纸、纺织和其他工业应用。

羟乙基淀粉的制备中主要的影响因素有以下几种。

(1)催化剂及用量。湿法乙基化反应一般是在碱性催化剂存在的条件下进行。催化剂包括 NaOH、KOH、吡啶、三乙胺、季铵氢氧化物、Ca(OH)$_2$、氢氧化钡、磷酸盐、羧酸基(如磺酸、柠檬酸、酒石酸、抗坏血酸盐等)。最常用的催化剂是 NaOH。催化剂用量一般为干淀粉质量的 0.5%～2.0%。

(2)膨胀抑制剂及用量。为防止在反应过程中,由于淀粉的膨胀或糊化给反应和脱水带来的困难,因此在反应时需添加膨胀抑制剂。常用的膨胀抑制剂有 Na$_2$SO$_4$、氯化钠等。膨胀抑制剂的加入量视反应程度不同而有差异,取代度越高,膨胀抑制剂加入量越多。

(3)醚化剂用量。制备羟乙基淀粉时,醚化剂为环氧乙烷和氯乙醇,其加入量与反应程度有关。但需注意的是环氧乙烷与空气混合易爆炸。因此,在通入环氧乙烷前必须先通入氮气,将反应器中的空气除净后,才能通入环氧乙烷。用氯乙醇制备羟乙基淀粉就比较安全。

(4)反应介质及浓度。低取代度产品以水作为介质,淀粉乳的含量一般为 30%～40%(质量分数)。高取代度产品在有机溶剂中进行,常用的有机溶剂有乙醇、丙酮和异丙醇等。淀粉醇:≥1(质量:体积);酒精水溶液的浓度为 75%～95%(视反应程度而定)。干法反应,淀粉含水 6%～20%。

(5)反应温度及时间。湿法反应,反应温度应低于淀粉糊化温度,一般为 30～50℃;反应时间需十几小时至几十小时,视反应程度及反应方法而定。干法反应,反应温度为 70～100℃,反应时间需要 5～10 h。

第三节　羧丙基淀粉的生产

一、羟丙基淀粉的性质与应用

羟丙基具有亲水性,能减弱淀粉颗粒结构的内部氢键强度,使其易于膨胀和糊化,取代度增高,糊化温度降低,最后能在冷水中膨胀。MS 由 0.4 增加到 1.0,在冷水中分散好,更高取代度产品的醇溶解度增高,能溶于甲醇或乙醇。羟丙基淀粉糊化容易,所得糊透明度高、流动性好、凝沉性弱、稳定性高。冷却时黏度虽然也有所增高,但重新加热后,仍能恢复原来的热黏度和透明度。糊的冻融稳定性高,低温存放或冷冻再融化,重复多次,仍能保持原来胶体结构,无水分析出,这是因为羟丙基的亲水性能保持糊中水分的缘故。糊的成膜性好,膜透明、柔韧、平滑,耐折性都好。羟丙基为非离子型,受电解质的影响小,能在较宽酸碱 pH 条件下使用。取代醚键的稳定性高,在水解、氧化、交联等化学反应过程中取代基不会脱落,这种性质有利于复合变性加工。

羟丙基淀粉糊黏度稳定是最大优点,主要于许多食品中作为增稠剂,特别是用于冷冻食品和方便食品中。羟丙基淀粉也是好的悬浮剂,加在浓缩橙汁中,流动性好,放置也不分层或沉淀。因为对电解质和不同 pH 影响的稳定性高,适合应用于含盐量高和酸性食品。由于其较好的相容性,还能与其他增稠剂共用,如与卡拉胶共用于乳制品中,与汉生胶共用于沙拉酱中。

有若干种复合变性羟丙基淀粉产品具有更好的性质,可应用于食品加工中,特别是用三氯氧磷、环氧氯丙烷、偏磷酸钠的交联复合变性产品。这类交联复合变性产品在常温下受热赫度低,在高温受热黏度高,并且稳定,特别适于罐头类食品中作为增稠剂和胶私剂。羟丙基醚化再经乙酰化的复合变性产品为口香糖的良好基料,弹性和口嚼性好,羟丙基和乙酰基 MS 分别为 3~6 和 0.5~0.9。

羟丙基淀粉的非食品工业应用,主要是利用其良好成膜性,如用于纺织和造纸工业上浆和施胶。用于洗涤剂中防止污物沉淀,用于石油钻泥中防止失水,并用作建筑材料的胶黏剂、涂料、化妆品或有机液体的凝胶剂。

二、醚化反应机制

羟丙基淀粉的醚化机制和羟乙基淀粉类似,是环氧丙烷在碱性条件下和淀粉反应制得的。由于环氧丙烷环张力大,易开环反应,其活性大于环氧乙烷。该反应也是亲核取代反应。取代反应也主要发生在淀粉分子中脱水葡萄糖基的 C_2 原子的仲羟基上,C_3 和 C_6 原子上羟基的反应程度较小。C_2、C_3、C_6 各个原子羟基的反应常数为 33,5,6。反应方程式如下:

$$淀粉—OH + NaOH \longrightarrow 淀粉—O—Na + H_2O$$

$$淀粉—ONa + CH_2\overset{O}{\overset{\diagup\diagdown}{—}}CHCH_3 \xrightarrow{NaOH} 淀粉—OCH_2\overset{OH}{\overset{|}{C}}HCH_3 + NaOH$$

除上述主要反应外还有副反应发生,已取代的羟丙基淀粉和环氧丙烷反应可

生成多氧丙基侧链,反应方程式如下:

$$淀粉—OCH_2CHCH_3 + n\ CH_2—CHCH_3 \xrightarrow{OH^-} 淀粉—O—(CH_2CH—O)_n CH_2CH—OH$$

三、生产工艺

羟丙基淀粉的制备方法与羟乙基淀粉相似,归纳起来有湿法、干法和溶剂法工艺。

工业上普遍应用淀粉乳湿法生产,MS 为 0.1 或 0.1 以下。此方法的优点是淀粉能保持颗粒状态,反应完成后易于过滤,水洗后得到纯度高的产品。来自淀粉车间的淀粉乳浓度 35%~45%,加入硫酸钠抑制淀粉颗粒膨胀,用量为干淀粉重的 5%~10%。加入氢氧化钠,其量约为干淀粉重的 1%,配为 5%溶液,保持激烈搅拌,淀粉乳加入碱液。也可混些硫酸钠于碱液中以防止加碱液时引起淀粉颗粒膨胀。将环氧丙烷加入淀粉乳,其量为干淀粉重的 6%~10%,密封反应器,保持搅拌,在 40~50℃反应 24 h,环氧丙烷反应效率约为 60%。因环氧烷羟与空气混合有引起爆炸可能,故需通氮气排除空气,并在密闭反应器中进行。

碱性淀粉乳加入环氧丙烷后,于 18℃保持 30 min,再升高反应温度到 49℃能提高醚化效率,得到较高取代度的产品。玉米淀粉乳含淀粉 500 g(水分 10%),800 mL 水,5 g 氢氧化钠和 70 g 硫酸钠,50 mL 环氧丙烷,18℃保持搅拌 30 min。升温到 49℃,反应 8 h,盐酸中和到 pH 5.5,过滤,水洗,干燥,得到羟丙基淀粉,DS 0.050。重复此反应(不需要 18℃保持 30 min 的步骤),所得羟丙基淀粉 DS 为 0.035。

羟丙基淀粉主要应用在食品工业中,对所使用的试剂和产品质量,食品安全标准都有严格规定。氯化钠与环氧丙烷发生反应生成氯丙醇,美国食品法规定氯丙醇残余量在 5 mg/L 以下。

制备较高取代度(羟丙基含量为 20%~30%)马铃薯羟丙基淀粉能通过预热淀粉乳,提高淀粉的膨胀糊化稳定性,再进行碱性醚化而制得,所得产品仍保持颗粒状,易于过滤、水洗、干燥。马铃薯淀粉乳浓度 35%、pH 6.5,保持搅拌,于 55℃加热 20 h,淀粉糊化稳定性增高,糊化温度提高约 10℃,再加环氧丙烷,用量为淀粉的 30%,分两次加,氢氧化钠用量为淀粉的 1.5%,硫酸钠为水的 20%,淀粉与水比例为 30:70,38℃反应 24 h,所得产品含羟丙基 17.6%、MS 0.7。

制备更高取代度、在冷水能溶解的羟丙基淀粉,可用干法工艺。将氢氧化钠磨成粉末,与淀粉混合均匀,含水分为干淀粉的 7‰～10‰。先通氮气于压力反应器中,再引入环氧丙烷气,压力为 $3×10^5$ Pa,85℃起反应。加完环氧丙烷后压力降低。反应完成后再引入氮气,用干柠檬酸调 pH。若产品供食品应用则用水与乙醇混合液清洗,水与乙醇比例为(0.1～0.7):1,除去副产物得到无味、无臭产品。

羟丙基醚化能在有机溶剂中进行,为制备高取代度产品的常用方法,常用的有机溶剂为低级脂肪醇、甲醇、乙醇、异丙醇,还有丙酮及其他有机溶剂。一种实验室制备 MS 约 0.5 羟丙基淀粉的方法为混合玉米淀粉(水分 10‰)100 g,氢氧化钠 3 g,水 7.7 g,2-异丙醇 100 g,环氧丙烷 25 g,在密闭反应器中于 50℃反应 48 h。提高环氧丙烷的用量比例,能获得更高取代度产品。

第四节　阳离子型淀粉的生产

淀粉与胺类化合物反应生成含有氨基和铵基的醚衍生物,氮原子上带有正电荷,称之为阳离子淀粉。根据胺类化合物的结构或产品的特征,可分为叔胺型、季铵型、伯胺型阳离子淀粉,双醛阳离子淀粉,络合阳离子淀粉,就地生产的阳离子淀粉以及两性阳离子淀粉等。其中以叔胺型阳离子淀粉、季铵型阳离子淀粉、两性阳离子淀粉以及就地生产阳离子淀粉最为常见。

阳离子淀粉是一类很重要的淀粉醚类衍生物,国外在 20 世纪 60 年代开始工业化生产,它广泛应用于造纸、纺织和油田钻井等工业领域。

(1)叔胺型阳离子淀粉。叔胺型阳离子淀粉是较早开发的品种,用于造纸打浆机施胶。在碱性条件下,醚化剂与淀粉分子的羟基发生双分子亲核取代反应,且反应适宜于极性溶剂中进行。常用的醚化剂为具有 β-卤烷基、2,3-环氧丙基或 3-氯-2-羟丙基的叔胺化合物。

(2)季铵型阳离子淀粉。季铵型阳离子淀粉是叔胺或叔胺盐与环氧丙烷反应生成的具有环氧结构的季铵盐,再与淀粉醚化反应生成季铵型阳离子淀粉。

一、阳离子型淀粉的性质与应用

阳离子型淀粉与原淀粉相比糊化温度大大下降。原玉米淀粉的糊化温度一般为 72℃,而 DS 为 0.025 的阳离子型淀粉,糊化温度为 60℃,DS 为 0.05 时,糊化温度约 50℃,DS 为 0.07 时,已可以于室温糊化、冷水溶解。随取代度提高,糊液的黏度、透明度和稳定性明显提高。

阳离子型淀粉的另一特征是带正电荷,由于受静电作用的影响,阳离子型淀粉对阴离子物质的吸附作用很强,且一旦吸附上,则很难脱离开来,因造纸的纤维、填料均带负电荷,很容易与阳离子型淀粉的分子相互吸附,这种性质在造纸上尤其有用。

阳离子型淀粉应用的主要领域是造纸工业。造纸上所用取代度一般为0.01~0.07。阳离子型淀粉利用其带正电荷和强黏结性作造纸时的内添加剂,这一点是阴离子型淀粉所无法比拟的。作为造纸湿部添加剂起助留、助滤等功效。此外还可用作纸张的表面施胶剂和涂布黏合剂。

阳离子型淀粉除应用于造纸行业外,还用在纺织、选矿、油田及化妆品等领域。如作纺织经纱上浆剂,无机或有机悬浮物的絮凝剂,环保净水剂和石油钻井用的失水剂,以及油包水或水包油的破乳剂。羟烷基化的季铵淀粉醚与其他配料混合可制得洗发香波。

二、醚化反应机制

1. 叔胺烷基淀粉醚

用含有 β-卤代烷、2,3-环氧丙基或 3-氯-2-羟丙基叔胺,在强碱性下处理淀粉乳,淀粉的短基醚化形成叔胺醚,用酸处理转化游离的氨基为阳离子型叔胺盐。

用来制造叔胺烷基淀粉的卤代胺包括 2-甲胺乙基氯、2-乙胺乙基氯、2-甲胺异丙基氯等。以 2-乙胺乙基氯为例反应式如下:

$$\text{淀粉—OH} + \text{Cl—CH}_2\text{CH}_2\text{N(C}_2\text{H}_5\text{)}_2 \xrightarrow{\text{—OH}} \text{淀粉—O—CH}_2\text{CH}_2\text{N(C}_2\text{H}_5\text{)}_2 + \text{H}_2\text{O} + \text{Cl}^-$$

$$\text{淀粉—O—CH}_2\text{CH}_2\text{N(C}_2\text{H}_5\text{)}_2 \xrightarrow{\text{HCl}} [\text{淀粉—O—CH}_2\text{CH}_2\text{NH(C}_2\text{H}_5\text{)}_2]^+ \text{ Cl}^-$$

2. 季铵烷基淀粉醚

叔胺或叔胺盐易与环氧氯丙烷生成具有环氧结构的季铵盐,再与淀粉经醚化反应得季铵淀粉醚,反应式如下所示:

$$(\text{CH}_3)_3\text{N} + \text{Cl—CH}_2\text{—CH—CH}_2 \longrightarrow [\text{H}_2\text{C—CHCH}_2\text{N(CH}_3)_3]^+ \text{Cl}^-$$

$$\text{淀粉—OH} + [\text{H}_2\text{C—CHCH}_2\text{N(CH}_3)_3]^+ \text{Cl}^- \longrightarrow [\text{淀粉—O—H}_2\text{C—CHCH}_2\text{N(CH}_3)_3]^+ \text{Cl}^-$$

叔胺与环氧氯丙烷反应后必须用真空蒸馏法或溶剂抽提法除去剩余的环氧氯丙烷或副产物,如 1,3-二氯丙醇等,以避免与淀粉发生交联反应。发生交联反应会降低阳离子型淀粉的分散性和应用效果。

也可使用 3-氯-2-羟丙基三甲基季铵盐为醚化剂,它在水中稳定,但加入碱后,很快转变成反应活性高的环氧结构,如下式所示,这个转变是可逆的,因 pH 而定。

$$[\text{Cl}-\text{CH}_2\text{OH}-\text{CH}_2\text{N(CH}_3)_3]^+ \text{Cl}^- + \text{NaOH} \rightleftharpoons [\text{H}_2\text{C}-\text{CHCH}_2\text{N(CH}_3)_3]^+ \text{Cl}^- + \text{NaOH}$$
$$\quad\quad\quad\quad\quad |$$
$$\quad\quad\quad\quad\text{OH}\quad\quad\quad\quad\quad\quad\quad\quad\quad\quad\quad\quad\quad\quad\text{O}$$

三、生产工艺

1. 叔胺烷基淀粉醚

通常采用湿法,以水为反应介质,先将淀粉调成质量分数为 35%～40% 的淀粉乳。由于反应是在碱性条件(pH 10～11)下进行,必须在反应介质中加入 10% 左右的氯化钠,抑制淀粉颗粒膨胀。加入醚化剂后将反应温度控制在 40～50℃ 范围内。反应时间视取代度要求来确定,一般为 4～24 h,反应结束后,用盐酸中和至 pH 5.5～7.0,然后离心、洗涤、干燥。

醚化剂用量随要求的取代度、碱性高低和反应温度而不同。用量为每摩尔绝干淀粉约 0.07 mol,产品的取代度约 0.05。要严格控制反应的 pH,在反应过程中,一部分碱被消耗,必要时需添加碱保持要求的 pH,氢氧化钠用量约为每摩尔淀粉 0.1 mol NaOH。尽管制备叔胺烷基淀粉醚所用的阳离子试剂成本较低,但由于叔胺烷基淀粉醚只有在酸性条件下呈强阳离子性,因而在使用上受到了一定限制。

2. 季铵烷基淀粉醚

与叔胺淀粉醚相比,季铵淀粉醚阳离子性较强,且在广泛的 pH 范围内均可使用,制备方法也备受重视。一般用湿法、干法和半干法制备,极少使用有机溶剂法。

湿法是目前使用最普遍的方法。一般制备方法为:容积 250 mL 的密闭容器,具有搅拌器,在水浴中保持 50℃,加入 133 mL 蒸馏水,50 g Na_2SO_4 和 2.8 g NaOH,完全溶解以后,加 81 g 玉米淀粉(以绝干质量计),搅拌 5 min,加入 8.3 mL 3-氯-2-羟丙基三甲基季铵氯(内含 4.71 g 即 0.025 mol 活性试剂),反应 4 h,取代度达 0.04 以下,反应效率 84%。

有机溶剂法所用溶剂是低碳醇,此法专用制备具有冷溶性的高取代度阳离子型淀粉使用。

干法一般将淀粉与试剂掺和,60℃左右干燥至基本无水(<1%),于120~150℃反应1h得到产品,反应转化率较低,只有40%~50%,但工艺简单,基本无"三废",不必添加催化剂与抗胶凝剂,生产成本低,缺点是产品中含有杂质及盐类,难以保证质量。

半干法是利用碱催化剂与阳离子试剂一起和淀粉均匀混合,在60~90℃反应1~3h,反应转化率达75%~95%。季铵盐醚化剂没有挥发性,适于用干法或半干法制备阳离子型淀粉。

3. 伯胺烷基淀粉醚和仲胺烷基淀粉醚

具有伯胺烷基或仲胺烷基的淀粉醚比叔胺和季铵醚难以制备。这是因为具有2-卤乙基或2,3-环氧丙基的伯胺醚化剂或仲胺醚化剂本身发生缩聚反应,影响与淀粉发生醚化反应。但是含有较大的基团,如叔丁基或环己基的2,3-环氧丙基仲胺能与淀粉发生反应生成仲胺醚,反应效率还相当高,这是由于大基团的存在阻碍了缩聚反应的发生。

制备的工艺是混合干淀粉或半干淀粉与汽化的环亚胺乙烷,于75~120℃加热,不需要催化剂。例如,43g环亚胺乙烷与180g淀粉(含水分10%),于90~100℃加热4h得到2-胺乙基淀粉,取代度0.26。此产品既对于具有负电荷的胶体(如海藻酸、羧甲基纤维素等)具有好的絮凝作用,也对于具有负电荷的矿物质具有好的絮凝作用。

双取代的氨基氰(R_2HCN)(如二甲基,二烯丙基等)能在强碱性催化条件下与淀粉发生反应生成具有亚氨基的淀粉醚衍生物,用酸使亚氨基质子化成亚氨盐具有阳离子性。

制备亚氨烷基淀粉能使用颗粒淀粉、淀粉糊或含有15%~20%水分的淀粉为原料。由颗粒淀粉制得的产品在水中煮沸糊化不完全,因为有少量交联反应或发生氢键结合的缘故。而淀粉糊制得的产品糊化完全,则是因为糊化淀粉较颗粒淀粉难以发生交联反应的缘故。

阳离子淀粉的工业生产按湿法、干法、半干法制备工艺,以及就地生产制备工艺分类现介绍如下。

(1)湿法制备阳离子淀粉的工艺。在碱性条件下,添加10%~20%的硫酸钠或食盐以防止淀粉膨胀。制备取代度0.01~0.07的产品,NaOH与试剂的摩尔比为2.6:1,试剂与淀粉的摩尔比为0.05:1;淀粉乳浓度为35%~40%,反应温度40~55℃;反应介质pH11~11.5,反应时间4~24h不等。反应结束后,用盐酸中和至pH5.5~7.0,然后离心、洗涤、干燥。

湿法生产工艺中,碱和醚化剂的摩尔比、反应温度、反应时间、pH 及淀粉乳浓度影响反应的取代度及反应效率。碱和醚化剂的摩尔比不是越大越好,而是在比例 2.8 为时出现极大值。这可能是碱浓度过大反而造成醚化剂的水解而丧失活性。在一般情况下,反应效率均与反应温度和反应时间成正比,但反应温度一定要在淀粉的糊化温度以下,较低的反应温度需要较长的反应时间。淀粉乳浓度对反应效率的影响相当明显,一般淀粉乳浓度升高,反应效率提高。这可能是因为随浆液浓度的降低,碱浓度和醚化剂的相对浓度也随之减小,从而造成反应效率下降。但淀粉乳的浓度过高,会造成输送困难,难以实现工业化生产,故而工业化生产中淀粉乳的浓度一般控制在 35%～40%。

湿法生产工艺的优点是反应条件温和,生产设备简单,反应的转化率高。其缺点是:

①阳离子剂必须经纯化处理,否则残余的环氧氯丙烷与副产物会影响产品的质量。

②必须增加化学试剂,如催化剂、抗胶凝剂等。

③后处理困难,包括用大量的水洗涤和干燥。

④三废问题突出,后处理时含有大量的未反应的试剂与淀粉的流失造成严重的废水污染问题。

(2)干法制备阳离子淀粉的工艺。一般将淀粉与试剂掺和,60℃左右干燥至基本无水(水分<1%),于 120～150℃反应 1 h 得产品。反应转化率 40%～50%。

干法工艺的特点如下:

①阳离子剂不必精制,多余的环氧氯丙烷与副产物沸点比较低,一般在干燥过程中可除去。

②不必添加催化剂与抗胶凝剂,降低了成本。

③不必进行后处理。

④工艺简单,基本无二废。

⑤反应周期短。

缺点是反应转化率低,对设备工艺要求比较高。此外,反应温度较高,淀粉在此温度下容易解聚。

(3)半干法制备阳离子淀粉的工艺。该工艺是继湿法及干法工艺之后出现的。此法利用碱催化剂与阳离子剂一起和淀粉均匀混合,在 60～90℃反应 1～3 h,反应转化率 75%～95%。该工艺的优点很突出,除干法反应的②～⑤优点外,反应条件缓和,转化率高。因此,这是一种很值得推广使用的方法。

(4)就地生产阳离子淀粉的工艺。这是指用户购买醚化剂和原淀粉就地进行

现场制备和应用的方法,这在造纸行业比较普遍。这种方法的工艺特点如下:

①价格低于商品阳离子淀粉。制备过程不必加抗凝剂(因不用担心淀粉凝胶化),产品也无须经过水洗、干燥、包装等处理,可一步到位,将合成好的淀粉胶液进行直接应用。

②用户可根据自身的需要选择原淀粉的种类,调节取代度的大小。

但缺点是工艺不易控制好,容易造成产品质量和应用效果的波动。典型的做法是将原淀粉在冷水中形成 3.5%～40% 浓度的悬浮液,再加入一定比例的醚化剂和氢氧化钠,升温至 90～95℃,保温 20～40 min,加冷水稀释至 1% 左右即可直接在造纸过程中添加使用。

参考文献

[1] 刘兵.化工单元操作[M].北京:中国原子能出版社,2018.

[2] 童丹,高娜.马铃薯变性淀粉加工技术[M].武汉:武汉大学出版社,2015.

[3] 李慧东.淀粉制品加工技术[M].北京:中国轻工业出版社,2012.

[4] 汪磊.薯制品加工工艺与配方[M].北京:化学工业出版社,2013.

[5] 白坤.玉米淀粉生产技术问答[M].北京:中国轻工业出版社,2017.

[6] 李平凡,钟彩霞.淀粉糖与糖醇加工技术[M].北京:中国轻工业出版社,2012.

[7] 曹龙奎,李凤林.淀粉制品生产工艺学[M].北京:中国轻工业出版社,2012.

[8] 张雪.粮油食品工艺学[M].北京:中国轻工业出版社,2013.

[9] 李贵春,王汀,郑丽莉.马铃薯精淀粉加工考察报告[J].马铃薯杂志,1997,11(1):59-61.

[10] 于凤海.马铃薯产业化生产存在的问题及解决建议[J].农民致富之友,2009(8):27.

[11] 郭冬花.青海省民和县马铃薯产业化经营现状及发展思路[J].安徽农业科学,2007,35(12):3723-3724.

[12] 梁秀芝,吴瑞香.抗病马铃薯新品种及无害化综合栽培技术[J].华北农学报,2004,19(S1):137-140.

[13] 于佳滨,吴延民,何军.淀粉加工工艺及设备[J].农机化研究,2004,(02).

[14] 邬文斌,刘天国.高品质小型玉米淀粉加工技术与设备[J].粮油加工与食品机械,2001,(08):15-19.

[15] 郝剑英,山颖,康海燕.玉米淀粉生产加工工艺及设备[J].农机化研究,2002,(03):26-31.

[16] 祁国栋,张炳文,王运广,等.超微细粉碎技术对糯玉米粉加工特性影响的研究[J].食品科学.2008(09):38-44.

[17] 傅茂润,陈庆敏,刘峰,等.超微粉碎对糯米理化性质和加工特性的影响[J].

中国食物与营养,2011(06):92-131.

[18] 刘凯,张琦琦,石瑛,等.不同生态条件下马铃薯品种的淀粉含量分析[J].中国马铃薯,2008(2):34-35.

[19] 梁晶,石瑛,刘凯,等.马铃薯不同品种在不同生态条件下的淀粉含量与淀粉产量[J].中国马铃薯,2007(2):59-60.

[20] 宿飞飞,石瑛,梁晶,等.不同马铃薯品种淀粉含量、淀粉产量及淀粉组成的评价[J].中国马铃薯,2006(1):49-51.

[21] 杜国平.中晚熟马铃薯品种对比试验结果简报[J].现代农业,2013(2):54-55.

[22] 李爱玲."盛泉"脱毒马铃薯原种繁育高产栽培技术[J].现代农业,2013(2):61.

[23] 张维国.不同类型地膜覆盖对马铃薯产量及品质的影响[J].作物杂志,2013(1):87-90.

[24] 张世煌,田清震,李新海,等.玉米种质改良与相关理论研究进展[J].玉米科学,2006,14(1):1-6.

[25] 孙琦,李文才,于彦丽,等.美国商业玉米种质来源及系谱分析[J].玉米科学,2016,24(1):8-13.

[26] 石雷.现代美国马齿型玉米商业育种的种质基础[J].玉米科学,2011,19(5):1-5.

[27] 李海明,胡瑞法,张世煌.外来种质对中国玉米生产的遗传贡献[J].中国农业科学,2005,38(11):2189-2197.

[28] 戴景瑞,鄂立柱.我国玉米育种科技创新问题的几点思考[J].玉米科学,2010,18(1):1-5.

[29] 许燕,张绍龙,李辉,等.鲜食糯玉米新品种引进和综合评价[J].中国种业,2011(5):41-43.

[30] 王绍新,郭贵峰,冯健英,等.郑单958的价值与改良[J].河北农业科学,2010,14(2):65-66.

[31] 王晓燕,张洪生,盖伟玲,等.种植密度对不同玉米品种产量及籽粒灌浆的影响[J].山东农业科学,2011(4):36-38.

[32] 李书华,王恺,闫泽华.薯类淀粉加工一体机的设计思路与应用前景[J].食品与机械,2016,32(03):101-103.

[33] 李书华,李红艳.薯类淀粉加工新模式——"移动方箱"[J].粮食与油脂,2016,29(01):60-61.

［34］刘志表.淀粉加工成套设备使用和维护探究［J］.科技风,2015(15):67.

［35］罗文征.越南木薯淀粉加工设备的现状分析［J］.吉林农业,2015(10):111-112.

［36］张松树,刘兰服.河北省甘薯发展优势及产业化对策［J］.河北农业科学,2004,8(1):86-88.

［37］孙艳丽,李庆鹏,孙君茂.鲜甘薯淀粉加工工艺现状分析及其建议［J］.中国食物与营养,2009(4):25-27.

［38］孙红娟,贠建民,颜东方,等.气浮-絮凝-厌氧好氧处理马铃薯淀粉废水工艺探索［J］.农产品加工学刊,2012(12):20-23.

［39］王艳,吕维华,姜红波,等.淀粉废水处理技术研究进展［J］.应用化工,2010,39(10):1568-1573.

［40］张艳玲,黄俊生.淀粉废水处理与资源化利用的研究现状与发展前景［J］.江苏农业科学,2009(3):388-390.

［41］张悦周,吴耀国,胡思海,等.微生物絮凝剂的研究与应用进展［J］.化工进展,2008,27(3):340-347.

［42］李琳,张清敏,杨建华.复合微生物絮凝处理红薯淀粉废水的研究［J］.环境科学与技术,2006,29(7):50-53.

［43］金惠平.利用淀粉废水生产活性蛋白饲料的研究［J］.中国粮油学报,2010,25(4):85-88.